教育部高职高专规划教材

单元操作实训

第二版

张宏丽　齐广辉　田莉瑛　主　编

闫志谦　审

化学工业出版社

·北京·

本书从生产实际出发，以流体流动与输送岗位、换热器岗位、精馏岗位、吸收岗位、干燥岗位技能培训为主线，对实训操作、实训实验和实训安全进行了介绍，使学生能够基本掌握化工生产基础知识及操作方法，了解化工生产的安全常识，培养化工生产操作工人应有的良好职业习惯。

本书为高等职业院校化工、医药类专业单元操作实训教材，也可作为工人培训教材。本书可作为制药单元操作技术、化工单元操作课程的配套教材使用。

图书在版编目（CIP）数据

单元操作实训/张宏丽，齐广辉，田莉瑛主编．—2版．—北京：化学工业出版社，2011.10（2025.2重印）
教育部高职高专规划教材
ISBN 978-7-122-12270-4

Ⅰ．单…　Ⅱ．①张…②齐…③田…　Ⅲ．化工单元操作-高等职业教育-教材　Ⅳ．TQ02

中国版本图书馆CIP数据核字（2011）第184400号

责任编辑：于　卉　　文字编辑：孙凤英
责任校对：陈　静　　装帧设计：王晓宇

出版发行：化学工业出版社（北京市东城区青年湖南街13号　邮政编码100011）
印　　装：北京虎彩文化传播有限公司
787mm×1092mm　1/16　印张12½　字数315千字　　2025年2月北京第2版第11次印刷

购书咨询：010-64518888　　售后服务：010-64518899
网　　址：http://www.cip.com.cn
凡购买本书，如有缺损质量问题，本社销售中心负责调换。

定　　价：35.00元

前　言

本书是2005年化学工业出版社出版的教育部高职高专规划教材《单元操作实训》（张宏丽，张志勋，闫志谦编）的修订版。为适应高等职业教育蓬勃发展的新形势，修订版更注重提高学生理论联系实际的能力，培养学生工程技术观点和实际操作的动手能力。

本教材在保持第一版教材特色的基础上，修订内容如下：①新增加了单元操作实训内容；②更新了部分章节的内容；③增加了自动控制的操作方法。

本教材以高职高专化工技术、制药技术、分析检测技术及化工机械技术类专业学生的培养目标为依据编写的。教材在编写过程中广泛征求了企业专家的意见，具有较强的实用性。

教材在编写过程中，注意贯彻"工学结合，融教、学、做为一体。以掌握概念、强化应用、培养技能为教学重点"的原则，突出应用能力和综合素质的培养，反映高职高专特色。

作为化工、制药专业单元操作实训教材，本书从生产实际操作出发，以岗位技能培训为主线，通过典型单元操作的实训，使学生能够基本掌握化工生产基础知识及操作方法，了解化工生产的安全常识，培养化工生产操作工人应有的良好职业习惯。

本书由河北化工医药职业技术学院张宏丽编写绪论及第三篇安全生产实训章节；齐广辉编写第一篇中的实训二、三章节；田莉瑛编写第一篇中的实训五及第二篇中的实验五、六、七、八、九章节；周坤编写第一篇中的实训一、四章节；张志勋编写第二篇中的实验一、二、三、四章节内容。全书由张宏丽统稿。闫志谦审阅。

在本书编写过程中，得到相关领导和同行的支持。本书部分章节中的图、表由段颖绘制。在此一并表示感谢。

由于编者水平所限，时间仓促，书中难免有不妥之处，欢迎读者批评指正。

编者

2011年5月

前言

第一版前言

“面向21世纪教育振兴行动计划”明确指出：“积极发展高等职业教育，是提高国民科技文化素质、推迟就业以及发展国民经济的迫切要求。当前我国高等职业教育要‘广泛开展岗位技能培训.’加快培养大批现代化建设所需的技能型人才。技能型人才是推动技术创新和实现科技成果转化的重要力量。”

作为化工、制药专业单元操作实训教材，本书从生产实际操作出发，以岗位技能培训为主线，通过典型单元操作的实训，使学生能够基本掌握化工生产基础知识及操作方法，了解化工生产的安全常识，培养化工生产操作工人应有的良好职业习惯。

本书由河北化工医药职业技术学院张宏丽编写绪论、第三章；张志勋编写第二章中实训五、六、七、八、九、十、十一；闫志谦编写第一章、第二章中实训一、二、三、四、十二、十三；全书由张宏丽统稿；张利锋审阅书稿。

在本书编写过程中，得到河北化工医药职业技术学院领导和化工系领导的支持。本书部分章节中的图由段颖绘制。在此一并表示感谢。

由于编者水平所限，书中不妥之处在所难免，欢迎读者批评指正。

编者

2005年4月

目录

绪　论

单元操作实训是在原化工原理实验的基础上，打破普通教学模式，建立以理论教学为基础，以实习教学为主导，加强动手能力的训练，促进专业教育实际化，突出技能培训的职业教育模式中的重要的教学环节。

一、实训教学的目的

（1）练习化工生产中的一些实际操作，掌握工程操作的一般方法和技巧。

（2）验证部分单元操作的理论，巩固和加强对理论的认识和理解。

（3）详细了解实训装置的流程、设备的构造、实训操作步骤、所需数据的测取方法、数据的整理以及预期结果等。

（4）训练编写实训报告的能力，了解整理实验数据的基本要求，进行规范化训练。

（5）培养学生“化工操作工”意识，掌握化工生产岗位的基本要求，养成化学工人应有的良好习惯。

二、实训教学的要求

1. 预习

预习是实训教学的关键环节。通过预习应达到以下要求。

（1）根据实训内容复习教材有关部分，明确实训的目的及原理。

（2）清楚地掌握实训项目的要求、实训内容、实训所依据的原理及所需测量的数据等。

（3）熟悉实训设备及流程，确定操作程序与所测参数项目，数据点如何分配，所测参数的单位等。

（4）准备好记录基本参数和实验数据的各种表格。

（5）明确实训过程中的操作要点和安全注意事项。

2. 实际操作

实际操作是实训教学的核心环节。学生只有通过操作才能了解和领会单元操作在实际生产中的应用。实际操作中应注意以下各点。

（1）在实训过程中，应该全神贯注、手脑并用。一方面要进行精心的操作与细心的观察；另一方面，又要注意发现问题，进行思考。对于操作过程中出现的各种现象要加以分析。对测得的数据要考虑它们是否合理。

（2）操作中应密切注意仪表指示数值的变动，随时调节，以保证过程的稳定性。一定要在过程稳定后方可取样或读取数据。所以实训条件改变后，要等一段时间才能取样或读数，时间的长短视现场情况而定。

（3）用事先准备好的原始数据表格认真记录，不得随便拿一张纸记录。要保证数据可靠、清楚，记录后应及时复核，避免读错、写错，所测物理量的名称、符号、单位也应注明。

（4）实际操作完毕，操作记录数据需交教师检查后方可关机。仪表设备恢复原状，检查水、电、气是否关闭，将场地打扫干净后方可离开。

3. 实训报告

编写实训报告的能力也是需要经受严格的训练的。这种训练是实训教学中的一个重要环节。实训报告的基本要求是写得简单、明白、数据完整、条理清楚、结论明确、有讨论、有分析。实训报告的主要内容包括以下各项。

(1) 实训地点、时间、班级、姓名、同组人等。

(2) 实训名称、实训目的。

(3) 实训的基本原理。

(4) 实训装置简介。附流程图及主要设备的类型与规格。

(5) 实训操作要点。通过自己的实际操作，用简练语言归纳。

(6) 给定条件和数据记录表格。

(7) 实训数据的整理、计算举例。计算举例是列出一组数据的计算过程，每算一步都要把公式、公式中各项单位、具体数值等一一写清楚。实测数据小组共享，但整理数据及撰写报告，则应由每个学生独立完成。

(8) 实训结果分析与讨论。

实训报告的编写要求为笔迹端正、清楚、整齐。文字通顺、叙述简明、扼要。

三、单元操作实训注意事项

单元操作实训属于工程操作、实验范畴，为了安全成功地完成实训，必须遵守以下注意事项和一些必须具备的最起码的安全知识。

1. 一般注意事项

(1) 设备启动前必须认真检查

① 泵、风机、电机等转动设备，用手使其转动，从感觉及声响上判别有无异常；检查润滑油位是否正常。

② 设备上各阀门的开关状态；设备上的仪表开关状态。

③ 应有的安全措施，如防护罩等。

(2) 仪器仪表使用前必须

① 熟悉原理与操作步骤。

② 分清量程范围，掌握正确的读数方法。

(3) 操作过程中注意分工配合，严守自己的岗位，精心操作。

(4) 操作过程中设备或仪表发生问题应立即停车，并报告指导教师。

(5) 单元操作过程中要特别注意安全，进入实训场地后要搞清楚总电闸的位置和灭火器材的安放地点。

2. 安全注意事项

为了确保设备和人身的安全，从事单元操作的操作者必须具备如下一些最基本的安全知识。

(1) 化学药品和气体　在单元操作中接触化学药品时，一定要了解该药品的性能。如毒性、易燃性和易爆性等，并搞清楚其使用方法和防护措施。

在单元操作中，往往被人们忽视的毒物是压差计中的水银。如果操作不慎，压差计中的水银容易被冲洒出来。水银是一种累积性的毒物，进入人体中不易被排除，累计多了就会中毒。操作中一旦水银被冲洒出来，一定要尽可能地将它收集起来。实在无法收集的细粒，也要用硫黄粉或氯化铁溶液覆盖。因为细粒水银蒸发面积大，易于蒸发汽化，决不能采取用扫帚一扫或用水一冲的自欺欺人的办法。

另一类特别需要引起注意的就是各种高压气体。单元操作中所用的气体种类较多，一类是具有刺激性的气体，如氨、二氧化硫等，这类气体的泄漏容易被发觉；另一类是无色无味，但有毒性或易燃易爆的气体。如一氧化碳等，不仅易中毒，在室温下空气中的爆炸范围为12%～74%。当气体和空气的混合物在爆炸范围内，只要有火花等诱发，就会立即爆炸。因此，使用有毒或易燃易爆气体时，系统一定要严密不漏，尾气要导出室外，并注意室内通风。

(2) 高压钢瓶（气瓶）　高压钢瓶是一种储存各种压缩气体或液化气的高压容器。钢瓶一般容积为40～60L，最高工作压力为15MPa，最低的也在0.6MPa以上。气瓶压力很高，以及储存的某些气体本身又是有毒或易燃易爆，因此，使用气瓶一定要掌握其构造特点和一般安全知识，以确保安全。

气瓶主要由筒体和瓶阀构成。其他附件有保护瓶阀的安全帽、开启瓶阀的手轮、防止在运输过程中免受震动的橡胶圈。在使用时瓶阀出口还要连接减压阀和压力表。

高压钢瓶是按国家标准制造，并经有关部门严格检验方可使用。各种钢瓶使用过程中，还必须定期送有关部门进行水压试验。经过检验合格的钢瓶，在瓶肩上应用钢印打上下列资料：①制造厂家；②制造日期；③钢瓶型号和编号；④钢瓶重量；⑤钢瓶容积；⑥工作压力；⑦水压试验压力；⑧水压试验日期和下次送检日期。钢瓶的表面都涂有带颜色的油漆，其目的不仅是为了防锈，主要是能从颜色上迅速辨别钢瓶中所储气体的种类，以免混淆。单元操作实训中常用钢瓶的颜色及其标志见表0-1。

表0-1　气瓶颜色标记

气体种类	工作压力/MPa	水压试验压力/MPa	钢瓶颜色	文字	文字颜色
氧	15	22.5	浅蓝色	氧	黑色
氢	15	22.5	暗绿色	氢	红色
氮	15	22.5	黑色	氮	黄色
氦	15	22.5	棕色	氦	白色
压缩空气	15	22.5	黑色	压缩空气	白色
二氧化碳	12.5(液)	19	黑色	二氧化碳	黄色
氨	3(液)	6	黄色	氨	黑色
氯	3(液)	6	草绿色	氯	白色
乙炔	3(液)	6	白色	乙炔	红色
二氧化硫	0.6(液)	1.2	黑色	二氧化硫	白色

为了确保安全，在使用气瓶时，一定要注意以下几点。

① 在气瓶运输、保存和使用时，应远离热源，并避免在日光下暴晒。

② 气瓶搬运应装上防震垫圈，旋紧安全帽，以保护开关阀，防止其意外转动和减少碰撞。因为进出气体的瓶阀大都是用铜合金制成，比较脆弱，如果撞断阀门引起爆炸是十分危险的。套上安全帽还可以防止灰尘或油脂粘到瓶阀上。

③ 气瓶直立放置要牢靠。开启气门时应站在气压表的一侧，不准将头或身体对准气瓶阀，以防万一阀门或气压表冲出伤人。开启钢瓶阀门时要缓慢，应先检查减压阀螺杆是否松动。关气时应先关闭钢瓶阀门，放尽减压阀中气体，再松开减压阀螺杆。

④ 钢瓶必须用专用的减压阀和压力表。氢及其他可燃气体的瓶阀，连接减压阀的连接管为左螺旋纹；而氧等不可燃气体瓶阀，连接管为右旋螺纹。

⑤ 氧气瓶阀严禁接触油脂。开关氧气瓶操作时，禁用带油污的手套和工具。

⑥ 钢瓶中气体不要全部用净。剩余压力最少不能小于0.05MPa，以供检查。

四、单元操作实训守则

（1）进入实训工作室后不得大声喧哗。必须以严肃认真的态度进行实训工作，遵守实训工作室的各项规章制度。

（2）实训前充分预习有关实训内容，做好实训的准备工作。

（3）爱护仪器和实训设备、工具。节约水、电、油、药品等。

（4）注意安全，按章操作，避免发生一切事故。

（5）开始实训操作前，首先对仪表和实训设备进行了解和检查，看其是否正常。有问题应立即报告指导教师，以便得到妥善处理。严禁擅自处理。在实训过程中，仪器和实训设备、工具如有损坏，应立即报告并填写报告单。

（6）注意保持实训环境的整洁。实训完毕后，应进行必要的清理和清洁卫生工作，将实训设备、工具复原。

五、单元操作实训岗位操作法

岗位操作法是操作规程的实施和细化。是每个岗位操作工人借以进行生产操作的依据及指南，一经颁布实施即具有法定效力，是生产企业法规的基础材料及基本手则。单元操作实训方法以岗位操作法为依据，按照企业实际操作要求进行实训。

岗位操作法一般包括的内容如下。

（1）本岗位的基本任务。明确本岗位所从事的生产任务，如：物料的数量、质量指标、温度、压力等。

（2）工艺流程概述。说明本岗位的工艺流程及起止点，并绘出工艺流程简图。

（3）所管设备。列出本岗位生产操作所使用的所有设备、仪表，标明其数量、型号、规格、材质、重量等。通常以设备一览表的形式来表示。

（4）操作程序及步骤。列出本岗位如何开车及停车的具体操作步骤和操作要领。具体到某个阀门的开启程度；是先加料还是先升温，加料及升温具体操作步骤，升温升到多少度等，都要详细列出。

（5）生产工艺指标。如操作温度、压力、投料量、配料比等，应一个不漏地全部列出。

（6）仪表使用规程。列出仪表的启动程序及有关规定。

（7）异常情况及其处理。列出本岗位通常发生的异常情况有几种，发生这些异常状况的原因分析及处理措施，措施要具体化。

（8）巡回检查制度及交接班制度。认真填写交接班记录。

（9）安全生产守则。按照装置及岗位特点列出本岗位安全工作的有关规定及注意事项，如不能穿带钉子的鞋上岗；戴橡皮手套进行操作等。

（10）操作人员守则。从生产管理角度对岗位人员提出一些要求及规定。如上岗不能抽烟；不能打手机；必须按规定着装等。

六、单元操作实验数据的处理

1. 实验数据的测取与记录

（1）实验中应测取哪些数据

① 凡是影响实验结果或者数据整理过程所必需的数据，都必须测取。它包括大气条件、设备有关尺寸、物料性质及操作数据等。

② 有些数据不必直接测取，可以从测取某一数据导出，或从手册查取。例如测出水温后，可查出水的黏度和密度等数据。

（2）测取和记录数据应注意的问题

① 事先必须拟好记录表格，表格要有简明扼要而又符合实验内容的标题名称。

② 表格中应记录下各项物理量的名称、符号及单位。化工数据中，有的数据数量级很大或很小，要用科学计数法表示。例如：20℃时二氧化碳的亨利系数 E，用科学计数法表示为：$E=1.42\times10^{8}$ Pa。当列表时，项目名称写为：$E\times10^{-8}$，项目名称与其单位之间，一律用斜线“/”隔开，记作：$E\times10^{-8}$/Pa；表中数字写为：1.42。

③ 实验时一定要等操作稳定后，才开始读数，条件改变后，要等操作再次稳定后，再读取数。不稳定情况下所读取的实验数据，是不可靠的。

④ 读取数据应力求准确，但数据的读数不要超过仪器的精确度。一般要记录至仪表上最小分度以下一位数。例如温度计最小刻度为 1℃，读出某一温度应为 25.3℃，若温度恰好在 25℃，也应写为 25.0℃，有效数字为三位。

⑤ 对待数据的态度要实事求是，如实记录。当然，经过分析对于显然不可靠的部分数据舍去也是可以的。

⑥ 测取数据时，必须满足要求，记录数据时，必须清楚明确，以免事后缺少数据和辨别不清，以致无法进行下一步的计算和整理。

2. 数据的运算

（1）在数据计算过程中应注意有效数字和单位换算。一般在计算过程中所得数据位数很多，已超过有效数字的位数，这样就需要将多余的位数舍去，其运算规则如下。

① 在加减运算中，各数所保留的小数点后的位数，与各数中小数点后的位数最少的相一致。例如：将 13.65，0.0082，1.632 三个数相加，应写为

$$13.65+0.01+1.63=15.29$$

② 在乘除运算中，各数所保留的位数，以原来各数中有效数字位数最少的那个数为准，所得结果的有效数字位数，亦应与原来各数中有效数字位数最少的那个数相同。例如：将 0.0121，25.64，1.05782 三个数相乘，应写为

$$0.0121\times25.6\times1.06=0.328$$

③ 在对数计算中，所取对数位数与真数有效数字位数相同。

$$\lg55.0=1.74$$

$$\ln55.0=4.01$$

（2）数据运算中常采用常数归纳法，即计算公式中的许多常数归纳为一个常数对待。例如：计算固定管路中，由于流量改变而导致雷诺数的改变。因为：

$$Re=\frac{du\rho}{\mu},\ u=\frac{q_V}{\frac{\pi}{4}d^2}$$

故

$$Re=\frac{4\rho q_V}{\pi d\mu}=Bq_V$$

计算时先求出 B 值，依次代入 q_V，即可求出相应的 Re 值。

3. 数据整理与标绘

由实验测取的大量数据，必须进行进一步的处理，以便使人们能清楚地观察到各变量之间的定量关系，进一步分析现象，得出规律，指导生产与设计。目前，常选用的方法有列表法、图示法和方程表示法三种。

（1）列表法　将实验数据列成表格以表示各变量间的关系。这通常是整理数据的第一步，为标绘曲线图或整理成方程式打下基础。通常是列出自变量和因变量的相应数值。每一

表格都应有表的名称。表头栏目应写明所测物理量名称、符号、单位。自变量选择时最好能使其数值依次等量递增。实验数据表可分为原始数据表、中间运算表和最终结果表。

(2) 图示法　将实验数据标绘在坐标纸上绘成曲线，直观而清晰地表达出各变量的相互关系，还可以根据曲线得出相应的方程式；在不知数学表达式的情况下某些精确的图形还可用于进行图解积分和微分。图示法在化学工程实验数据整理中，具有特殊重要的地位，下面介绍正确作图的一些基本准则。

① 图纸的选择　化学工程中常用的坐标为直角坐标、单对数坐标、双对数坐标。绘图时要根据变量间的函数关系，选定一种坐标纸，以使变量间呈简明的规律。

对于符合方程 $y=ax+b$ 的数据，直接在直角坐标纸上绘制即可，可画出一条直线。

对于符合方程 $y=k^{ax}$ 的数据，经两边取对数可变为 $\lg y=ax\lg k$，在单对数坐标纸上绘图，可画出一条直线。

对于符合方程 $y=ax^m$ 的数据，经两边取对数可变为 $\lg y=\lg a+m\lg x$，在双对数坐标纸上，可画出一条直线。

② 坐标分度的选择　常选横轴为自变量，纵轴为因变量，在两轴侧要标明变量名称、符号和单位。坐标分度的选择，要反映出实验数据的有效数字位数，即与被标的数值精度一致，并要求方便读取。分度坐标不一定从零开始，而应使图形占满坐标纸，匀称居中，避免图形偏于一侧。同一幅面上，可以有几种不同单位的纵轴分度。不同纵轴分度，应使曲线不至于交叉重叠。

③ 若在同一张坐标纸上，同时标绘几组测量值或计算数据，应选用不同符号加以区分(如使用 *、·、×、○等)。标出实验点后，用曲线板、直尺或三角板画出尽可能接近各实验点的曲线或直线，曲线应光滑均匀，若有偏离线上的点，应使其均匀地分布在线的两侧。

④ 使用对数坐标应注意以下几个问题。

a. 标在对数坐标轴上的值是真值，而不是对数值。

b. 对数坐标原点从 1 开始，而不是零。

c. 由于 0.01、0.1、1、10、100 等数的对数分别为 −2、−1、0、1、2 等，所以在对数坐标纸上每一数量级的距离是相等的，但在同一数量级内的刻度并不是等分的。

d. 选用对数坐标系时，应严格遵循图纸标明的坐标系，不能随意将其旋转及缩放使用。

e. 双对数坐标纸上直线的斜率，需要用对数值来求算，或者直接用尺子在坐标纸上量取线段长度求取。即

$$\text{斜率}=\frac{\Delta y}{\Delta x}=\frac{\lg y_2-\lg y_1}{\lg x_2-\lg x_1}$$

式中，Δy 与 Δx 的数值，为用尺子测量而得的线段的数值。

f. 在双对数坐标系上，直线与 $x=1$ 处的纵轴相交点的 y 值，即为方程：$y=ax^m$ 中的系数值 a。若所绘制的直线在图面上不能与 $x=1$ 处的纵轴相交，则可在直线上任意取一组数据 x 和 y 代入原方程 $y=ax^m$ 中，通过计算求得系数值 a。

(3) 方程表示法　化学工程中通常需将实验数据或计算结果用数学方程或经验公式的形式表示出来。经验公式通常表示成无量纲的数群或准数关系式。经验公式或准数关系式表示的关键是如何确定公式中的常数和系数。经验公式或准数关系式中的常数和系数的求法很多，最常用的是图解法和最小二乘法。

图解法即将数据在适当的坐标纸上标绘出直线后，根据直线的斜率或截距很容易求得经验公式或准数关系式中的常数和系数。

最小二乘法由于本书涉及不到，在此不做介绍，用到时请参考有关书籍。

4. 实验结果的分析

数据整理后，即显示出一定的特性和变化规律，应该对它进行分析，使理论知识得到进一步的理解和巩固。通过分析实验结果应掌握单元操作的基本操作方法和技巧。通过对结果的分析应具备处理常见故障的能力；增强工程观念，培养科学实验能力；提高计算与分析问题的能力。

第一篇　实训操作篇

实训一　流体输送单元操作实训

◎ 流体输送——离心泵送料操作

一、实训目的

1. 熟悉离心泵送料操作流程中各种常用管件、阀件的基本结构及作用。

2. 掌握离心泵输送设备的结构及工作原理。

3. 了解各类测量仪表的作用及名称。

4. 掌握流体的离心泵输送的原理及操作技能。

5. 学会操作过程常见异常现象的判别及处理方法。

二、基本原理

化工生产中，将液体物料进行输送是经常性的操作。液体由低处送往高处，由低压设备送往高压设备需对液体做功，以提高液体的能量。为液体输送提供能量的机械称为泵，即利用流体输送泵将流体输送到目的地。离心泵具有流量均匀、容易调节、操作方便等优点，在生产中应用最为广泛。

1. 离心泵的主要构造

离心泵的主要部件为叶轮、泵壳和轴封装置。

(1) 叶轮　是泵的主要部件，其作用是将电动机的机械能传给液体，使液体的静压能和动能均有所提高。叶轮通常由6～8片的后弯叶片组成。

按其机械结构可分为三种：开式、半闭式、闭式。

按其吸液方式的不同可分为单吸式和双吸式两种。

(2) 泵壳　泵壳是一个截面逐渐扩大的状似蜗牛壳形的通道，称蜗壳。特点：①泵壳为汇集和导出液体的通道；②将叶轮抛出液体动能转化为静压能；③有利于减少能耗。

(3) 轴封装置　分填料密封和机械密封。填料密封主要是靠填料压盖压紧填料，迫使填料产生变形达到密封；机械密封（端面密封）主要是靠动环与静环端面间的紧密贴合来实现的。

2. 离心泵的工作原理

由于离心力的作用，泵的进出口产生压力差，从而使流体流动。

启动前，向泵内灌满被输送的液体（灌泵）。启动后叶轮带动叶片间的液体高速旋转，液体在离心力的作用下，从沿叶片抛向叶轮的周边，获得能量进入泵壳内，液体的流速逐渐降低而压强逐渐增大，以较高的压强从泵的排出口排出，输送到所需场所。

液体被抛出，在叶轮中心处形成低压区，液体在静压差作用下，吸入叶轮中心，完成离心泵的吸液过程。叶片不断转动，液体不断被吸入、排出形成连续流动。

启动泵时，泵内没充满液体，空气流入，叶轮旋转产生的离心力不够，而不能输送液体。这种现象称为“气缚”，表示离心泵无自吸能力，启动前要灌泵。

3. 离心泵的流量调节和运转

（1）流量调节

① 改变管路特性曲线　改变离心泵流量最简单的方法就是利用泵出口阀门的开度来控制，其实质是改变管路特性曲线的位置来改变泵的工作点。

② 改变离心泵特性曲线　根据比例定律和切割定律，改变泵的转速、改变泵结构（如切削叶轮外径法等）两种方法都能改变离心泵的特性曲线，从而达到调节流量（同时改变压头）的目的。但是对于已经工作的泵，改变泵结构的方法不太方便，并且由于改变了泵的结构，降低了泵的通用性，尽管它在某些时候调节流量经济方便，在生产中也很少采用。这里仅分析改变离心泵的转速调节流量的方法。当改变泵转速调节流量从 Q_1 下降到 Q_2 时，泵的转速（或电机转速）从 n_1 下降到 n_2，转速为 n_2 下泵的特性曲线与管路特性曲线重新相交，交点为通过调速调节流量后新的工作点。此调节方法调节效果明显、快捷、安全可靠，可以延长泵使用寿命，节约电能，另外降低转速运行还能有效地降低离心泵的汽蚀余量，使泵远离汽蚀区，减小离心泵发生汽蚀的可能性。缺点是改变泵的转速需要通过变频技术来改变原动机（通常是电动机）的转速，原理复杂，投资较大，且流量调节范围小。

③ 泵的串、并联调节方式　当单台离心泵不能满足输送任务时，可以采用离心泵的并联或串联操作。用两台相同型号的离心泵并联，虽然压头变化不大，但加大了总的输送流量，并联泵的总效率与单台泵的效率相同；离心泵串联时总的压头增大，流量变化不大，串联泵的总效率与单台泵效率相同。

（2）运转　①离心泵启动前必须先灌泵。②为避免电机超载和加大电负荷，泵启动前先将排出管道上的阀门关闭，待电机运转正常后，再逐渐打开排出管道上的阀门。③泵运转时要定期检查和维修保养，以防出现液体泄漏和泵轴发热等情况。④泵停止工作前，要先关闭排出管道上的阀门再停电机，以免管路内液体倒流，使叶轮受到冲击而被损坏。若长期停泵不用，应放尽泵和管道内的液体，拆泵擦净后涂油防锈。

4. 转子流量计

又称浮子流量计，是变面积式流量计的一种，在一根由下向上扩大的垂直锥管中，圆形横截面的浮子的重力是由液体动力承受的，浮子可以在锥管内自由地上升和下降。

转子流量计由两个部件组成：一件是从下向上逐渐扩大的锥形管；另一件是置于锥形管中且可以沿管的中心线上下自由移动的转子。当测量流体的流量时，被测流体从锥形管下端流入，流体的流动冲击着转子，并对它产生一个作用力（这个力的大小随流量大小而变化）；当流量足够大时，所产生的作用力将转子托起，并使之升高。同时，被测流体流经转子与锥形管壁间的环形断面，从上端流出。当被测流体流动时对转子的作用力正好等于转子在流体中的重量时（称为显示重量），转子受力处于平衡状态而停留在某一高度。分析表明：转子在锥形管中的位置高度，与所通过的流量有着相互对应的关系。因此，观测转子在锥形管中的位置高度，就可以求得相应的流量值。

5. 阀门

（1）截止阀，也叫截门，是使用最广泛的一种阀门，它之所以广受欢迎，是由于开闭过程中密封面之间摩擦力小，比较耐用，开启高度不大，制造容易，维修方便，不仅适用于中低压，而且适用于高压。

它的闭合原理是，依靠阀杆压力，使阀瓣密封面与阀座密封面紧密贴合，阻止介质流通。

截止阀只许介质单向流动，安装时有方向性。它的结构长度大于闸阀，同时流体阻力大，长期运行时，密封可靠性不强。截止阀分为三类：直通式、直角式及直流式斜截止阀。

(2) 球阀的工作原理是靠旋转阀来使阀门畅通或闭塞。球阀开关轻便，体积小，可以做成很大口径，密封可靠，结构简单，维修方便，密封面与球面常在闭合状态，不易被介质冲蚀，在各行业得到广泛的应用。球阀分两类：一是浮动球式；二是固定球式。

三、实训装置

1. 流程

本装置由水罐、反应釜、真空罐、离心泵、转子流量计和一套控制仪表组成。流程如图1-1所示（仪表控制柜未画出）。

物料（水）储存于水罐，离心泵启动后，物料经离心泵获得足够机械能，流经过滤阀、离心泵、转子流量计输送至反应釜内。操作完毕，物料放回至水罐。

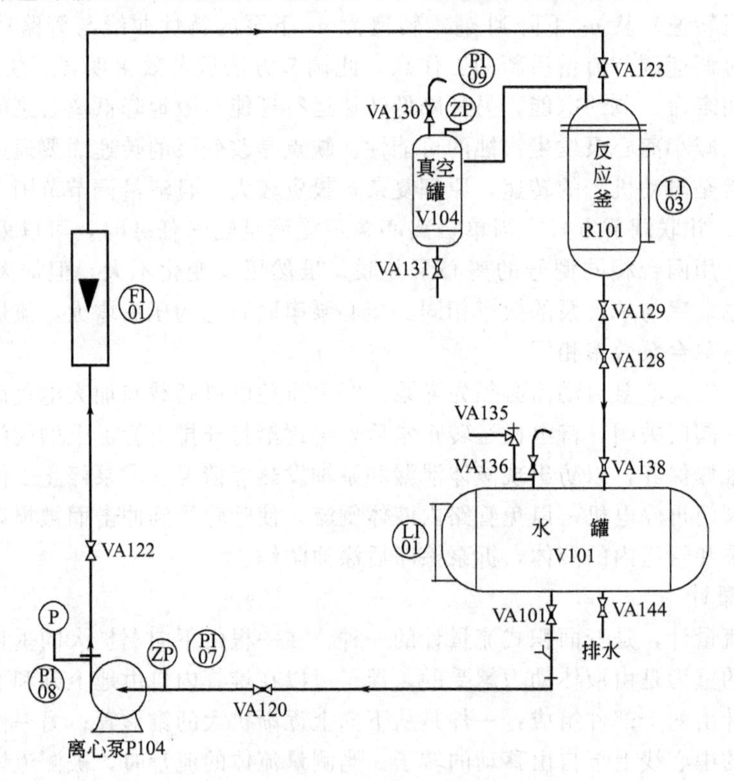

图 1-1 4＃离心泵输送流程

2. 主要设备

本流体输送装置主要有如下设备。

(1) 水罐 储存原料，材质不锈钢，ϕ800mm×1000mm。

(2) 反应釜 反应容器（输送目的地），材质不锈钢，ϕ500mm×700mm。

(3) 真空罐 缓冲罐，维持压力稳定，材质不锈钢，ϕ350mm×500mm。

(4) 离心泵 输送原料，型号：WB70/055，流量1.2～7.2m^3/h，扬程19～14m，功率550W。

(5) 离心泵 输送原料，型号：YLG40-16，流量110L/min，扬程16m，功率750W。

(6) 转子流量计 测定流量，型号LZB-40，量程0～1600L/h。

(7) 压力表、真空表 测定压力，精度为1.6，量程分别为0.4（或0.6）MPa；0.1MPa。

(8) 压力传感器 测量压力、测量液位，型号CYB100B，量程0～10kPa，精度0.3级。

(9) 控制面板，如图1-2所示。

控制面板设有9块仪表，分别为：水罐、反应釜、高位槽液位测定，原料（水）温度测定，文丘里、直管压差测定，涡轮流量计流量显示，离心泵功率显示，离心泵频率控制。

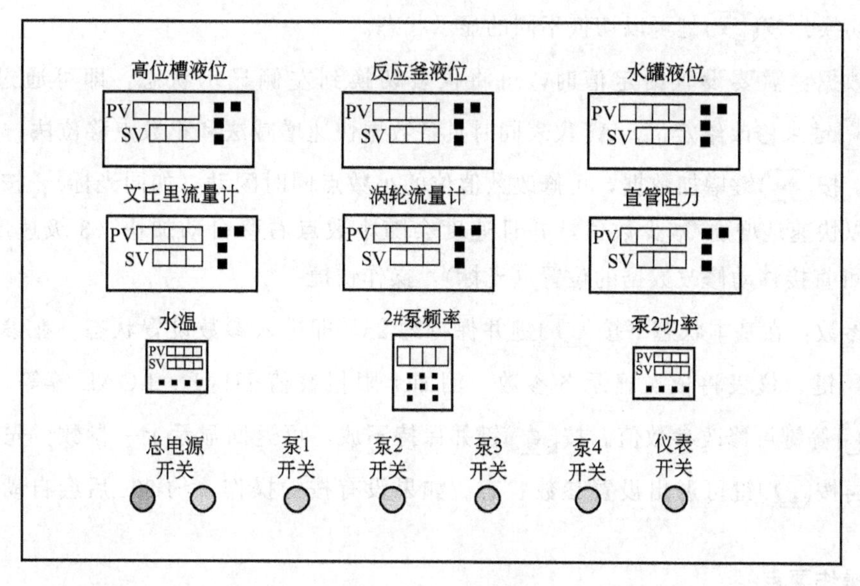

图1-2　控制面板图

3. AI型显示仪表使用说明

该型号仪表包括AI-501型智能化测量报警仪表；AI-702M型多路巡检显示报警仪；AI系列人工智能调节器，如图1-3所示。

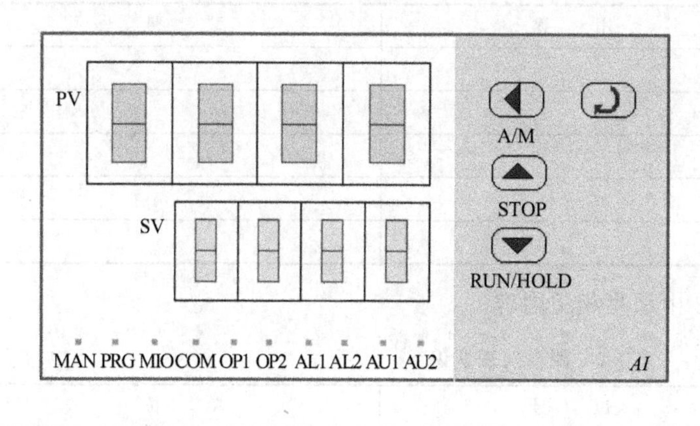

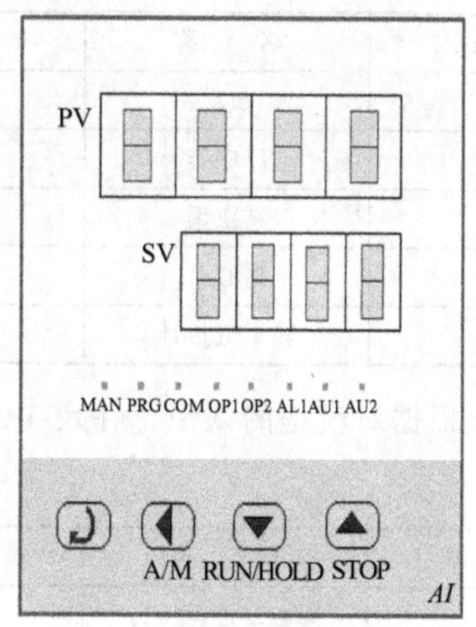

图1-3　AI型显示仪表

上显示窗，显示测量值PV、参数名称；

下显示窗，显示单位符号、参数值；

设置键，进入参数设置状态，确认参数修改等；

数据移位键；

数据减少键；

数据增加键；

LED 指示灯，OP1、OP2 指示电流变送输出大小，只有 OUTP 安装 X3 模块时，OP1 灯才与 OP2 同步亮。

显示切换：按键可以切换不同的显示状态。

修改数据：需要设置给定值时，可将仪表切换到左侧显示状态，即可通过按、或键来修改给定值。AI 仪表同时具备数据快速增减法和小数点移位法。按键减小数据，按键增加数据，可修改数值位的小数点同时闪动（如同光标）。按键并保持不放，可以快速地增加/减少数值，并且速度会随小数点右移自动加快（3 级速度）。而按键则可直接移动修改数据的位置（光标），操作快捷。

设置参数：在基本状态下按键并保持约 2s，即进入参数设置状态。在参数设置状态下按键，仪表将依次显示各参数，例如上限报警值 HIAL、LOAL 等等。用、、等键可修改参数值。按键并保持不放，可返回显示上一参数。先按键不放接着再按键可退出设置参数状态。如果没有按键操作，约 30s 后会自动退出设置参数状态。

四、操作要点

1. 导流程

现场认知装置流程，了解设备、仪表名称及其作用。

根据对流程、装置的认识，在表 1-1 中填写相关内容。

表 1-1 离心泵送料设备的结构认识

位号	名　称	用　途	型　号
	水罐		
	反应釜		
	真空罐		
	离心泵		
	转子流量计		

根据对流程的认识，在表 1-2 中填写相关内容。

表 1-2 测量仪表认识

物理量	仪　表	位　号	单　位
压力	离心泵进口压力		
	离心泵出口压力		
	真空罐压力		
液位	水罐		
	反应釜		
温度	水温		

2. 制定操作方案

操作方案是保证正常生产操作的前提，必须充分认识工艺流程，并作出相应的开车方案、正常操作方案和停车方案。根据实际情况填写表 1-3 内容。

表 1-3　操作方案制定流程表

<table>
<tr><td colspan="4">操作方案制定情况</td></tr>
<tr><td>班级：</td><td>实训组：</td><td>姓名及学号：</td><td>设备号：</td></tr>
<tr><td colspan="4">绘出带有控制点的工艺流程图(铅笔绘制)</td></tr>
<tr><td rowspan="3">岗位分工
及
岗位职责</td><td>主操作</td><td colspan="2"></td></tr>
<tr><td>副操作</td><td colspan="2"></td></tr>
<tr><td>记录员</td><td colspan="2"></td></tr>
<tr><td colspan="4">开车前准备内容(包括设备、管路、阀门、仪表等)</td></tr>
<tr><td colspan="4">开车方案</td></tr>
<tr><td colspan="4">正常操作方案</td></tr>
<tr><td colspan="4">停车方案</td></tr>
<tr><td colspan="4">停车后工作</td></tr>
</table>

3. 现场手动控制操作

首先了解相应的操作原理，掌握正确的开车操作步骤。此基础上，布置岗位，在实训设备上按照下述内容及步骤进行操作练习。

离心泵在新安装或大修后，为了检查和消除在安装过程中可能隐蔽的问题，在投入使用前，应首先对其进行检查，然后进行试车，经试车运转正常，才能交付使用。

(1) 开车前准备

① 了解本实验所用物料（水）的来源及制备

a. 本实训装置的能量消耗为：离心泵额定功率为550W或750W。

b. 本实训装置的物质消耗为：原料为水，循环使用。

② 明确各项工艺操作指标

a. 操作压力：真空罐维持常压。

b. 温度控制：原料（水）常温，各电机温升≤65℃。

c. 液位控制：水罐液位1/3～2/3，反应釜液位初始≤1/3，终了≤2/3。

d. 流量控制：输送流量400～1400L/h。

③ 掌握离心泵原理及流程，熟悉控制点。

④ 检查相关阀门开关是否处于待开车状态（VA101、VA130、VA136常开）；检查水罐液位是否1/3～2/3，反应釜存料是否<1/3。

⑤ 检查离心泵的各连接螺栓有无松动现象。

⑥ 均匀盘车，应当无摩擦现象或时紧时松的现象，泵内不应有杂音。

⑦ 检查电源是否正常，仪表显示是否正常，真空表、压力表指针应该指零。

(2) 正常开车

① 灌泵排气：开启阀门VA101、VA120向泵内灌水，排出泵壳内的气体，灌泵结束。

② 关闭离心泵出口阀VA122，主要是防止电机带负荷启动时因电流过大而烧毁电机。

③ 启动P104泵电源开关，注意观察电机是否运转正常，是否有杂音，当运转一切正常后，观察压力表显示出较大的压力。

④ 缓慢打开出口阀门VA122，将料液输送至反应釜。

⑤ 注意观察流量、压力表、真空表，若无异常，离心泵进入正常运行状态。

操作要求：当泵的出口阀门关闭时，泵的运转时间不能太长，否则造成泵体发热。

想一想： 启动离心泵为什么要关闭阀门VA122？
启动泵前为什么要灌泵？

(3) 正常操作　熟悉离心泵在正常工作状态下的工艺指标及相互影响关系，掌握流量调节，稳定送料的方法，了解运行过程中常见的异常现象及处理方法。

根据输送过程中各项工艺指标，判断操作过程是否运行正常；改变某项工艺指标观察其他参数的变化情况，分析原因；针对运行过程中出现的不正常现象，如气蚀、气缚、流量不稳或压力不稳等进行讨论，提出解决办法，能在实际操作中处理可能出现的故障。

① 操作步骤

a. 缓慢调节阀门VA122，调节至要求流量（400～1400L/h）。

b. 保持流量稳定，向反应釜进料100～600mm（最终釜液位<2/3）。

② 操作要求

a. 在操作中，要注意操作人员的相互配合，做到分工明确负责，注意做到常规检查与记录，包括各类主要检查项目和泵事故记录，以便进行事故分析和研究处理措施。

b. 注意泵运转的噪声，出现异常，要及时报告处理。

c. 检查是否存在泄漏，及时处理。

d. 注意流量计、压力表的指针拍动情况，超过正常指标立即查明原因并处理。

e. 在操作过程中，可以改变一个操作条件，也可以同时改变两个操作条件（调节不同流量或反应釜不同进料量）。每次改变操作条件，必须及时准确记录操作数据。

（4）停车操作

① 关闭出口阀门 VA122；避免停泵后出口管线中的高压流体倒流入离心泵体内，使叶轮高速反转造成事故。

② 关闭 P104 离心泵电源开关。

想一想：停泵为什么要关闭阀门 VA122？

（5）复位

① 开启阀门 VA129、VA128、VA138，将反应釜中料液放回至水罐。

② 阀门恢复至初始状态。

③ 关闭仪表、关闭电源；清理操作台。

操作要点介绍如下。

① 若离心泵不经常使用，需排净泵内液体，再关闭进口阀。

② 若离心泵长期停用，应将零件上的液体擦干，涂上防腐油。

③ 寒冷天气，停泵后经泵内液体放净后，冲洗干净，防止液体结冰将泵体崩裂。

4＃离心泵输送操作数据记录于表 1-4。

表 1-4　4＃离心泵输送操作数据记录

流体设备号：　　　　实训人员：主操______记录员______

运行时间____年____月____日　　星期____

输送方式	参数 / 时间	转子流量计 流量 /(L/h)	反应釜 液位 /mm	水罐 液位 /mm	4＃离心泵 入口真空 /MPa	出口压力 /MPa	水温度 /℃

4. 泵的选择

(1) 满足要求：所选泵的性能应满足工艺流程设计要求。

(2) 选泵从简：优先选择结构简单的泵。因为结构简单的泵与结构复杂的泵相比，前者具有可靠性高、维修方便、寿命周期内总成本低等优点。

(3) 优选离心泵：离心泵具有转速高、体积小、重量轻、结构简单、输液无脉动、性能平稳、容易操作和维修方便等特点。因此除以下情况外，应尽可能选用离心泵。

① 有计量要求时，选用计量泵。

② 小流量高扬程时，选用旋涡泵、往复泵。

③ 小流量高扬程，且要求流量（压力）无脉动时，选用旋涡泵。

④ 大流量低扬程时，选用轴流泵、混流泵。

⑤ 介质含气量75%，流量较小且黏度小于37.4mm^2/s时，选用旋涡泵。

⑥ 介质黏度较大（大于650～1000mm^2/s）时，选用转子泵、往复泵（齿轮泵、螺杆泵）。

(4) 选泵步骤

① 确认环境条件：包括环境温度、相对湿度、大气压力、空气腐蚀性、危险区域等级、防尘防水要求。

② 确认操作条件：指液体吸入侧液面压力（绝对）、排出侧液面压力、间歇或连续工作、位置固定或移动、安装维修方便性。

③ 确认介质性质：包括介质名称、温度、密度、黏度、饱和蒸气压力、固体颗粒直径和含量、气体的含量、腐蚀性、挥发性、燃爆性、毒性。

④ 选定泵过流部件的材质：介质的腐蚀性、介质是否含固体颗粒、介质的温度（压力）、有卫生级或禁止污染要求的介质。

5. 安装说明

(1) 安装时管路重量不应加在水泵上，应有各自支承体，以免使变形影响运行性能和寿命。

(2) 泵与电机是整体结构，安装时无需找正，所以安装时十分方便。

(3) 安装时必须拧紧地脚螺栓，以免启动时振动对泵性能的影响。

(4) 安装水泵前应仔细检查泵流道内有无影响水泵运行的硬质物（如石块、铁粒等），以免水泵运行时损坏叶轮和泵体。

(5) 为了维修方便和使用安全，在泵的进出口管路上各安装一只调节阀及在泵出口附近安装一只压力表，以保证在额定扬程和流量范围内运行，确保泵正常运行，增长水泵的使用寿命。

(6) 泵用于吸程场合，应装有底阀，并且进口管路不应有过多弯道，同时不得有漏水、漏气现象。

(7) 排出管路如逆止阀应装在闸阀的外面。

(8) 安装后拨动泵轴，叶轮应有摩擦声或卡死现象，否则应将泵拆开检查原因。

(9) 泵的安装方式分为硬性连接和柔性连接安装。

6. 泵的维护与保养

(1) 运行中的维护和保养

① 水管路必须高度密封。

② 禁止泵在汽蚀状态下长期运行。

③ 禁止泵在流量运行时，电机超电流长期运行。

④ 定时检查泵运行时，防止电机超电流长期运行。

⑤ 泵在运行过程中应有专人看管，以免发生意外。

⑥ 泵每运行500h应对轴承进行加油。电机功率大于11kW配有加油装置，可用高压油枪直接注入，以保证轴承润滑优良。

⑦ 泵进行长期运行后，由于机械磨损，使机组噪声及振动增大时，应停车检查，必要时可更换易损零件及轴承，机组大修期一般为一年。

（2）机械密封维护与保养

① 机械密封润滑应清洁无固体颗粒。

② 严禁机械密封在干磨情况下工作。

③ 启动前应盘动泵（电机）几圈，以免突然启动造成密封环断裂损坏。

五、故障分析与处理

1. 水泵不出水

（1）进出口阀门未打开，进出管路阻塞，叶轮流道阻塞。处理方法：检查，去除阻塞物。

（2）电机运行方向不对，电机缺相转速很慢。处理方法：调整电机方向，紧固电机接线。

（3）吸入管漏气。处理方法：拧紧各密封面，排除空气。

（4）泵没灌满液体，泵腔内有空气。处理方法：打开泵上盖或打开排气阀，排尽空气。

（5）进口供水不足，吸程过高，底阀漏水。处理方法：停机检查、调整。

（6）管路阻力过大，泵选型不当。处理方法：减少管路弯道，重新选泵。

2. 水泵流量不足

（1）可能是上述原因。处理方法：先上述方法排除。

（2）管道、泵叶轮流道部分阻塞，水垢沉积。处理方法：去除阻塞物，重新调整阀门开度。

（3）电压偏低。处理方法：稳压。

（4）叶轮磨损。处理方法：更换叶轮。

3. 功率过大

（1）超过额定流量使用。处理方法：调节流量关小出口阀门。

（2）吸程过高。处理方法：降低吸程。

（3）泵轴承磨损。处理方法：更换轴承。

4. 杂音振动

（1）管路支撑不稳。处理方法：稳固管路。

（2）液体混有气体。处理方法：提高吸入压力、排气。

（3）产生汽蚀。处理方法：降低真空度。

（4）轴承损坏。处理方法：更换轴承。

（5）电机超载发热运行。处理方法：调整按5。

5. 电机发热

（1）流量过大，超载运行。处理方法：关小出口阀。

（2）碰擦。处理方法：检查排除。

（3）电机轴承损坏。处理方法：更换轴承。

(4) 电压不足。处理方法：稳压。

6. 水泵漏水

(1) 机械密封磨损。处理方法：更换。

(2) 泵体有砂孔或破裂。处理方法：焊补或更换。

(3) 密封面不平整。处理方法：修整。

(4) 安装螺栓松懈。处理方法：坚固。

流体输送——旋涡泵送料操作

一、实训目的

1. 熟悉旋涡泵送料操作流程中各种常用管件、阀件的基本结构及作用。
2. 掌握旋涡泵输送设备的结构及工作原理。
3. 了解各类测量仪表的作用及名称。
4. 掌握流体的旋涡泵输送的原理及操作技能。
5. 学会操作过程常见异常现象的判别及处理方法。

二、基本原理

化工生产中，输送料液性质各异，而离心泵应用范围有一定局限性，正位移泵与旋涡泵不同于离心泵应用于很多场合。根据工作原理不同正位移泵主要分为：往复泵、旋转泵、隔膜泵等等。

1. 往复泵

(1) 往复泵的结构及工作原理　往复泵的结构如图 1-4 所示，其主要由泵缸、活塞、单向吸入阀、单向排出阀等组成。活塞杆通过曲柄连杆机构将电机的回转运动转换成直线往复运动。工作时，活塞在外力推动下做往复运动，由此改变泵缸的容积和压强，交替地打开吸入和排出阀门，达到输送液体的目的。活塞在泵缸内移动至左右两端的顶点叫“死点”，两死点之间的活塞行程叫冲程。

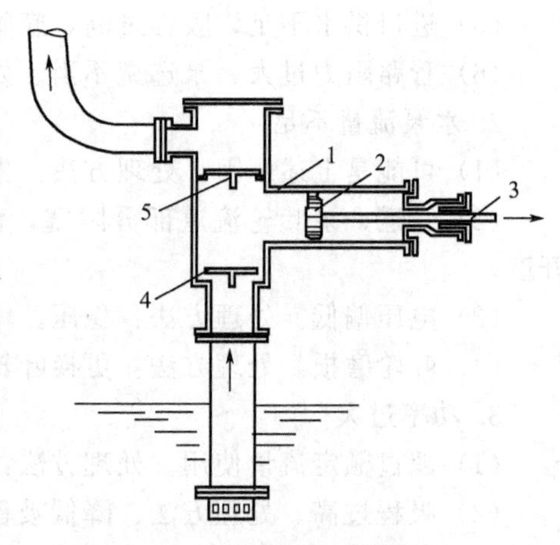

图 1-4　往复泵示意图

1—泵缸；2—活塞；3—活塞杆；4—吸入阀；5—排出阀

(2) 往复泵的运转和调节　往复泵有自吸能力，泵内存有空气，在启动后也能吸液。但最好灌泵，以缩短启动过程。由于往复泵属于正位移泵，其流量与管路特性无关，安装调节阀不但不能改变流量，而且还会造成危险，一旦出口阀门完全关闭，泵缸内的压强将急剧上升，导致机件破损或电机烧毁。

往复泵流量调节不能用出口阀门来调节流量，一般可采取如下的调节手段。

① 旁路调节　因往复泵的流量一定，通过旁路阀门调节旁路流量，使一部分压出流体返回吸入管路，便可以达到调节主管流量的目的，一般容积式泵都可采用这种流量调节方式。

② 改变曲柄转速和活塞行程　改变减速装置的传动比可以更方便地改变曲柄转速，达到流量调节的目的，而且能量利用合理，但不宜于经常性流量调节。

2. 旋涡泵

旋涡泵系特殊类型的离心泵，如图 1-5 所示，液体在各叶片和引水道之间反复作旋涡形运动，并被叶片多次拍击，从而积蓄了较高的能量，最后达到出口压力而排出。液体在旋涡泵中获得的能量与液体在流动过程中进入叶轮的次数有关。当流量减小时，通道内流体的运动速度减小，液体流入叶轮的平均次数增多，泵的压头必然增大，流量增大时，则情况相反。因此，其 H-Q 曲线呈陡降型。

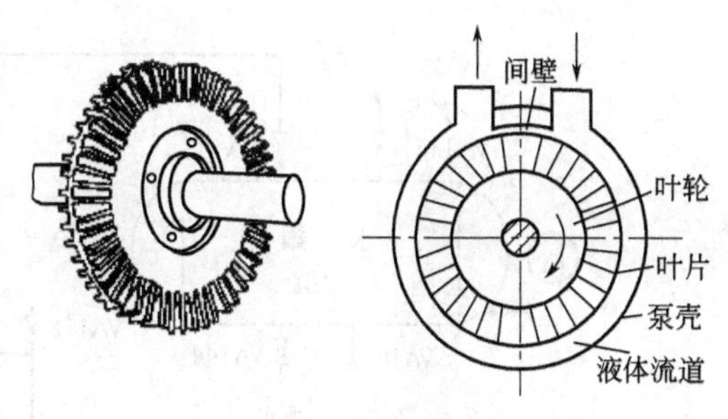

图 1-5　旋涡泵

旋涡泵特点：①压头和功率随流量增加下降较快，因此启动时应打开出口阀，改变流量时，旁路调节臂安装调节阀经济；②在叶轮直径和转速相同的条件下，旋涡泵的压头比离心泵高出 2～4 倍，使用于高压头、小流量的场合；③结构简单、加工容易，且可采用各种耐腐蚀的材料制造；④输送液体的黏度不宜过大，否则泵的压头和效率都将大幅度下降；⑤输送液体不能含有固体颗粒。

旋涡泵启动前仍须灌泵，避免发生气缚现象。此泵流量调节应采用旁路调节法，由于泵内液体的旋涡流作用，液体摩擦阻力增大，所以旋涡泵的效率较低，一般为 30%～40%。

3. 旋转类正位移泵

(1) 齿轮泵　两齿轮在泵吸入口脱离啮合，形成低压区，液体被吸入并随齿轮的转动被强行压向排出端。在排出端两齿轮又相互啮合形成高压区将液体挤压出去。齿轮泵可产生较高的扬程，但流量小。适用于输送高黏度液体或糊状物料，但不宜输送含固体颗粒的悬浮液。

(2) 螺杆泵　按螺杆的数目，有单螺杆泵、双螺杆泵、三螺杆泵以及五螺杆泵。螺杆泵的工作原理与齿轮泵相似，是借助转动的螺杆与泵壳上的内螺纹或螺杆与螺杆相互啮合将液体沿轴向推进，最终由排出口排出。螺杆泵压头高、效率高、无噪声、适用于输送高黏度液体。

4. 正位移泵的操作、调节

往复泵、旋转泵都是容积式泵，统称为正位移泵。液体在泵内不能倒流，只要工作就要排除液体，若泵出口堵死，泵内压力急剧上升，造成泵体、管路和电机的损坏。因此不能像离心泵那样启动时关闭出口阀，不能用出口阀调节流量。必须安装回流旁路调节流量。旋涡泵启动时同样关闭出口阀，安装回流旁路调节流量。

① 泵启动前应严格检查进、出口管路和阀门等，给泵体内加入清洁的润滑油使泵各运动部件保持润湿；②正位移泵有自吸能力，但在启动泵前，最好还是先灌满液体，排出泵内存留的气体，缩短启动时间，避免干摩擦；③在启动正位移泵时，首先全打开出口管路上的出口阀门，再全打开进口管路上的进口阀门和旁路管路上的旁路阀门，最后启动电机，当电机的转速恒定后，缓慢地关闭旁路阀门，阀门的关闭程度按生产工艺要求的流量调节；④在停泵时，先全打开旁路阀门，关闭电机，最后关闭出口阀；⑤泵运转中要检查有无异常声音，及时停车检查维修。

三、实训装置

1. 流程

本装置由水罐、旋涡泵、涡轮流量计、电动调节阀和一套控制仪表组成。流程如图 1-6 所示（仪表控制柜未画出）。

物料（水）储存于水罐，旋涡泵启动后，物料从旋涡泵获得足够机械能，经过滤阀、旋

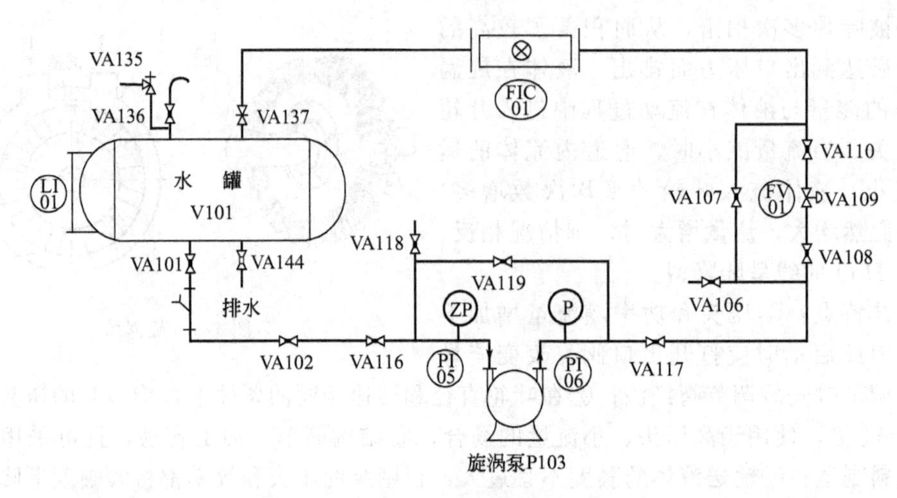

图 1-6　旋涡泵输送流程图

涡泵、涡轮流量计输送至水罐内。

2. 主要设备

(1) 水罐　储存原料，材质不锈钢，ϕ800mm×1000mm。

(2) 旋涡泵　输送原料，型号：L-02，流量 50L/min，扬程 70m，功率 750W。

(3) 涡轮流量计　测量流量，型号：LWGY 型，口径 40mm，精度 0.6 级。

(4) 压力表、真空表　测定压力，精度为 1.6，量程分别为 0.4（或 0.6）MPa；0.1MPa。

(5) 压力传感器　测量压力、测量液位，型号 CYB100B，量程 0～10kPa，精度 0.3 级。

(6) 控制面板，如图 1-2 所示。

控制面板设有 9 块仪表，分别为：水罐、反应釜、高位槽液位测定，原料（水）温度测定，文丘里、直管压差测定，涡轮流量计流量显示，旋涡泵功率显示，旋涡泵频率控制。

四、操作要点

1. 导流程

现场认知装置流程，了解设备、仪表名称及其作用。

根据对流程、装置的认识，在表 1-5 中填写相关内容。

表 1-5　旋涡泵送料设备的结构认识

位号	名　称	用　途	型　号
	水罐		
	旋涡泵		
	涡轮流量计		
	电动调节阀		

根据对流程的认识，在表 1-6 中填写相关内容。

表 1-6　测量仪表认识

物理量	仪　表	位　号	单　位
压力	旋涡泵进口压力		
	旋涡泵出口压力		
液位	水罐		
流量	流量显示		
温度	水温		

2. 制定操作方案

操作方案是保证正常生产操作的前提，必须充分认识工艺流程，并作出相应的开车方案、正常操作方案和停车方案。根据实际情况填写表 1-7 内容。

3. 现场手动控制操作

首先了解相应的操作原理，掌握正确的开车操作步骤。此基础上，布置岗位，在实训设备上按照下述内容及步骤进行操作练习。

(1) 开车前准备

① 了解本实验所用物料（水）的来源及制备

a. 本实训装置的能量消耗为：旋涡泵额定功率为 750W。

b. 本实训装置的物质消耗为：原料为水，循环使用。

② 明确各项工艺操作指标

a. 温度控制：原料（水）常温，各电机温升≤65℃。

b. 液位控制：水罐液位 1/3～2/3。

c. 流量控制：输送流量 0～3.9m^3/h。

③ 掌握旋涡泵原理及流程，熟悉控制点。

④ 检查相关阀门开关是否处于待开车状态（VA101、VA108、VA110、VA136 常开）；检查水罐液位是否 1/3～2/3。

⑤ 检查旋涡泵的各连接螺栓有无松动现象。

⑥ 均匀盘车，应当无摩擦现象或时紧时松的现象，泵内不应有杂音。

⑦ 检查电动调节阀能否正常工作。

⑧ 检查电源是否正常，仪表显示是否正常，真空表、压力表指针应该指零。

(2) 正常开车

① 灌泵排气：首先开启阀门出口阀 VA117、旁路阀 VA119，再依次开启阀门 VA101、VA102、VA116 向泵内灌水，排出泵壳内的气体，灌泵结束。

② 开启旋涡泵出口阀 VA117、旁路阀 VA119，主要是防止电机带负荷启动时因电流过大而烧毁电机。

③ 启动 3＃泵电源开关，注意观察电机是否运转正常，是否有杂音，当运转一切正常后，观察压力表显示出较大的压力。

④ 缓慢关闭旁路阀门 VA119，根据要求调解水的用量。

⑤ 注意观察流量、压力表、真空表，若无异常，旋涡泵进入正常运行状态。

表 1-7 操作方案制定流程表

<table>
<tr><td colspan="5">操作方案制定情况</td></tr>
<tr><td>班级：</td><td>实训组：</td><td colspan="2">姓名及学号：</td><td>设备号：</td></tr>
<tr><td colspan="5">绘出带有控制点的工艺流程图(铅笔绘制)</td></tr>
<tr><td rowspan="3">岗位分工
及
岗位职责</td><td>主操作</td><td colspan="3"></td></tr>
<tr><td>副操作</td><td colspan="3"></td></tr>
<tr><td>记录员</td><td colspan="3"></td></tr>
<tr><td colspan="5">开车前准备内容(包括设备、管路、阀门、仪表等)</td></tr>
<tr><td colspan="5">开车方案</td></tr>
<tr><td colspan="5">正常操作方案</td></tr>
<tr><td colspan="5">停车方案</td></tr>
<tr><td colspan="5">停车后工作</td></tr>
</table>

操作要求：操作过程禁止使用出口阀门调节流量，更不允许关闭泵的出口阀，否则泵的运转时间过长，造成泵体压力急剧升高，造成泵体、管路和电机的损坏。

想一想：旋涡泵为什么也要灌泵？
启动泵前为什么要开启阀 VA117？

（3）正常操作　熟悉旋涡泵在正常工作状态下的常规检查内容，掌握流量调节、稳定送料的方法。根据输送过程中各项工艺指标，判断操作过程是否运行正常；改变某项工艺指标观察其他参数的变化情况，分析原因；针对运行过程中出现的不正常现象，如气蚀、气缚、流量不稳或压力不稳等进行讨论，提出解决办法，能在实际操作中处理可能出现的故障。

① 操作步骤

a. 缓慢调节旁路阀门 VA119，调节至要求流量（0～3.9m^3/h）。

b. 控制流量稳定，完成料液连续输送。

② 操作要求

a. 在操作中，要注意操作人员的相互配合，做到分工明确负责，注意做到常规检查与记录，包括各类主要检查项目和泵事故记录，以便进行事故分析和研究处理措施。

b. 注意泵运转的噪声，出现异常，要及时报告处理。

c. 检查是否存在泄漏，及时处理。

d. 注意流量计、压力表的指针拍动情况，超过正常指标立即查明原因并处理。

e. 在操作过程中，可以改变不同的操作条件（不同流量）。需要注意的是，每次改变操作条件，必须及时准确记录操作数据。

想一想：旋涡泵为什么用阀 VA119 调节流量？
正位移泵流量调节方法？

（4）停车操作

① 缓慢完全开启旁路阀门 VA119。

② 关闭 3＃旋涡泵电源。

（5）复位

① 将反应釜中料液放回至水罐。

② 阀门恢复至初始状态。

③ 关闭仪表、关闭电源，清理操作台。

旋涡泵送料操作数据记录于表 1-8。

4. 往复泵操作规程

（1）启动前准备工作

① 检查电机的接地线必须牢固。

② 检查各部螺丝不得松动及防护罩是否齐全紧固。

③ 检查所有配管及辅助设备安装是否符合要求。

④ 检查压力表是否好用。

⑤ 检查传动部件（柱塞等）是否完好。

⑥ 检查泵机内润滑油面。

（2）泵的启动

① 调节冲程至“0”的位置。

② 关闭泵入口阀，打开出口阀。

表 1-8 旋涡泵送料操作数据记录

流体设备号：			实训人员：主操____记录员____			
运行时间____年____月____日			星期____			
输送方式	参数 时间	涡轮流量计 流量 /(m³/h)	水罐 液位 /mm	3＃旋涡泵		水温度 /℃
				入口真空 /MPa	出口压力 /MPa	

③ 启动泵，进行空负荷运转，给液压油排气直至无气泡为止。

④ 检查柱塞冲程是否和调量表的指示相符。

⑤ 在排出压力为零的情况下，打开入口阀通液，保证液体充满泵体，必要时关闭出口阀打开放空阀排出管线及泵体内的气体。

⑥ 调节计量旋钮，使泵达到正常流量，流量调节不宜过快过猛。

⑦ 泵运转过程，不应有强烈的振动和不正常的声音。

(3) 泵的停车

① 冲程调零。②停泵后切断电源。③关闭进口阀。④排出泵内液体。

5. 往复泵的日常维护

(1) 定期清洗进出口阀，以免堵塞，影响计量精度。

(2) 上下阀座、阀套切勿倒装或装错。

(3) 经常保持纯净的指定油量，并注意适时换油。

(4) 定期加润滑脂，每年更换一次。

(5) 长期停用，排净泵缸内液体，并清洗涂防锈油至于干燥处。

五、故障分析与处理

1. 旋涡泵常见事故

(1) 流量小、压力小

① 吸入阀门未全开。处理方法：检查管道。

② 底阀或过滤器被堵塞。处理方法：检查相关设备。

③ 吸入管路“漏气”。处理方法：检查维护。

④ 吸入管路有“气堵”。处理方法：轻者反复启动几次，重者加放气孔或改装管路。

(2) 压力表读数过大、负荷大、噪声大

① 排出阀、吸入阀未全开或管路堵塞。处理方法：检查阀门、管路排除故障。

② 泵发生气蚀。处理方法：检查进口管路及相关阀门及时排除。

③ 泵或电机损坏。处理方法：检查泵及电机及时处理。

2. 往复泵常见事故

(1) 不吸液

① 吸入高度过大。处理方法：降低吸入高度。

② 底阀的过滤器被堵或本身有毛病。处理方法：清理过滤阀或更换新的。

③ 吸入阀或排出阀泄漏厉害。处理方法：修理或更换新的阀门。

④ 吸入管路阻力大。处理方法：清理吸入管或更换较粗的管线。

(2) 流量低

① 吸入管路漏气严重。处理方法：更换活塞或活塞环。

② 泵缸活塞环及阀漏。处理方法：更换吸入、排出阀。

③ 吸入或排出阀漏。处理方法：处理漏处。

(3) 压头不足

① 活塞环及阀漏。处理方法：更换活塞环，修理或换阀。

② 动力不足，转动部分有故障。处理方法：处理转动部分，加大电机。

(4) 杂音振动

① 冲程数超过规定值。处理方法：调整冲程数。

② 阀的举高过大。处理方法：修理阀。

③ 泵内掉入杂物。处理方法：停泵检查，取出杂物。

④ 吸入空气室内空气排出过多。处理方法：调整空气室的空气量。

(5) 零件发热

① 润滑油不足。处理方法：检查润滑油油质和油量，更换新油。

② 摩擦面不干净。处理方法：修理或清洗摩擦面。

流体输送——高位槽进料操作

一、实训目的

1. 熟悉高位槽送料操作流程中各种常用管件、阀件的基本结构及作用。

2. 掌握高位槽送料操作设备的结构及工作原理。

3. 了解各类测量仪表的作用及名称。

4. 掌握流体的高位槽送料操作输送的原理及操作技能。

5. 学会操作过程常见异常现象的判别及处理方法。

二、基本原理

1. 稳定流动和不稳定流动

(1) 稳定流动　流体在流动时，任一截面处流体的流速、压力、密度等有关物理量仅随位置而改变，不随时间而变，这种流动称为稳定流动。如图 1-7 所示。

(2) 不稳定流动　流体在流动时，任一截面处流体的流速、压力、密度等有关物理量不仅随位置而变，又随时间而变，这种流动称为不稳定流动。如图 1-8 所示。

2. 高位槽送料

利用流体的位能（势能）差将流体输送到目的地即从高位能到低位能，可直接用管路连接两设备即可。另外流量要求特别稳定的场合，也常常设置带有恒溢流装置的高位槽，以避免输送机械带来的波动。高位槽送料可以根据不同的输送任务设置高位槽的高度，输送过程简单，但适应性比较差。

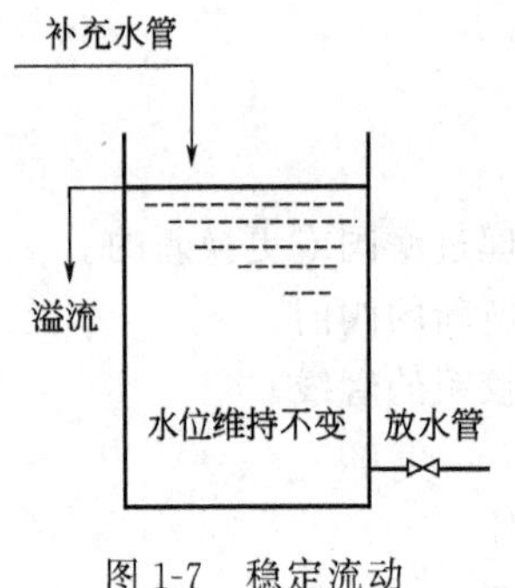

图 1-7 稳定流动

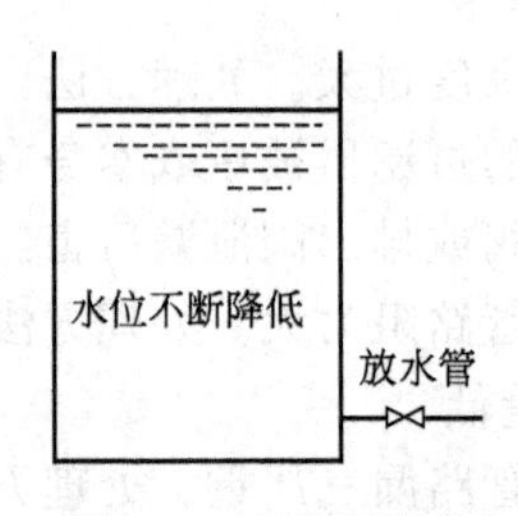

图 1-8 不稳定流动

在向高位槽输送过程中，为避免摩擦产生静电火花，要求输送过程除控制流速外，还应将液体入口管插入液下。

3. 闸阀

闸阀也叫闸板阀，是一种广泛使用的阀门。它的闭合原理是闸板密封面与阀座密封面高度光洁、平整一致、相互贴合，可阻止介质流过，并依靠顶模、弹簧或闸板，来增强密封效果。它在管路中主要起切断作用。

它的优点是：流体阻力小，启闭省劲，可以在介质双向流动的情况下使用，没有方向性，全开时密封面不易冲蚀，结构长度短，不仅适合做小阀门，而且适合做大阀门。

闸阀按阀杆螺纹分两类：一是明杆式；二是暗杆式。按密封面配置分两类：一是平行闸板式闸阀；二是楔式闸板式闸阀。

4. 蝶阀

蝶阀也叫蝴蝶阀，顾名思义，它的关键性部件好似蝴蝶迎风，自由回旋。蝶阀的阀瓣是圆盘，围绕阀座内的一个轴旋转，旋角的大小，便是阀门的开闭度。蝶阀具有轻巧的特点，比其他阀门要节省材料，结构简单，开闭迅速，切断和节流都能用，流体阻力小，操作省力。蝶阀可以做成很大口径。能够使用蝶阀的地方，最好不要使用闸阀，因为蝶阀比闸阀经济，而且调节性好。目前，蝶阀在热水管路得到广泛的使用。

5. 旋塞阀

旋塞阀是依靠旋塞体绕阀体中心线旋转，以达到开启与关闭的目的。它的作用是切断、分配和改变介质流向。结构简单，外形尺寸小，操作时只须旋转 90°，流体阻力也不大。其缺点是开关费力，密封面容易磨损，高温时容易卡住，不适宜于调节流量。旋塞阀，也叫旋塞、考克、转心门。它的种类很多，有直通式、三通式和四通式。

6. 止回阀

止回阀是依靠流体本身的力量自动启闭的阀门，它的作用是阻止介质倒流。它的名称很多，如逆止阀、单向阀、单流门等。按结构可分两类。

（1）升降式　阀瓣沿着阀体垂直中心线移动。这类止回阀有两种：一种是卧式，装于水平管道，阀体外形与截止阀相似；另一种是立式，装于垂直管道。

（2）旋启式　阀瓣围绕座外的销轴旋转，这类阀门有单瓣、双瓣和多瓣之分，但原理是相同的。水泵吸水管的吸水底阀是止回阀的变形，它的结构与上述两类止回阀相同，只是它的下端是开敞的，以便可使水进入。

三、实训装置

1. 流程

本装置由水罐、高位槽、反应釜、真空罐、离心泵、转子流量计和一套控制仪表组成，流程如图 1-9 所示（仪表控制柜未画出）。

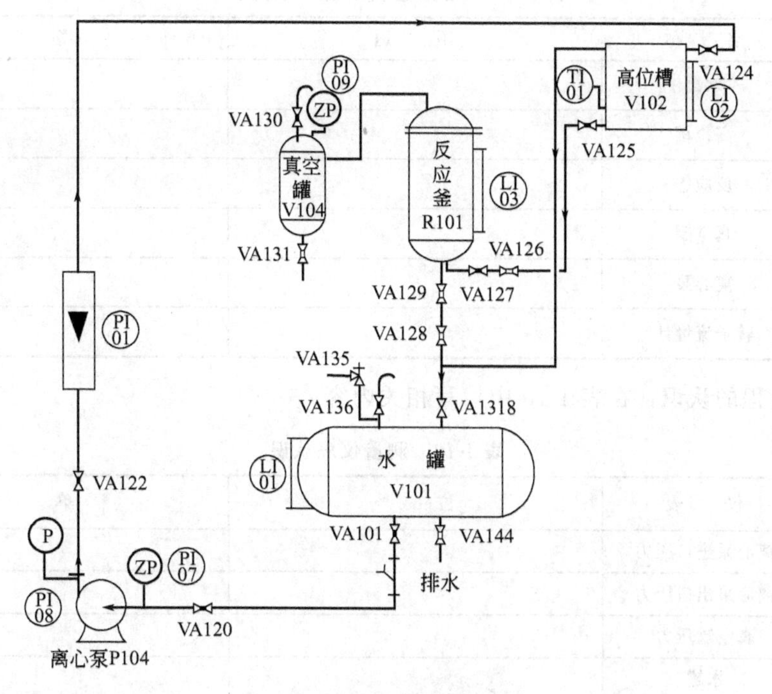

图 1-9　旋涡泵输送流程图

物料（水）储存于水罐，离心泵启动后，物料从叶轮获得足够机械能，经过滤阀、4＃离心泵、转子流量计输送至高位槽内，溢流后向反应釜送料，操作完毕，物料放回至水罐。

2. 主要设备

（1）水罐　储存原料，材质不锈钢，ϕ800mm×1000mm。

（2）高位槽　提供能量，输送原料，材质不锈钢，500mm×400mm×700mm。

（3）反应釜　反应容器（输送目的地），材质不锈钢，ϕ500mm×700mm。

（4）真空罐　缓冲罐，维持压力稳定，材质不锈钢，ϕ350mm×500mm。

（5）离心泵　输送原料，型号 WB70/055，流量 1.2～7.2m^3/h，扬程 19～14m，功率 550W。

（6）离心泵　输送原料，型号 YLG40-16，流量 110L/min，扬程 16m，功率 750W。

（7）转子流量计　测定流量，型号 LZB-40，量程 0～1600L/h。

（8）压力表、真空表　测定压力，精度为 1.6，量程分别为 0.4（或 0.6）MPa；0.1MPa。

（9）压力传感器　测量压力、测量液位，型号 CYB100B，量程 0～10kPa，精度 0.3 级。

（10）控制面板，如图 1-2 所示。

控制面板设有 9 块仪表，分别为：水罐、反应釜、高位槽液位测定，原料（水）温度测定，文丘里、直管压差测定，涡轮流量计流量显示，离心泵功率显示，离心泵频率控制。

四、操作要点

1. 导流程

现场认知装置流程，了解设备、仪表名称及其作用。

根据对流程、装置的认识，在表1-9中填写相关内容。

表1-9 离心泵送料设备的结构认识

位号	名称	用途	型号
	水罐		
	高位槽		
	反应釜		
	真空罐		
	离心泵		
	转子流量计		

根据对流程的认识，在表1-10中填写相关内容。

表1-10 测量仪表认识

物理量	仪表	位号	单位
压力	离心泵进口压力		
	离心泵出口压力		
	真空罐压力		
液位	水罐		
	高位槽		
	反应釜		
温度	水温		

2. 制定操作方案

操作方案是保证正常生产操作的前提，必须充分认识工艺流程，并作出相应的开车方案、正常操作方案和停车方案。根据实际情况填写表1-11内容。

3. 现场手动控制操作

首先了解相应的操作原理，掌握正确的开车操作步骤。此基础上，布置岗位，在实训设备上按照下述内容及步骤进行操作练习。

离心泵在新安装或大修后，为了检查和消除在安装过程中可能隐蔽的问题，在投入使用前，应首先对其进行检查，然后进行试车，经试车运转正常，才能交付使用。稳定送料关键在于高位槽的液位控制，操作过程注意溢流装置的开启。

(1) 开车前准备

① 了解本实验所用物料（水）的来源及制备

a. 本实训装置的能量消耗为：离心泵额定功率为550W或750W。

b. 本实训装置的物质消耗为：原料为水，循环使用。

② 明确各项工艺操作指标

a. 操作压力：真空罐维持常压。

b. 温度控制：原料（水）常温，各电机温升≤65℃。

c. 液位控制：水罐液位1/3～2/3；高位槽初始液位≤1/3，操作过程处于溢流状态；反应釜液位，初始≤1/3，终了≤2/3。

表 1-11　操作方案制定流程表

<table>
<tr><td colspan="4">操作方案制定情况</td></tr>
<tr><td>班级：</td><td>实训组：</td><td>姓名及学号：</td><td>设备号：</td></tr>
<tr><td colspan="4">绘出带有控制点的工艺流程图(铅笔绘制)</td></tr>
</table>

<table>
<tr><td rowspan="3">岗位分工
及
岗位职责</td><td>主操作</td><td></td></tr>
<tr><td>副操作</td><td></td></tr>
<tr><td>记录员</td><td></td></tr>
<tr><td colspan="3">开车前准备内容(包括设备、管路、阀门、仪表等)</td></tr>
<tr><td colspan="3">开车方案</td></tr>
<tr><td colspan="3">正常操作方案</td></tr>
<tr><td colspan="3">停车方案</td></tr>
<tr><td colspan="3">停车后工作</td></tr>
</table>

d. 流量控制：离心泵流量 800～1400L/h；高位槽送料流量（无流量计）不应过快，维持 1～5mm/s（反应釜液位）。

③ 掌握高位槽输送原理及相关流程，熟悉控制点。

④ 检查相关阀门开关是否处于待开车状态（VA101、VA125、VA130、VA136 常开）；检查水罐液位是否 1/3～2/3，反应釜存料是否＜1/3，高位槽初始是否液位≤1/3。

⑤ 检查离心泵的各连接螺栓有无松动现象。

⑥ 均匀盘车，应当无摩擦现象或时紧时松的现象，泵内不应有杂音。

⑦ 检查高位槽是否存在泄漏，溢流管及相关阀是否畅通。

⑧ 检查电源是否正常，仪表显示是否正常，真空表、压力表指针应该指零。

(2) 正常开车

① 灌泵排气：开启阀门 VA101、VA120 向泵内灌水，排出泵壳内的气体，灌泵结束。

② 关闭离心泵出口阀 VA122，主要是防止电机带负荷启动时因电流过大而烧毁电机。

③ 启动 4＃泵电源开关，注意观察电机是否运转正常，是否有杂音，当运转一切正常后，观察压力表显示出较大的压力。

④ 缓慢打开出口阀门 VA122，根据要求调解水的流量 800～1400L/h，料液输送至高位槽。

⑤ 注意观察流量、压力表、真空表，若无异常离心泵进入正常运行状态。

⑥ 充满高位槽的料液由高位槽经阀 VA138 流至水罐；此时高位槽处于溢流状态。

操作要求：当泵的出口阀门关闭时，泵的运转时间不能太长，否则造成泵体发热。检查溢流装置畅通，防止跑、冒、滴、漏。

想一想：料液为什么要从高位槽经阀 VA138 回流至水罐？

(3) 正常操作　熟悉高位槽送料正常工作状态下的常规检查内容，掌握流量调节、稳定送料的方法。

根据输送过程中各项工艺指标，判断操作过程是否运行正常；改变某项工艺指标观察其他参数的变化情况，分析原因；针对运行过程中出现的不正常现象，如气蚀、气缚、流量不稳或压力不稳、是否恒溢流等进行讨论，提出解决办法，能在实际操作中处理可能出现的故障。

① 操作步骤

a. 缓慢调节阀门 VA122，调节至要求流量（800～1400L/h）保持稳定。

b. 高位槽溢流后，开启阀门 VA126、VA127 调节流量，保持新恒溢流状态向反应釜送料，保持流量稳定，向反应釜进料 100～600mm（最终釜液位＜2/3）。

② 操作要求

a. 在操作中，要注意操作人员的相互配合，做到分工明确负责，注意做到常规检查与记录，包括各类主要检查项目和泵事故记录，以便进行事故分析和研究处理措施。

b. 注意泵运转的噪声，出现异常，要及时报告处理。

c. 检查是否存在泄漏，及时处理。

d. 操作过程保持恒溢流状态，稳定送料。

e. 注意流量计、压力表的指针拍动情况，超过正常指标立即查明原因并处理。

f. 在操作过程中，可以改变一个操作条件，也可以同时改变两个操作条件（调节不同流量或反应釜不同进料量）。需要注意的是，每次改变操作条件，必须及时准确记录操作数据。

想一想：操作过程高位槽液位逐渐下降是什么原因造成的？

（4）停车操作

① 操作完毕关闭阀门 VA127、VA126；高位槽回复至初始溢流状态。

② 关闭阀门 VA122，避免停泵后出口管线中的高压流体倒流入离心泵体内，使叶轮高速反转造成事故。

③ 关闭 4＃离心泵电源开关。

4. 复位

（1）开启阀门 VA126、VA127、VA129、VA128、VA138，将反应釜中料液放回至水罐。

（2）阀门恢复至初始状态。

（3）关闭仪表、关闭电源；清理操作台。

操作要点介绍如下。

（1）若离心泵不经常使用，需排净泵内液体，再关闭进口阀。

（2）若离心泵长期停用，应将零件上的液体擦干，涂上防腐油。

（3）寒冷天气，停泵后经泵内液体放净后，冲洗干净，防止液体结冰将泵体崩裂。

（4）高位槽不使用，需排净槽内料液。

高位槽送料数据记录于表 1-12。

表 1-12　高位槽送料数据记录

流体设备号：				实训人员：主操　　副操　　记录员				
运行时间　　年　　月　　日　　星期								
输送方式	参数 时间	转子流量计流量/(L/h)	高位槽液位/mm	反应釜液位/mm	水罐液位/mm	4＃离心泵		水温度/℃
						入口真空/MPa	出口压力/MPa	

五、故障分析与处理

1. 离心泵不出水或流量不足

（1）进出口阀门未打开，进出管路阻塞，叶轮流道阻塞。处理方法：检查，去除阻塞物。

（2）吸入管漏气。处理方法：拧紧各密封面，排除空气。

(3) 泵没灌满液体，泵腔内有空气。处理方法：打开泵上盖或打开排气阀，排尽空气。

(4) 进口供水不足，吸程过高，底阀漏水。处理方法：停机检查、调整。

(5) 管道、泵叶轮流道部分阻塞，水垢沉积。处理方法：去除阻塞物，重新调整阀门开度。

2. 高位槽冒料

(1) 离心泵流量过大。处理方法：减小泵流量。

(2) 溢流未打开或堵塞。处理方法：检查溢流管道及阀门及时处理。

3. 操作过程高位槽液位逐渐下降

(1) 高位槽送料流量太大。处理方法：减小高位槽输出流量。

(2) 离心泵流量过小。处理方法：增大泵流量。

流体输送——压缩空气送料操作

一、实训目的

1. 熟悉压缩空气送料流程中各种常用管件、阀件的基本结构及作用。

2. 掌握压缩空气送料输送设备的结构及工作原理。

3. 了解各类测量仪表的作用及名称。

4. 掌握压缩空气送料的原理及操作技能。

5. 学会操作过程常见异常现象的判别及处理方法。

二、基本原理

利用一种流体的作用，或利用流体在运动中通过能量的转换，使系统中局部的压强增高或造成真空，而达到输送另一种流体的目的，称为流体作用泵。如酸蛋、真空输送、喷射泵等，这类泵无活动部件，结构简单，且可用耐腐蚀材料制成。

压缩空气输送是化工生产中常用的方法。它是利用压缩空气的压力来输送液体，外形如蛋，俗称酸蛋，具体结构是一个可以承受一定压强的容器，容器上配以必要的管路。操作时，首先将料液注入容器，密闭容器，通入压缩空气，迫使料液排出；放空至常压，继续通入料液重复上述步骤，间歇循环操作。

主要由卧式或直立式的密闭受压容器、进出液管、空气管等所构成。

适用于输送腐蚀性液体，广泛应用于酸、碱、有毒液体、污浊悬浮液等的输送。输送易爆液体或易燃液体时，不能用空气，而以惰性气体（氮气）代替。操作效率很低，一般是间歇操作的。常用的有自动操作酸蛋。

气体输送机械也可以按工作原理及其结构分为离心式、旋转式、往复式以及喷射式等，通常按输送机械的压强或压缩比（气体出口与进口压强之比）来分类。

(1) 通风机　终压（表压，下同）不大于 15kPa，压缩比 1～1.5。

(2) 鼓风机　终压 15～294kPa，压缩比小于 4。

(3) 压缩机　终压在 294kPa 以上，压缩比大于 4。

(4) 真空泵　在设备内造成负压，终压为大气压，压缩比由真空度决定。

1. 离心式鼓风机

又称透平鼓风机。工作原理与离心通风机相同，结构类似于多级离心泵。由于单级风机产生的风压较低，故一般风压较高的离心式鼓风机都是多级的。气体由吸入口进入后，依次通过各级的叶轮和导轮，最后由排气口排出。离心式鼓风机的送气量大，但所产生的风压不高，出口表压强一般不超过 294×10^3 Pa。由于在离心鼓风机中，压缩比不高，所以无需冷却装置，各级叶轮的直径也大致相同。离心式鼓风机的选型方法与离心式通风机相同。

2. 离心式压缩机

又称透平压缩机。其主要结构和工作原理与离心鼓风机相似，但压缩机有更多的叶轮级数，通常在10级以上，因此可产生很高的风压。由于压缩比较高，气体体积收缩大，温升也高，所以压缩机也常分成几段，每段又包括若干级，叶轮直径逐级减小，且在各段之间设有中间冷却器。离心式压缩机流量大，供气均匀，体积小，维护方便，且机体内无润滑油污染气体。离心式压缩机在现代大型合成氨工业和石油化工企业中有很多应用，其压强可达几十兆帕，流量可达每小时几十万立方米。

3. 罗茨鼓风机

工作特点：风量与转速成正比而与出口压强无关，故出口阀不可完全关闭，流量用旁路调节。应安装稳压气罐和安全阀。工作温度不能超过85℃，以防转子因热膨胀而卡住。

罗茨鼓风机的出口压强一般不超过80kPa（表压）。出口压强过高，泄漏量增加，效率降低。

4. 往复式压缩机

结构：主要部件有气缸、活塞、吸入和压出活门。工作原理：与往复泵相似，依靠活塞往复运动和活门的交替动作将气体吸入和压出。气体在压缩过程中体积缩小、密度增大、温度升高（如图1-10）。

根据所输送气体性质确定压缩机的类型（如空气压缩机、氨气压缩机、氢气压缩机等），再根据生产能力和排出压强选择合适的型号。

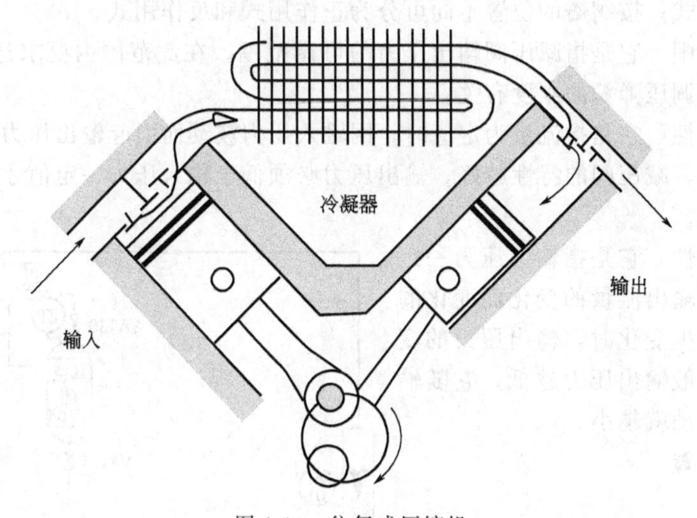

图1-10　往复式压缩机

注意：一般标出的排气量是以20℃、101.33kPa状态下的气体体积表示的。往复式压缩机的排气是脉动的，可在出口处安装储气罐，既可使气体平稳输出，又可使压缩机气缸带出的油沫和水分离。

5. 安全阀

安全阀是一种安全保护用阀，它的启闭件受外力作用下处于常闭状态，当设备或管道内的介质压力升高，超过规定值时自动开启，通过向系统外排放介质来防止管道或设备内介质压力超过规定数值。安全阀属于自动阀类，主要用于锅炉、压力容器和管道上，控制压力不超过规定值，对人身安全和设备运行起重要保护作用。

安全阀结构主要有两大类：弹簧式和杠杆式。弹簧式是指阀瓣与阀座的密封靠弹簧的作用力。杠杆式是靠杠杆和重锤的作用力。随着大容量的需要，又有一种脉冲式安全阀，也称为先导式安全阀，由主安全阀和辅助阀组成。当管道内介质压力超过规定压力值时，辅助阀先开启，介质沿着导管进入主安全阀，并将主安全阀打开，使增高的介质压力降低。安全阀的排放量决定于阀座的口径与阀瓣的开启高度，也可分为两种：微启式，开启高度是阀座内径的 1/15～1/20；全启式，是 1/3～1/4。

此外，随着使用要求的不同，有封闭式和不封闭式。封闭式即排出的介质不外泄，全部沿着规定的出口排出，一般用于有毒和有腐蚀性的介质。不封闭式一般用于无毒或无腐蚀性的介质。

图 1-11 减压阀

6. 减压阀

如图 1-11 所示，减压阀是通过调节，将进口压力减至某一需要的出口压力，并依靠介质本身的能量，使出口压力自动保持稳定的阀门。从流体力学的观点看，减压阀是一个局部阻力可以变化的节流元件，即通过改变节流面积，使流速及流体的动能改变，造成不同的压力损失，从而达到减压的目的。然后依靠控制与调节系统的调节，使阀后压力的波动与弹簧力相平衡，使阀后压力在一定的误差范围内保持恒定。

按结构形式可分为薄膜式、弹簧薄膜式、活塞式、杠杆式和波纹管式；按阀座数目可分为单座式和双座式；按阀瓣的位置不同可分为正作用式和反作用式。

（1）调压范围　它是指减压阀输出压力的可调范围，在此范围内要求达到规定的精度。调压范围主要与调压弹簧的刚度有关。

（2）压力特性　它是指流量为定值时，因输入压力波动而引起输出压力波动的特性。输出压力波动越小，减压阀的特性越好。输出压力必须低于输入压力一定值才基本上不随输入压力变化而变化。

（3）流量特性　它是指输入压力一定时，输出压力随输出流量的变化而变化的特性。当流量发生变化时，输出压力的变化越小越好。一般输出压力越低，它随输出流量的变化波动就越小。

三、实训装置

1. 流程

本装置由水罐、反应釜、真空罐、压缩机（未显示）、减压阀、安全阀、转子流量计和一套控制仪表组成，流程如图 1-12 所示（仪表控制柜未画出）。

启动空气压缩机，产生一定压力的压缩空气。打开相关阀门后调节减压阀，向水罐内充入一定量的空气直至要求的一定压力。水罐与反应釜之间存在压差，储存于水罐中的物料（水），在压差的作用下经过过滤阀、转子流量计输送至反应釜

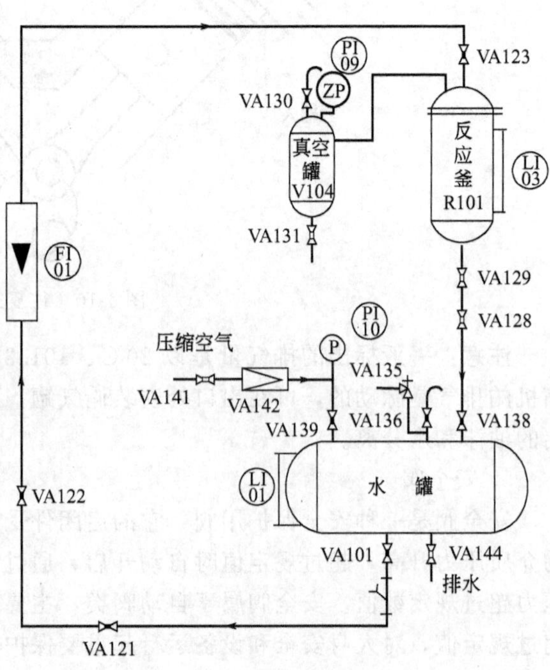

图 1-12 压缩空气输送流程图

内。操作完毕，物料（水）再放回至水罐。

2. 主要设备

（1）水罐　储存原料，材质不锈钢，ϕ800mm×1000mm。

（2）压缩机　提供压缩空气，型号 W1.0/8，转速 980r/min，匹配功率 7.5kW，公称容积流量 1.0m^3/min，额定排气压力 0.8MPa。

（3）反应釜　反应容器（输送目的地），材质不锈钢，ϕ500mm×700mm。

（4）真空罐　缓冲罐，维持压力稳定，材质不锈钢，ϕ350mm×500mm。

（5）减压阀　调节气体输出压力。

（6）安全阀　保护装置，型号 A27H-10，公称通径 DN15mm，工作压力0.05～0.5MPa。

（7）转子流量计　测定流量，型号 LZB-40，量程 0～1600L/h。

（8）压力表、真空表　测定压力，精度为 1.6，量程分别为 0.4（或 0.6）MPa；0.1 MPa。

（9）压力传感器　测量压力、测量液位，型号 CYB100B，量程 0～10kPa，精度 0.3 级。

（10）控制面板，如图 1-2 所示。

控制面板设有 9 块仪表，分别为：水罐、反应釜、高位槽液位测定，原料（水）温度测定，文丘里、直管压差测定，涡轮流量计流量显示，离心泵功率显示，离心泵频率控制。

四、操作要点

1. 导流程

现场认知装置流程，了解设备、仪表名称及其作用。

根据对流程、装置的认识，在表 1-13 中填写相关内容。

表 1-13　压缩空气送料设备的结构认识

位号	名　称	用　途	型　号
	水罐		
	空气压缩机		
	反应釜		
	真空罐		
	减压阀		
	安全阀		
	转子流量计		

根据对流程的认识，在表 1-14 中填写相关内容。

表 1-14　测量仪表认识

物理量	仪　表	位　号	单　位
压力	水罐压力		
	真空罐压力		
液位	水罐		
	反应釜		
温度	水温		

2. 制定操作方案

操作方案是保证正常生产操作的前提，必须充分认识工艺流程，并作出相应的开车方案、正常操作方案和停车方案。根据实际情况填写表 1-15 内容。

表 1-15 操作方案制定流程表

<table>
<tr><td colspan="5">操作方案制定情况</td></tr>
<tr><td colspan="2">班级：</td><td>实训组：</td><td>姓名及学号：</td><td>设备号：</td></tr>
<tr><td colspan="5">绘出带有控制点的工艺流程图(铅笔绘制)</td></tr>
<tr><td rowspan="3">岗位分工
及
岗位职责</td><td>主操作</td><td colspan="3"></td></tr>
<tr><td>副操作</td><td colspan="3"></td></tr>
<tr><td>记录员</td><td colspan="3"></td></tr>
<tr><td colspan="5">开车前准备内容(包括设备、管路、阀门、仪表等)</td></tr>
<tr><td colspan="5">开车方案</td></tr>
<tr><td colspan="5">正常操作方案</td></tr>
<tr><td colspan="5">停车方案</td></tr>
<tr><td colspan="5">停车后工作</td></tr>
</table>

3. 现场手动控制操作

首先了解相应的操作原理，掌握正确的开车操作步骤。此基础上，布置岗位，在实训设备上按照下述内容及步骤进行操作练习。

（1）开车前准备

① 了解本实验所用物料（水）的来源及制备

a. 本实训装置的能量消耗为：空气压缩机额定功率为 7.5kW。

b. 本实训装置的物质消耗为：原料为水，循环使用。

② 明确各项工艺操作指标

a. 操作压力：真空罐维持常压；水罐压力 0～0.1MPa。

b. 温度控制：原料（水）常温，各电机温升≤65℃。

c. 液位控制：水罐液位 1/3～2/3；反应釜液位，初始≤1/3，终了≤2/3。

d. 流量控制：输送流量 400～1400L/h。

③ 掌握压缩空气输送原理及流程，熟悉控制点。

④ 检查相关阀门开关是否处于待开车状态（VA101、VA130、VA136 常开）；检查水罐液位是否 1/3～2/3，反应釜存料是否<1/3。

⑤ 检查压缩机能否正常使用。

⑥ 检查减压阀、安全阀能否正常工作。

⑦ 检查电源是否正常，仪表显示是否正常，压力表指针应该指零。

（2）正常开车

① 启动压缩机，压缩空气储存于缓冲罐。

② 关闭阀门 VA136，开启阀门 VA141，调节减压阀向罐内充压至 0.05～0.1MPa 保持稳定。

③ 考虑设备耐压情况，压力不能过大，否则会造成管道泄漏或装置损坏。

（3）正常操作　熟悉压缩空气输送在正常工作状态下的常规内容，掌握压力调节、流量调节、稳定送料的方法。

根据输送过程中各项工艺指标，判断操作过程是否运行正常；改变某项工艺指标观察其他参数的变化情况，分析原因；针对运行过程中出现的不正常现象，如流量不稳或压力不稳等进行讨论，提出解决办法，能在实际操作中处理可能出现的故障。

① 操作步骤

a. 缓慢调节阀门 VA122，调节至要求流量（400～1400L/h），向反应釜开始送料。

b. 保持流量稳定，向反应釜进料 100～600mm（最终釜液位<2/3）。

c. 输送过程，操作人员要求维持压力稳定。

想一想：水罐压力不稳定对操作有什么影响？

② 操作要求

a. 该操作属于加压操作，操作人员要求压力控制稳定不能过大，否则影响输送过程的稳定性，且存在安全隐患。

b. 在操作中，要注意操作人员的相互配合，做到分工明确负责，注意做到常规检查与记录，包括各类主要检查项目，以便进行事故分析和研究处理措施。

c. 检查是否存在泄漏，及时处理。

d. 注意流量计、压力表的指针拍动情况，超过正常指标立即查明原因并处理。

e. 在操作过程中，可以改变一个操作条件，也可以同时改变两个操作条件（调节不同流量或反应釜不同进料量）。需要注意的是，每次改变操作条件，必须及时准确记录操作数据。

（4）停车操作

① 操作完毕，关闭阀门 VA122。

② 关闭阀门 VA141，停止向罐内充压，减压阀恢复至初始状态。

③ 缓慢开启阀门 VA136，水罐泄压至常压。泄压过程不宜过快，否则会将原料带出。

（5）复位

① 开启阀门 VA129、VA128、VA138，将反应釜中料液放回至水罐。

② 阀门恢复至初始状态。

③ 关闭仪表、关闭电源；清理操作台。

想一想：水罐压力未恢复就开始放料有什么危害？

压缩空气输送数据记录于表 1-16。

表 1-16　压缩空气输送数据记录

流体设备号：		实训人员：主操____副操____记录员____				
运行时间____年____月____日		星期____				
输送方式	参数 时间	转子流量计流量/(L/h)	反应釜液位/mm	水罐液位/mm	压缩空气压力/MPa	水温度/℃

4. 空气压缩机安全使用操作规程

（1）应在安全阀限定压力和规定排气量的条件下使用。

（2）必须保证空压机使用现场环境的清洁和通风，严禁在空气中尘量过高或有腐蚀性和易燃性气体场合使用。

（3）空压机严禁断油运行，使用者要注意检查机油油位是否正常，要定期更换机油。

（4）不要使用小于 1.5mm^2 而长度大于 5m 的导线作电源线。

（5）每日工作结束后，必须旋开储气罐放污阀排出污水。

（6）空压机运转时，当停电或临时停机时，需要重新启动，应将储气罐中的压缩空气排放完毕再开机。

五、故障分析与处理

1. 操作过程没有流量或流量较小

(1) 排出管路堵塞或阀门未开启。处理方法：检查管路及阀门及时处理。

(2) 水罐压力达不到。处理方法：检查压缩机、减压阀、安全阀是否正常，相关阀门是否关闭，及时处理。

2. 操作过程水罐液位不能正常读数

此现象正常，由于液位测量装置（压力传感器）超出工作范围所致，操作完毕水罐恢复至常压即可。

3. 充气过程有鸣笛声出现

此现象正常，由减压阀所致，应及时调节减压阀即可。

4. 操作过程管道及设备泄漏

操作压力过大或管道密封所致，及时检查操作压力调节减压阀并检查管道的密封。

流体输送——真空输送抽料操作

一、实训目的

1. 熟悉真空输送流程中各种常用管件、阀件的基本结构及作用。

2. 掌握真空输送设备的结构及工作原理。

3. 了解各类测量仪表的作用及名称。

4. 掌握真空输送的原理及操作技能。

5. 学会操作过程常见异常现象的判别及处理方法。

二、基本原理

真空输送是指通过真空系统的负压来实现输送液体。容器与真空系统相连，容器处于真空状态与原料罐之间形成压强差，液体在此压差的作用下，沿管路进入容器。

真空输送也是化工生产中常用的液体输送方法，结构简单，操作方便，故广泛应用。但流量调节不方便，需要真空系统，不适于输送易挥发的液体，主要用于间歇操作。

真空输送需要真空环境，主要是由真空泵提供。如：水环真空泵、往复真空泵、喷射泵等。

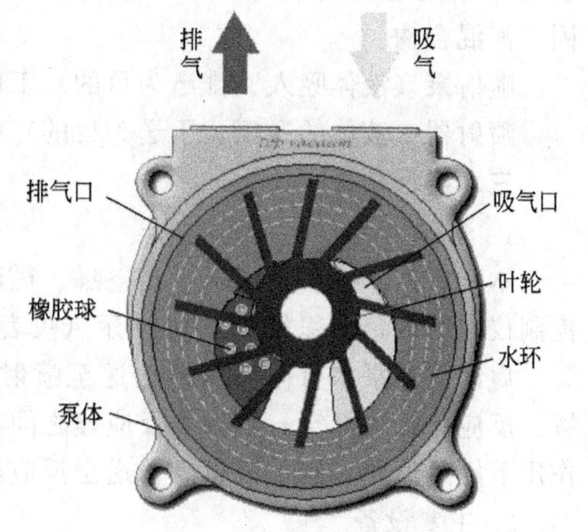

图 1-13 水环真空泵

1. 真空泵用途及使用范围

(1) 泵是用来对密封容器抽除气体的基本设备之一。它可单独作用，也可作为增压泵、扩散泵、分子泵等的前级泵，维持钛泵的预抽泵用。可用于电真空器件制造、保温瓶制造、真空焊接、印刷、吸塑、制冷设备修理以及仪器仪表配套等。因为它具有体积小、质量轻、噪声低等优点，所以更适宜于实验室里使用。

(2) 泵在环境温度范围内，进气口压强小于 1.3×10^3 Pa 的条件下允许长期连续运转。

(3) 泵进气口连续畅通大气运转不得超过 1min。

(4) 泵不适用于抽除对金属有腐蚀的、对泵油起化学反应的、含有颗粒尘埃的气体，以及含氧过高的、有爆炸性的、有毒的气体。

2. 水环真空泵

如图1-13，由圆形的泵壳和带有辐射状叶片的叶轮组成。叶轮偏心安装。泵内充有一定量的水，当叶轮旋转时，水在离心力作用下形成水环，将叶片间的空隙分隔为大小不等的气室，当气室由小变大时，形成真空吸入气体；当气室由大到小时，气体被压缩排出。

水环真空泵属湿式真空泵，结构简单。由于旋转部分没有机械摩擦，使用寿命长，操作可靠。适用于抽吸夹带有液体的气体。但效率低，一般为30%～50%，所能造成的真空度还受泵体内水温的限制。

3. 往复式真空泵

工作原理与往复式压缩机相同，只是因抽吸气体压强很小，结构上要求排出和吸入阀门更加轻巧灵活，易于启动。达到较高真空度时，泵的压缩比很高，如95%的真空度，压缩比约为20，为减少余隙的不利影响，真空泵气缸设有一连通活塞左、右两端的平衡气道。在排气终了时让平衡气道短时间连通，使余隙中的残留气体从活塞的一侧流至另一侧，从而减少余隙的影响。往复式真空泵属干式真空泵，不适宜抽吸含有较多可凝性蒸气的气体。

4. 喷射泵

如图1-14，利用工作流体通过喷嘴高速射流时产生真空将气体吸入，在泵体内与工作流体混合后排出。工作流体可以是蒸气或液体；结构简单，无运动部件，但效率低，工作流体消耗大。单级可达90%的真空度，多级喷射泵可获得更高的真空度。

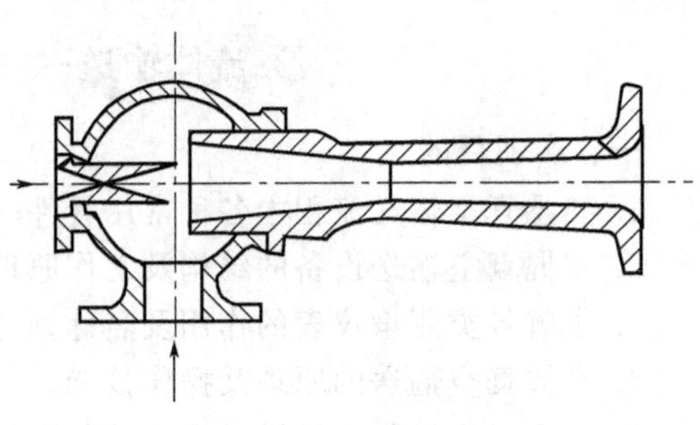

图1-14 单级喷射泵

常用的工作流体有水、水蒸气、空气。被引射流体则可以是气体，液体或有流动性的固、液混合物。

喷射泵（液体吸入、排出为目的）工作流体和被引射流体皆为非弹性介质。

喷射器（液体的升压、压送为目的）有一种为弹性介质（气体）。

三、实训装置

1. 流程

本装置由水罐、反应釜、真空罐、循环水槽、离心泵、真空喷射泵、转子流量计和一套控制仪表组成，流程如图1-15所示（仪表控制柜未画出）。

启动离心泵水自循环水槽输送至喷射泵，喷射泵获得足够机械能，正常运转，将真空罐、反应釜抽成真空。水罐与反应釜之间存在压差，储存于水罐中的物料（水），在压差的作用下经过滤阀、转子流量计输送至反应釜内。操作完毕，物料放回至水罐。

2. 主要设备

（1）水罐 储存原料，材质不锈钢，ϕ800mm×1000mm。

（2）反应釜 反应容器（输送目的地），材质不锈钢，ϕ500mm×700mm。

（3）真空罐 缓冲罐，维持压力稳定，材质不锈钢，ϕ350mm×500mm。

（4）喷射泵 提供真空环境，RPB系列80型真空喷射器，保证真空度0～98kPa，保证抽气量80m^3/h。

（5）离心泵 为喷射泵提供动力，型号ISW65-50-160，流量25m^3/h，扬程32m，功率5.5kW。

（6）循环水槽 储存循环水，材质不锈钢，500mm×500mm×1100mm。

（7）转子流量计 测定流量，型号LZB-40，量程0～1600L/h。

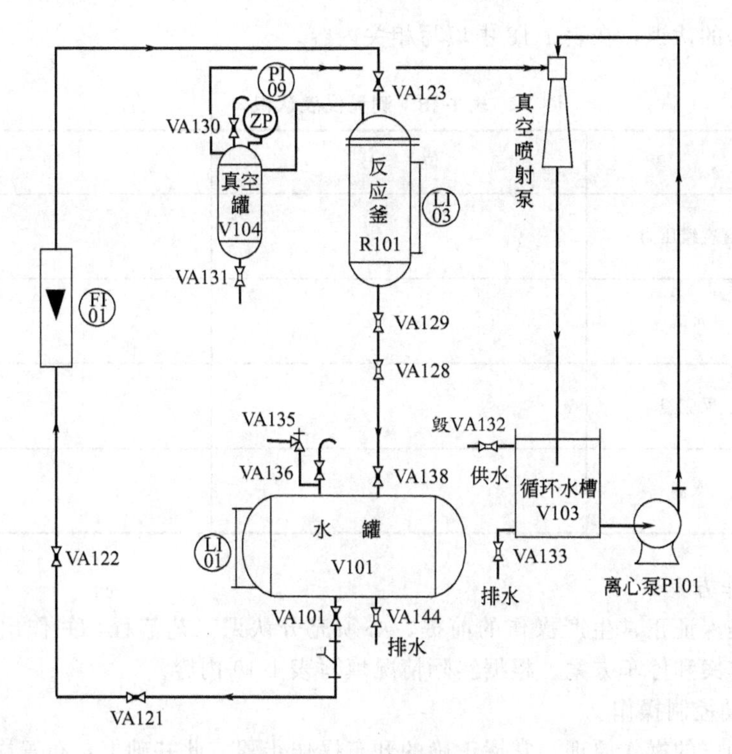

图 1-15 真空输送流程图

(8) 压力表、真空表 测定压力，精度为 1.6，量程分别为 0.4（或 0.6）MPa；0.1MPa。

(9) 压力传感器 测量压力、测量液位，型号 CYB100B，量程 0～10kPa，精度 0.3 级。

(10) 控制面板，如图 1-2 所示。

控制面板设有 9 块仪表，分别为：水罐、反应釜、高位槽液位测定，原料（水）温度测定，文丘里、直管压差测定，涡轮流量计流量显示，离心泵功率显示，离心泵频率控制。

四、操作要点

1. 导流程

现场认知装置流程，了解设备、仪表名称及其作用。

根据对流程、装置的认识，在表 1-17 中填写相关内容。

表 1-17 离心泵送料设备的结构认识

位号	名　　称	用　　途	型　　号
	水罐		
	反应釜		
	真空罐		
	循环水槽		
	离心泵		
	真空喷射泵		
	转子流量计		

根据对流程的认识，在表1-18中填写相关内容。

表1-18 测量仪表认识

物理量	仪表	位号	单位
压力	真空罐压力		
液位	水罐		
	反应釜		
温度	水温		

2. 制定操作方案

操作方案是保证正常生产操作的前提，必须充分认识工艺流程，并作出相应的开车方案、正常操作方案和停车方案。根据实际情况填写表1-19内容。

3. 现场手动控制操作

首先了解相应的操作原理，掌握正确的开车操作步骤。此基础上，布置岗位，在实训设备上按照下述内容及步骤进行操作练习。

(1) 开车前准备

① 了解本实验所用物料（水）的来源及制备

a. 本实训装置的能量消耗为：离心泵额定功率为5.5kW。

b. 本实训装置的物质消耗为：原料为水，循环使用。

② 明确各项工艺操作指标

a. 操作压力：真空罐压力0～0.6MPa。

b. 温度控制：原料（水）常温，各电机温升≤65℃。

c. 液位控制：水罐液位1/3～2/3；反应釜液位，初始≤1/3，终了≤2/3。

d. 流量控制：离心泵流量400～1400L/h。

③ 掌握真空输送原理及流程，熟悉控制点。

④ 检查相关阀门开关是否处于待开车状态（VA101、VA130、VA136常开）；检查水罐液位是否1/3～2/3，反应釜存料是否<1/3。

⑤ 熟悉喷射泵工作原理，检查喷射泵能否正常使用。

⑥ 检查离心泵的各连接螺栓有无松动现象。

⑦ 均匀盘车，应当无摩擦现象或时紧时松的现象，泵内不应有杂音。

⑧ 检查电源是否正常，仪表显示是否正常，真空表指针应该指零。

(2) 正常开车

① 关闭真空罐放空阀VA130，由于真空罐与喷射泵相连防止其漏气。

② 1#离心泵处在液面以下无需人为灌泵，直接启动泵。

③ 缓慢开启阀门VA130，调节压力（真空度）至0.04～0.6MPa保持稳定。

想一想：操作过程如果开启阀VA131、VA124有什么后果？

表 1-19　操作方案制定流程表

<table>
<tr><td colspan="4">操作方案制定情况</td></tr>
<tr><td>班级：</td><td>实训组：</td><td>姓名及学号：</td><td>设备号：</td></tr>
<tr><td colspan="4">绘出带有控制点的工艺流程图(铅笔绘制)</td></tr>
<tr><td rowspan="3">岗位分工
及
岗位职责</td><td>主操作</td><td colspan="2"></td></tr>
<tr><td>副操作</td><td colspan="2"></td></tr>
<tr><td>记录员</td><td colspan="2"></td></tr>
<tr><td colspan="4">开车前准备内容(包括设备、管路、阀门、仪表等)</td></tr>
<tr><td colspan="4">开车方案</td></tr>
<tr><td colspan="4">正常操作方案</td></tr>
<tr><td colspan="4">停车方案</td></tr>
<tr><td colspan="4">停车后工作</td></tr>
</table>

(3) 正常操作　熟悉真空输送在正常工作状态下的常规内容，掌握压力调节、流量调节、稳定送料的方法。

根据输送过程中各项工艺指标，判断操作过程是否运行正常；改变某项工艺指标观察其他参数的变化情况，分析原因；针对运行过程中出现的不正常现象，如流量不稳或压力不稳等进行讨论，提出解决办法，能在实际操作中处理可能出现的故障。

① 操作步骤

a. 缓慢调节阀门 VA122，调节至要求流量（400～1400L/h）。

b. 保持流量稳定，向反应釜进料至2/3（该操作反应釜液位不能正常读数）。

c. 输送过程，操作人员要求维持压力（真空）稳定。

② 操作要求

a. 该操作属于减压操作，要求压力控制稳定，真空度不能过大，否则影响输送过程的稳定性，且存在安全隐患。

b. 在操作中，要注意操作人员的相互配合，做到分工明确负责，注意做到常规检查与记录，包括各类主要检查项目，以便进行事故分析和研究处理措施。

c. 检查是否存在泄漏，及时处理。

d. 注意流量计、压力表的指针拍动情况，超过正常指标立即查明原因并处理。

e. 循环水槽液面不能太低，否则供水不足，影响喷射泵正常工作。

f. 在操作过程中，可以改变一个操作条件，也可以同时改变两个操作条件（调节不同流量或反应釜不同进料量）。需要注意的是，每次改变操作条件，必须及时准确记录操作数据。

想一想：操作过程反应釜液位不能正常读数是什么原因？

(4) 停车操作

① 操作完毕，关闭阀门 VA122。

② 缓慢开启阀门 VA130，真空罐泄压至 0.02MPa 左右。

③ 关闭 1#泵，禁止直接停泵，否则瞬间真空度过大，造成物料倒流至真空罐。

(5) 复位

① 开启阀门 VA129、VA128、VA138，将反应釜中料液放回至水罐。

② 阀门恢复至初始状态。

③ 关闭仪表、关闭电源，清理操作台。

真空送料数据记录于表 1-20。

五、故障分析与处理

1. 真空罐真空度达不到要求

(1) 离心泵不能真正工作。处理方法：检查泵是否损坏，循环槽液位是否过低，及时处理。

(2) 喷射泵损坏。处理方法：检查维修或更换喷射泵。

(3) 系统或相关阀门泄漏。处理方法：检查设备及相关阀门及时处理。

2. 操作过程没有流量或流量较小

(1) 排出管路堵塞或阀门未开启。处理方法：检查管路及阀门及时处理。

(2) 真空罐压力达不到。处理方法：检查管路是否正常，相关阀门是否关闭，及时处理。

表 1-20 真空送料数据记录表

流体设备号：		实训人员：主操_____副操_____记录员_____				
运行时间___年___月___日		星期___				
输送方式	参数/时间	转子流量计流量/(L/h)	反应釜液位/mm	水罐液位/mm	真空罐压力/MPa	水温度/℃

3. 操作过程反应釜液位不能正常读数

此现象正常，由于液位测量装置（压力传感器）超出工作范围所致，操作完毕反应釜恢复至常压即可。

4. 操作过程管道及设备泄漏

操作压力过大或管道密封所致，及时检查操作压力并检查管道的密封。

实训二 传热单元操作实训

一、实训目的

1. 熟悉强制对流传热的基本原理及应用。
2. 熟悉列管式换热器的基本构造及工作原理。
3. 掌握利用变频器调节旋涡气泵的使用及流量的方法。
4. 掌握列管式换热器的开、停车操作及正常生产操作过程。
5. 学习强制对流传热过程中故障的分析与处理方法。
6. 学习蒸汽发生器的使用，并树立安全生产意识。
7. 学习工业用水蒸气作为热载热体的控制方法和特点。
8. 熟悉压力传感器、热电偶、涡轮流量计等测量元件的测量原理及特点，以及疏水器等的构造及工作原理。

二、基本原理

化工生产中对传热过程的要求主要有以下两种情况：其一是强化传热过程，如各种换热设备中的传热；其二是削弱传热过程，如对设备和管道的保温，以减少损失。因此，需要了解传热的基本原理。

1. 传热方式与工业换热方法

(1) 传热的基本方式　热传导、热对流和热辐射。因微观粒子的振动位移而相互碰撞将热量从高温区域向低温区域传递的过程为热传导，热传导过程中物质不发生宏观相对位移；能量以电磁波的形式传递的过程为热辐射，物质吸收全部或部分辐射能而转变为热能，其过程中包括能量的传递和转变；靠流体中的质点发生宏观相对位移而进行热量传递的过程为热对流，热对流过程可分为自然对流和强制对流，强制对流传热状况比自然对流好。热传导和热对流过程必须有介质的存在，而热辐射过程则可在真空中环境中进行，不需要介质。因此，化工生产的传热过程，纯粹的热对流是不存在的，热对流过程可伴随有热传导和热辐射过程，热传导过程亦可伴随有热辐射过程，但热传导过程和热辐射过程不一定发生热对流过程。

本实训操作过程为对流传热过程，主要研究列管换热器中热流体与列管壁面之间和列管壁面与冷流体之间的对流传热情况。

(2) 工业生产中的换热方法　间壁式换热、混合式换热、蓄热式换热。间壁式换热即冷、热两流体被一固体间壁隔开，并通过间壁进行热量交换的换热方法，此类换热设备称为间壁式换热器，如精馏工业中的塔顶蒸气冷凝；混合式换热过程是在冷、热两流体直接接触和混合的过程中实现的，具有速度快、效率高、设备简单的特点，如甲醇-水溶液的蒸馏分离过程的加热就是用水蒸气直接加热；蓄热式换热是利用冷、热流体交替流经蓄热室中的蓄热体（填料）表面，从而进行热量交换的过程，如炼焦炉下方预热空气的蓄热室。

本实训操作过程的换热方法为工业中最常用的间壁式换热，因此需要了解间壁式换热器中的对流传热原理。

2. 对流传热过程原理

对流传热主要发生在有各类流体流动的场合。对流分为自然对流和强制对流两种。自然对流是由流体内部存在密度差而使流体质点产生上下方向的循环流动产生宏观位移的对流方式；强制对流是向流体施加外力，而使流体质点产生一定方向上的相对位移的对流方式，其对流状态激烈，对流效果明显，适于工业生产操作。

(1) 对流传热过程简析　如图 1-16 (a)，对流传热是层流内层的导热和湍流主体对流传热的统称。在冷、热流体的湍流主体区中，流体湍动程度剧烈，热量十分迅速地传递，热阻很小，因此湍流主体区中的温度差极小。另一方面，无论流体主体区湍动程度多么剧烈，紧邻固体传热壁面处都存在流体边界层，在流体边界层中基本不存在与固体传热壁面成垂直方向的流体对流运动（即流体流动方向与热量传递方向垂直），所以流体与固体传热壁面之间的传热过程中，热量只能以热传导的方式通过流体边界层，虽然流体边界层的厚度并不是很厚，但一般流体的热导率都较小，即热阻较大，因此流体边界层需要产生较大的温度差为推动力以克服该热阻，此流体边界层的存在是该传热过程的主要阻力。

图 1-16 (b) 是表示对流传热的温度分布示意图：在湍流主体区，由于流体的高度湍动，强烈对流致使流体温度几乎为一恒定值；而流体边界层的导热热阻大，所需要的推动力温度差就比较大，从而该段温度曲线较陡峭，几乎成直线下降；但固体传热壁面的热阻很小，则温度曲线较为缓和。此存在温度梯度的区域亦称为温度边界层，也称热边界层。

(2) 对流传热过程的影响因素　通过以上分析可知，凡是影响流体边界层导热和流体边界层外对流传热的条件都会影响对流传热过程。如果能够针对实际操作认真分析主要影响因素，对强化传热过程有至关重要的作用，可参考如下影响因素：

① 流体的状态种类如液体、气体和蒸气；

② 流体的物性参数如密度、黏度、热导率和比热容等；

③ 流体的相态变化，有相变发生时的对流传热过程的传热系数比没有相变发生时大得多；

④ 流体对流的状况，强制对流时对流传热系数值大，自然对流小；

⑤ 流体的运动状况，湍流时对流传热系数值大，层流时小；

⑥ 传热壁面的特性如形状、位置、大小、管或板、水平或垂直、直径、长度和高度等。

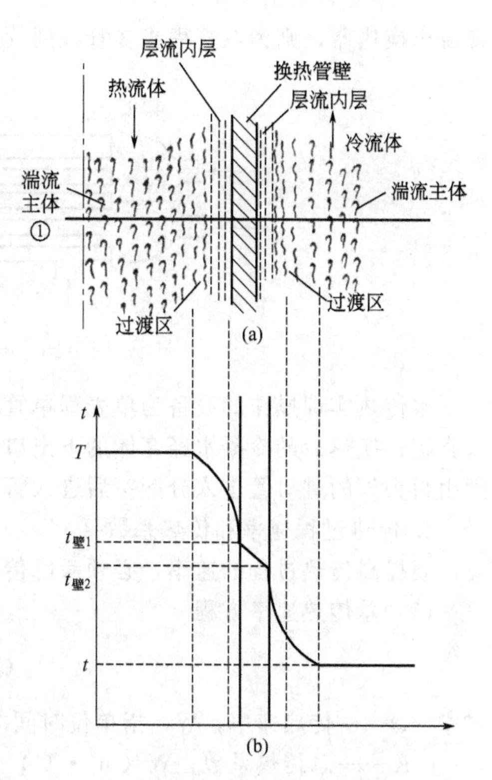

图 1-16 传热壁面两侧的对流传热分析

(a) 流动状况；(b) 温度分布

3. 列管式换热器的构造与工作原理

列管式换热器是间壁式换热器的一种，是化工生产中最常见的换热器类型。

如图 1-17 所示，列管式换热器主要由壳体、管束、管板（花板）和封头等部件组成。一种流体由封头处的进口管进入分配室空间（封头与管板之间的空间）分配至各管内（称为管程），通过管束后，从另一封头的出口管流出换热器。另一种流体则由壳体的进口管流入，在壳体与管束间的空隙流过（称为壳程），从壳体的另一端出口管流出。利用蒸汽作为热流体的换热器一般会在壳体上设有放空管接口（如图中的备用接管）。两流体在管束的管壁上进行热量传递。

图 1-17 (a) 所示换热器为流体在换热器管束内只通过一次，称为单管程列管式换热器。

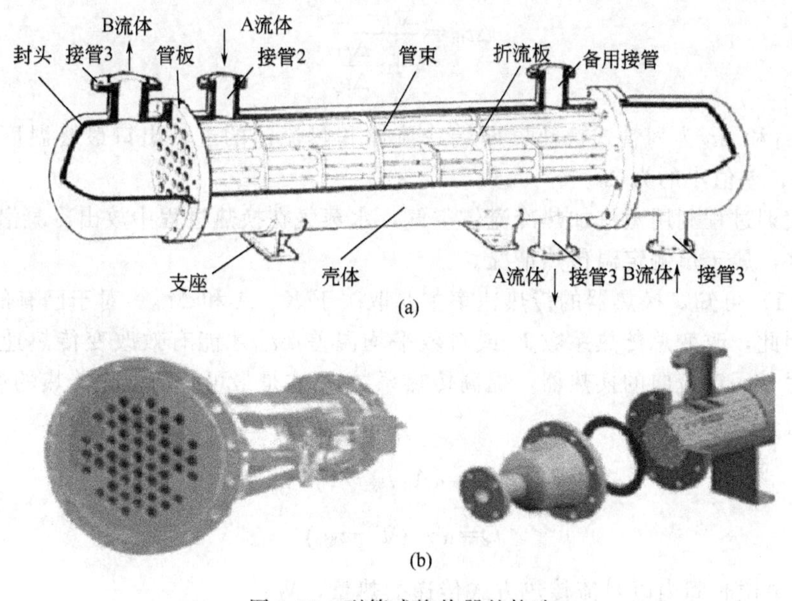

图 1-17 列管式换热器的构造

(a) 单壳程单管程列管换热器；(b) 管板与封头

如图 1-18，若在换热器的分配室空间设置隔板，将管束的全部管子平均分成若干组，流体每次只通过一组管子，然后折回进入另一组管子，如此反复多次，最后从封头处的出口管流出换热器，则为双管程或多管程列管式换热器。

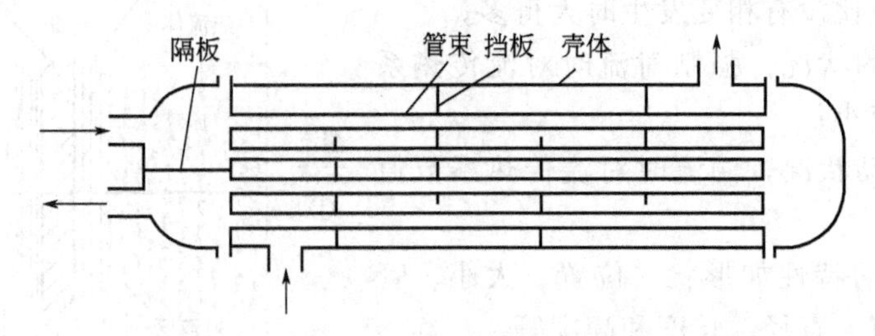

图 1-18 单壳程双管程列管换热

本传热实训操作的设备为单壳程单管程式列管换热器。热流体水蒸气自壳体的上进口进入壳程，换热后的冷凝水经壳体的下出口管的疏水器排出，壳体上设有放空阀；冷流体空气则由封头处的进口管进入分配室后进入管程，由另一侧封头出口排出。

4. 传热过程速率和传热系数

要提高传热过程的速率，必须考虑传热过程速率的主要影响因素。

（1）总传热速率方程

$$Q=KA\Delta t_{\mathrm{m}} \tag{1-1}$$

式中 Q——传热速率，W，指单位时间内通过传热面的热量；

K——总传热系数，W/(m^2·℃)，其大小是衡量换热器性能的一个重要指标，K 越大，表明单位时间在单位传热面积上传递的热量越多；

A——固体传热壁面面积（对列管式换热器，以列管的外表面积计），m^2；

Δt_{m}——冷流体与热流体的对数平均温度差，℃，是传热的推动力。

$$\Delta t_{\mathrm{m}}=\frac{\Delta t_1-\Delta t_2}{\ln\dfrac{\Delta t_1}{\Delta t_2}} \tag{1-2}$$

式中，Δt_1 和 Δt_2 为列管式换热器两端冷流体和热流体的进、出口最终温度差，其中差值大的为 Δt_1，差值小的为 Δt_2。

本传热实训过程利用蒸汽加热冷流体空气，水蒸气在换热过程中放出冷凝潜热变为相同温度的液态水，属于单侧定温传热情况。

由式（1-1）可知，换热器的传热速率主要取决于 K、A 和 Δt_{m}。对于已有的换热器，A 是固定的，因此，改变总传热系数 K 或对数平均温差 Δt_{m} 才能有效改变传热速率以达到生产目的，而对于固定流向的换热器，提高传热系数 K 才是最可行的强化传热的途径。

（2）对流传热速率方程

$$Q=\alpha A(t_{壁}-t) \tag{1-3a}$$

或

$$Q=\alpha' A(T-t_{壁}) \tag{1-3b}$$

式中 Q——单位时间内以对流传热方式传递的热量，W；

α，α'——对流传热系数，W/(m^2·℃)；

A——固体传热壁面面积，m^2；

$t_{壁}$——壁面的温度，℃；

T，t——热流体和冷流体主体区的平均温度，℃。

由前述对流传热简析可知，欲提高对流传热过程速率，关键是提高对流传热系数 α，即有效减小流体边界层的传热阻力，才能有效强化传热过程，这也是在传热操作过程中主要考虑的问题。

(3) 总传热系数 K 的估算　处理总传热系数 K 与对流传热系数 α 的关系利用热阻串联原理（图 1-19）。

热流体通过固体传热壁面将热量传递给冷流体时，在热流体一边温度从 T 变化到 $t_{壁1}$，经过壁厚为 δ 的固体壁面后温度降到 $t_{壁2}$，而冷流体一侧的温度则从壁面温度 $t_{壁2}$ 变化到 t。设 α_1 和 α_2 分别表示从热流体传给壁面以及从壁面传给冷流体的对流传热系数，而固体壁面的热导率为 λ。则有

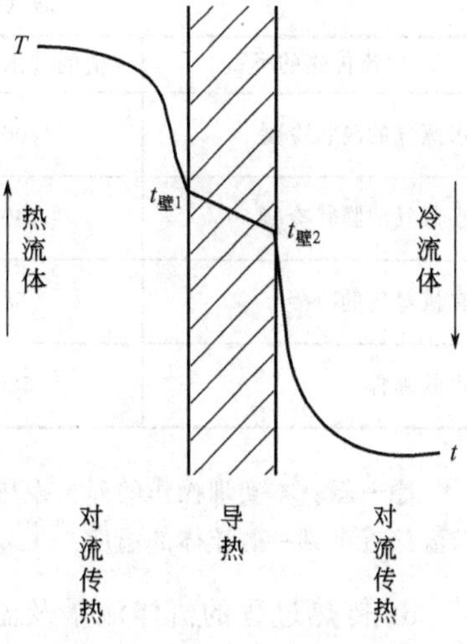

$$R=R_1+R_导+R_2=\frac{1}{K}=\frac{1}{\alpha_1}+\frac{\delta}{\lambda}+\frac{1}{\alpha_2} \tag{1-4}$$

图 1-19　传热过程的热阻串联

也有

$$K=\frac{1}{\frac{1}{\alpha_1}+\frac{\delta}{\lambda}+\frac{1}{\alpha_2}} \tag{1-5}$$

对式（1-5）进行如下讨论。

① 若固体壁面为金属材料，固体金属的热导率大，而壁厚又薄，$\frac{\delta}{\lambda}$一项与$\frac{1}{\alpha_1}$和$\frac{1}{\alpha_2}$相比可略去不计，则式（1-5）还可写成：

$$K=\frac{1}{\frac{1}{\alpha_1}+\frac{1}{\alpha_2}}=\frac{\alpha_1\alpha_2}{\alpha_1+\alpha_2} \tag{1-6}$$

② 当 $\alpha_1 \gg \alpha_2$ 时，K 值接近与热阻较大一项的 α_2 值。

当两个 α 值相差很悬殊时，则 K 值与小的 α 值很接近，如果 $\alpha_1 \gg \alpha_2$，则 $K \approx \alpha_2$；$\alpha_1 \ll \alpha_2$，则 $K \approx \alpha_1$。

因此，在传热过程中要提高 K 值，必须对影响 K 的各项进行具体分析，设法提高最大（关键）热阻中的 α 值，才会有显著的效果，如选择热导率 λ 高的材料做传热壁面，适当增加换热阻大的流体的流速等。K 值变化范围很大，生产技术人员应对不同类型流体间换热时的 K 和 α 值有一数量级概念（见表 1-21 和表 1-22）。

表 1-21　列管式换热器中传热系数 K 的经验值

冷流体	热流体	传热系数 K/[W/(m²·℃)]	冷流体	热流体	传热系数 K[W/(m²·℃)]
水	水	850～1700	气体	水蒸气冷凝	30～300
水	气体	17～280	水	低沸点烃类冷凝	455～1140
水	有机气体溶剂	280～850	水	高沸点烃类冷凝	60～170
水	轻油	340～910	水沸腾	水蒸气冷凝	2000～4250
水	重油	60～280	轻油沸腾	水蒸气冷凝	455～1020
有机溶剂	有机溶剂	115～340	重油沸腾	水蒸气冷凝	140～425
水	水蒸气冷凝	1420～4250			

表 1-22 工业用换热器中 α 值的大致范围

对流传热的类型	α 值的范围/[W/(m²·℃)]	对流传热的类型	α 值的范围/[W/(m²·℃)]
水蒸气的滴状冷凝	46000～140000	水的加热或冷却	230～11000
水蒸气的膜状冷凝	4600～17000	油的加热或冷却	58～1700
有机蒸气的冷凝	580～2300	过热蒸汽的加热或冷凝	23～110
水的沸腾	580～52000	空气的加热或冷却	1～58

想一想：本实训操作的列管换热器中，利用饱和水蒸气加热空气，其关键热阻在哪一侧流体？列管壁温接近于哪一侧流体的温度？

5. 传热过程的流体流量及温度控制原理

传热操作过程的最终目的是控制流体的温度和流量，并设法强化传热过程。

在实际工作状态中忽略热损失的情况下，认为热流体的放热等于冷流体的吸热，也等于换热器的传热速率，即：$Q_{热}=Q_{冷}=Q$，称为热量衡算式。本实训所用的热流体为水蒸气，冷流体为空气，则可利用热量衡算关系式来进行温度和载热体流量的控制。

$$Q=q_{m热}r_{热}=q_{m冷}c_{冷}(t_2-t_1) \tag{1-7}$$

式中 Q——传热速率，W；

$q_{m热}$，$q_{m冷}$——热、冷流体的质量流量，kg/s；

$r_{热}$——水蒸气在其工作条件下的冷凝潜热，J/kg；

t_1，t_2——冷流体的进、出口温度，℃。

例如，可根据所测量的冷流体空气的进口温度 t_1 和设定的目标出口温度 t_2，空气的流量 $q_{m冷}$ 及定性温度 $t=\frac{t_1+t_2}{2}$ 下的比热容 $c_{冷}$ 来计算水蒸气用量，前提是先设定水蒸气的压力，在这个压力下查取蒸汽对应的冷凝潜热 $r_{热}$，可得：

$$q_{m热}=\frac{q_{m冷}c_{冷}(t_2-t_1)}{r_{热}} \tag{1-8}$$

式(1-8) 也可以反向应用，以解决在已知蒸汽流量的情况下的冷流体流量控制问题。

想一想：若加热蒸汽和空气分别走换热器的壳程和管程，当加热蒸汽压力及空气流量发生改变时，对空气的出口温度有何影响？

三、实训装置

1. 流程

本装置由单壳程单管程列管换热器、蒸汽发生器、蒸汽分配器、风机（旋涡气泵）、一些相关测量元件、一套仪表控制系统和 DCS 控制系统组成。流程如图 1-20 所示。

本实训装置主要包括四部分：空气系统、蒸汽系统、干扰系统和软水系统。

空气与水蒸气在列管换热器内进行热量交换，水蒸气作为热载热体，空气为冷载热体。

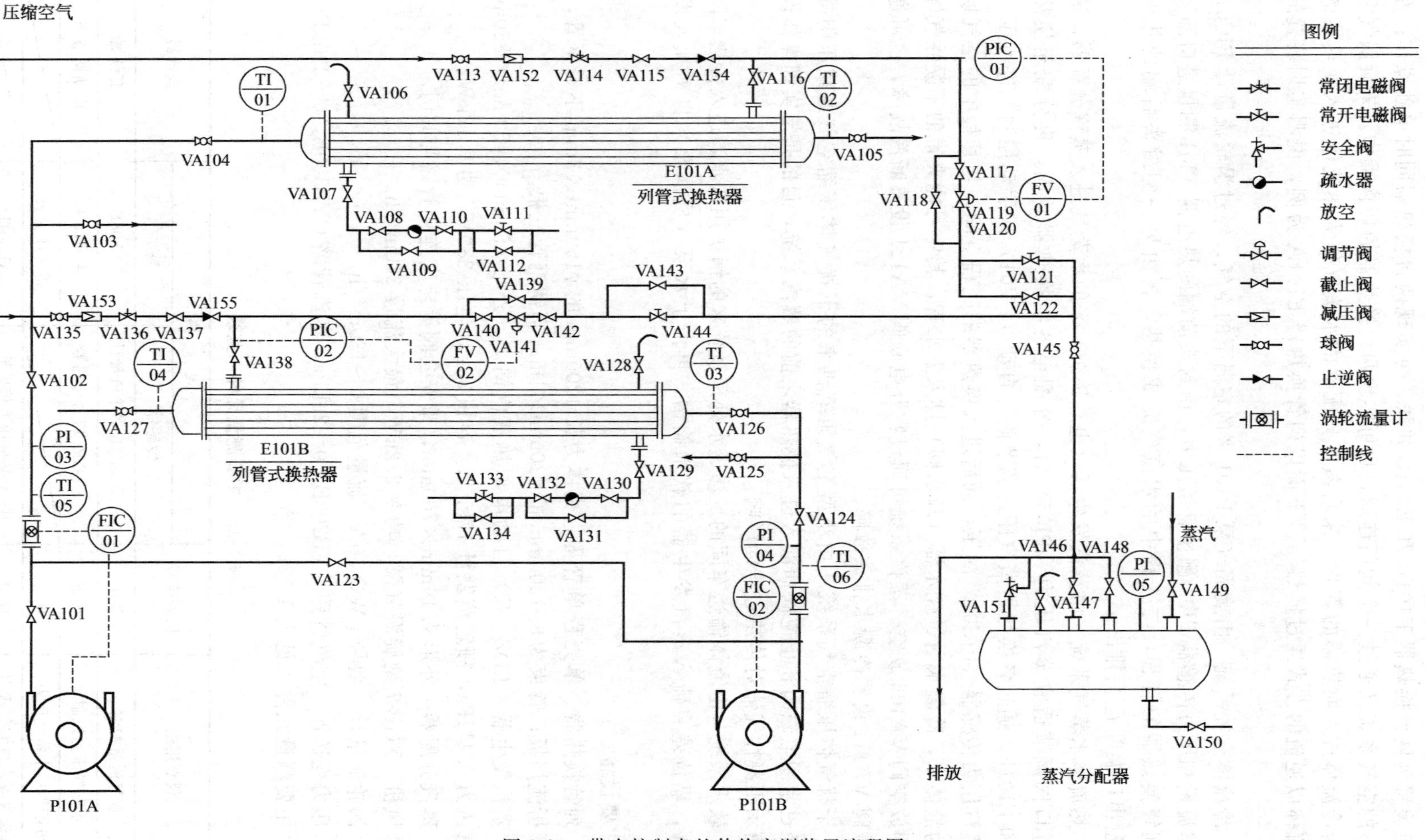

图 1-20　带有控制点的传热实训装置流程图

每组装置为两台换热器 E101A 和 E101B 并联，可实现两台换热器同时单独操作；而两台换热器的空气系统又通过一个阀门连通，也可实现两台换热器的切换操作。来旋涡气泵的空气作为冷流体进入换热器的管程；来自蒸汽分配器的水蒸气作为热流体进入换热器的壳程。两流体以逆流的方式通过换热器。下面以列管换热器 E101A 为例，说明实训装置的工艺流程。

(1) 冷流体空气系统　由旋涡气泵 P101 来的室温下的空气，经过涡轮流量计 FIC01 测量其体积流量和压力传感器 PI03 测量管道压力，由封头前端的热电偶 TI01 测量进口温度 t_1 后进入列管换热器的管程，与壳程中的水蒸气完成换热，再由另一侧封头后端的热电偶 TI02 测量出口温度 t_2 后排出。

(2) 热流体水蒸气系统　由蒸汽发生器（电热锅炉）来的水蒸气进入蒸汽分配器，通过分配器进口阀调节适宜蒸汽压力（PI05）后，分配至各组换热器总阀，再分配至换热器 E101A 和 E101B，通过各换热器蒸汽压力调节阀［自动（FV01）或手动控制］进行压力调节，经蒸汽压力传感器（PIC01）测压，而后进入换热器的壳程空间，与管程中的空气换热后冷凝为液体水，冷凝水通过疏水器（疏水阀）排入下水管，其中可能夹带的不凝性气体由壳体上的放空阀 VA106 放空。蒸汽系统可通过常开电磁阀 VA121 设置断汽故障，也可通过常开电磁阀 VA111 设置冷凝水排放故障。

(3) 干扰气体压缩空气系统　由小型空气压缩机来的干扰气体压缩空气经减压阀减压后，再经过常闭电磁阀和止逆阀而混入进入换热器之前的蒸汽系统，目的是给实训操作设置故障，演示不凝性气体对传热过程的影响。

(4) 软水系统　由流体输送车间的反渗透水处理系统来的锅炉用软水，进入传热车间的软水储罐，靠位差自流入蒸汽发生器的软水储槽，再由上水泵（旋涡泵）自动加入发生器内。

2. 主要设备

(1) 列管换热器　单壳程单管程。壳体为长 1200mm 的 ϕ159mm×3mm 不锈钢管，内有圆缺形折流挡板；管束为长 1200mm 的 ϕ20mm×1mm 不锈钢管三根。

(2) 蒸汽发生器　LDZ（K）自动电加热蒸汽锅炉，外形 650mm×450mm×850mm。额定蒸汽压力 0.4MPa，额定蒸发量 17kg/h，容积 35L，电压 380V，功率 12kW。

(3) 蒸汽分配器　外形 ϕ219mm×700mm，带安全阀等全套连接管路与阀门。

(4) 风机　XGB-7 型旋涡气泵，功率 2.2kW，最大流量 210m³/h。

(5) 涡轮流量计　型号 LWQ-50A，流量范围 0～180m³/h。

(6) 压力变送器　空气管路 CYB200B，0～20kPa；蒸汽管路 CYB300B，0～300kPa。

(7) 主要测量元件　见表 1-23。

表 1-23　主要测量元件一览表

序号	仪表用途	仪表位置	规格		执行器
			传感器	显示仪	
1	空气流量控制	集中	0～180m³/h 涡轮流量计	AI-808B	变频器
2	水蒸气压力控制	集中	0～300kPa 压力传感器	AI-808B	电动调节阀
3	分配器中水蒸气压力	现场		指针压力表	
4	旋涡气泵出口空气压力	集中	0～40kPa 压力传感器	AI-501D	
5	各点空气温度	集中	K-型热电偶	AI-501D	

(8) 控制面板　每套实训装置有 7 块仪表，包括换热器蒸汽压力控制、空气流量控制、风机变频器、换热器进口温度、换热器出口温度、风机出口温度和空气管道压力等。另外还包含有总电源开关、仪表开关、风机开关和备用开关等。如图 1-21 所示。

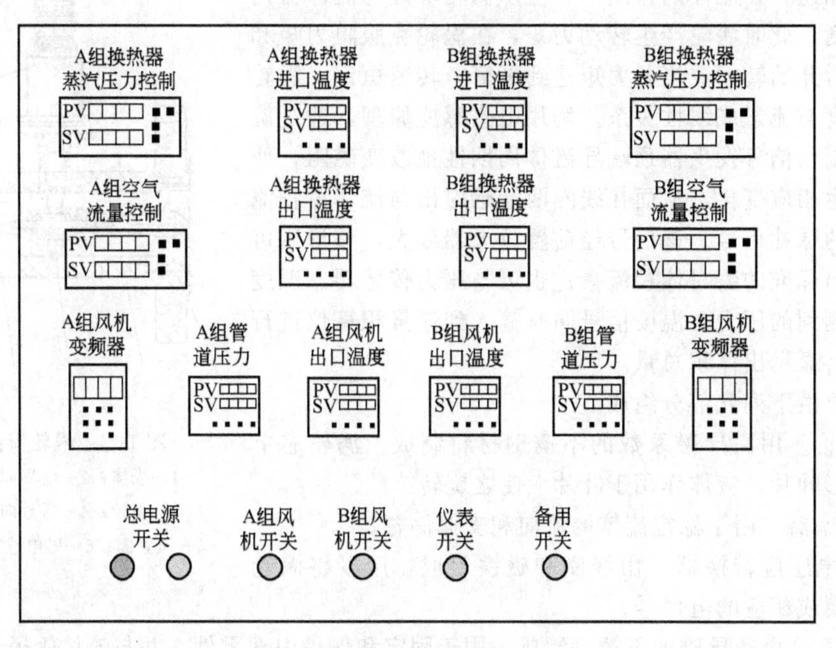

图 1-21　控制面板图

认识控制面板时，要注意仪表显示的参数与现场测控点的对应性，学会利用仪表显示数值的变化来判断设备运行状态和发现问题。

(9) 空气流量的控制方案见图 1-22。

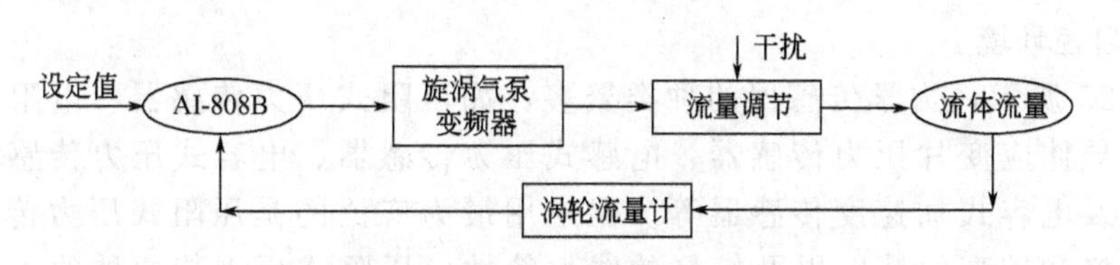

图 1-22　空气流量的控制方案

(10) 水蒸气压力的控制方案见图 1-23。

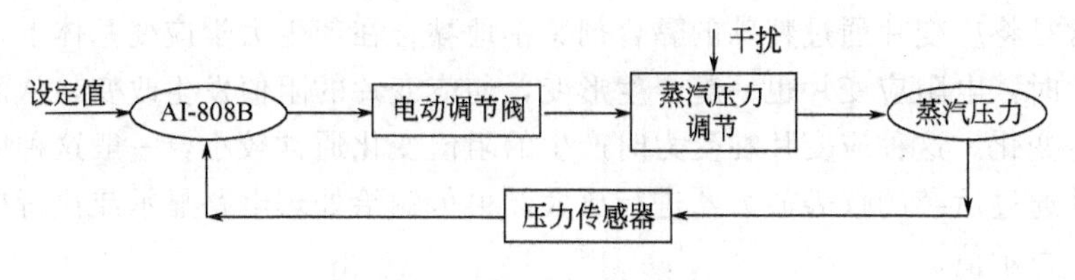

图 1-23　蒸汽压力的控制方案

3. 主要元件简介

(1) 气体涡轮流量计　气体涡轮流量计是一种用于气体流量测量的精密计量仪器，其工作原理简述如下。

如图 1-24，当气流进入流量计时，首先通过特殊结构的前导流体加速。在流体的作用下，由于涡轮叶片与流体流向成一定角度，此时涡轮产生转动力矩，在涡轮克服阻力矩和摩擦力矩后开始转动。当各力矩达到平衡，转速恒定，涡轮转动角速度与流量成线性关系。利用电磁感应原理，通过旋转的涡轮驱动信号发生器顶端导磁体周期性地改变磁阻，使磁场也发生相应变化，从而在线圈两端感应出与流体体积流量成正比的脉冲信号。该信号经前置放大器放大，整形后可直接显示出标准的瞬时体积流量；也可与压力传感器、温度传感器检测到的压力、温度信号同时输入到流量积算仪进行计算处理，显示出体积总量。

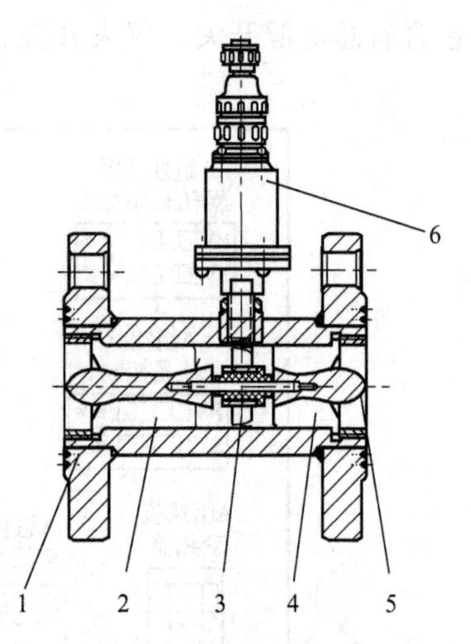

图 1-24　涡轮流量计
1—壳体；2—前导向组件；
3—涡轮；4—后导向组件；
5—压紧圈；6—磁电感应转换器

它主要由下列几部分组成。

① 涡轮　用高导磁系数的不锈钢材料制成。涡轮芯上装有螺旋形叶片，流体作用于叶片上使之旋转。

② 导流器　用于稳定流体的流向和支撑涡轮。

③ 磁电感应转换器　由线圈和磁铁组成，用以将涡轮的转速转换成相应的电信号。

④ 外壳　由非导磁的不锈钢制成，用于固定和保护内部零件，并与流体管道连接。

⑤ 前置放大器　用以放大磁电感应转换器输出的微弱电信号，进行远距离传送。

涡轮流量计的信号能够远距离输送，该种流量计具有测量精度高（精度可以达到 0.5 级以上）、压力损失小、量程宽、反应快、体积小、能耐高压等优点，因此应用愈来愈广泛。

(2) 压力传感（变送）器　压力传感器是工业生产中最常用的一种传感器，其广泛应用于各种工业自控环境。

如图 1-25 所示，力学传感器的种类繁多，如压阻式压力传感器、电阻应变片压力传感器、半导体应变片压力传感器、电感式压力传感器、电容式压力传感器、谐振式压力传感器及电容式加速度传感器等。但应用最为广泛的是压阻式压力传感器，它具有极低的价格和较高的精度以及较好的线性特性。压阻式压力传感器的工作原理简述如下。

压阻式压力传感器最主要的组成部分之一是电阻应变片。电阻应变片是一种将被测件上的应变变化转换成为一种电信号的敏感器件，其应用最多的是金属电阻应变片和半导体应变片两种。通常是将应变片通过特殊的黏合剂紧密地黏合在产生力学应变基体上，当基体受力发生应力变化时，电阻应变片也一起产生形变，使应变片的阻值发生改变，从而使加在电阻上的电压发生变化。这种应变片在受力时产生的阻值变化通常较小，一般这种应变片都组成应变电桥，并通过后续的仪表放大器进行放大，再传输给处理电路显示或执行机构，最后由仪表显示出压力示值。

(3) 热电偶　如图 1-26 所示，热电偶是一种感温元件，它把温度信号转换成热电动势信号，通过电气仪表转换成被测介质的温度。本传热实训装置所用热电偶为 K 型（镍铬-镍硅）系列。热电偶的工作原理简述如下。

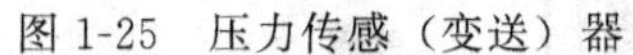

图 1-25　压力传感（变送）器

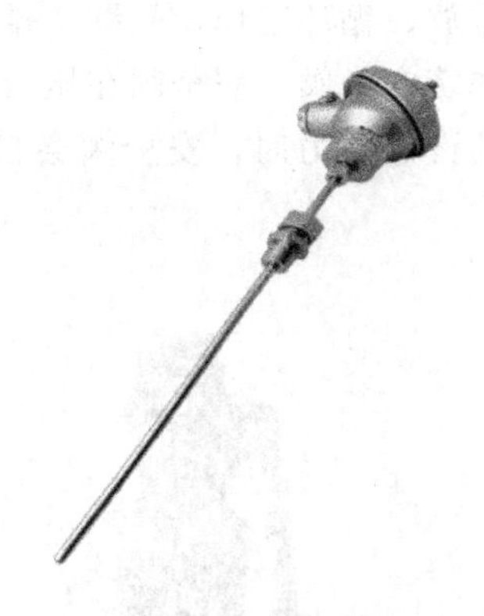

图 1-26　热电偶

热电偶测温的基本原理是两种不同成分的均质导体组成闭合回路，当两端存在温度梯度时，回路中就会有电流通过，此时两端之间就存在热电动势。两种不同成分的均质导体为热电极，温度较高的一端为工作端，温度较低的一端为自由端，自由端通常处于某个恒定的温度下。根据热电动势与温度的函数关系，制成热电偶分度表，分度表是自由端温度在0℃的条件下得到的，不同的热电偶具有不同的分度表。在热电偶回路中接入第三种金属材料时，只要该材料两个接点的温度相同，热电偶所产生的热电势将保持不变，即不受第三种金属接入回路中的影响。因此，在热电偶测温时，可接入测量仪表，测得热电动势后，即可通过信号转换由仪表显示出被测介质的温度。

（4）疏水器（阀）　疏水器在蒸汽加热系统中起到排放冷凝水又阻止蒸汽溢出的作用，选择合适的疏水器，可使蒸汽加热设备达到更好的传热效果。

疏水器的工作原理可大致分为三类：密度差、温度差和相变，相对应的三种类型的疏水器分别为机械型、热静力型、热动力型。这里主要简述热动力型疏水器的工作原理。

如图 1-27，热动力型疏水器内有一个活动阀片，既是敏感件又是动作执行件。根据相变原理，靠蒸汽和凝结水通过时的流速和体积变化的不同使阀片上下产生不同压差，驱动阀片的开关。因热动力式疏水器的工作动力来源于蒸汽，所以蒸汽浪费比较大。

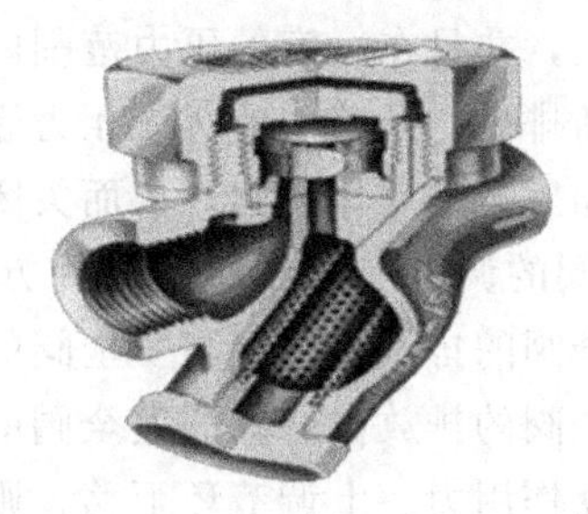

图 1-27　热动力圆盘式疏水器

管道出现的凝结水靠工作压力推开阀片，迅速排放。当凝结水排放完毕，蒸汽随后排放，因蒸汽比凝结水的体积和流速大，使阀片上下产生压差，阀片在蒸汽流速的吸力下迅速关闭。当阀片关闭时，阀片受到两面压力，阀片下面的受力面积小于上面的受力面积，因疏水器汽室里面的压力来源于蒸汽压力，所以阀片上面受力大于下面，阀片紧紧关闭。当疏水器汽室里面的蒸汽降温成凝结水，汽室里面的压力消失。凝结水靠工作压力推开阀片，凝结水又继续排放，循环工作，间歇式排水。

（5）弹簧安全阀　安全阀在压力设备中起到保证设备操作安全的作用，等设备内压力超过安全阀的设定压力时，安全阀会自动开启而释放压力。下面简单介绍弹簧安全阀（如图1-28）。

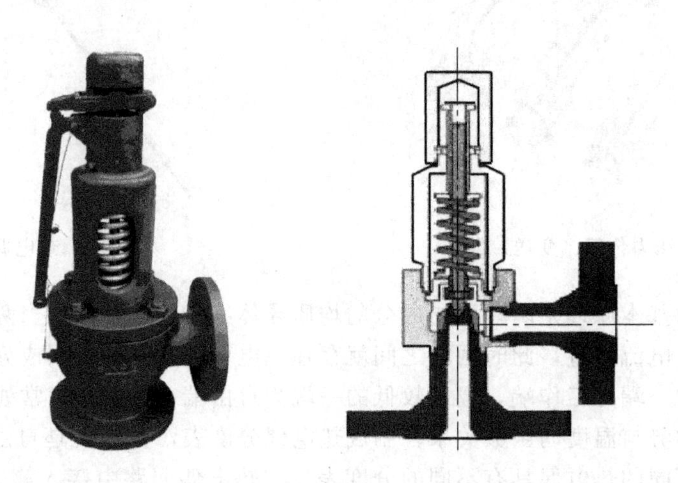

图 1-28　弹簧安全阀

① 弹簧安全阀结构特点　弹簧安全阀由阀瓣和阀座组成密封面，阀瓣与阀杆相连，阀杆的总位移量必须满足阀门从关闭到全开的要求。安全阀的整定压力主要是通过调整螺栓改变弹簧压力来调整。阀门上部装有杠杆机构，用于在动作试验时手动提升阀杆。阀体内装有上、下两个调节环，调节下部调节环可使阀门获得一个完整的起跳动作，上调节环用来调节回座压力。回座压力过低，阀门保持开启的时间较长；回座压力太高，将使阀门持续起跳和关闭，产生颤振，导致阀门损坏，而且还会降低阀门的排放量。上部调节环的最佳位置应能使阀门达到全行程。

② 弹簧安全阀工作原理　当安全阀阀瓣下的蒸汽压力超过弹簧的压紧力时，阀瓣就被顶开。阀瓣顶开后，排出蒸汽由于下调节环的反弹而作用在阀瓣夹持圈上，使阀门迅速打开。随着阀瓣的上移，蒸汽冲击在上调节环上，使排汽方向趋于垂直向下，排汽产生的反作用力推着阀瓣向上，并且在一定的压力范围内使阀瓣保持在足够的提升高度上，随着安全阀的打开，蒸汽不断排出，系统内的蒸汽压力逐步降低。此时，弹簧的作用力将克服作用于阀瓣上的蒸汽压力和排汽的反作用力，从而关闭安全阀。

③ 弹簧安全阀的调节　向右（逆时针方向）移动上调节环（导向套），即升高上调节环，从而减少安全阀的排汽量，提高安全阀的回座压力；向左移动上调节环，即降低上调节环，从而增加安全阀的排放量，降低安全阀的回座压力。调整上调节环位置的高低，实际改变蒸汽对阀瓣的反作用力。上调节环下移，则蒸汽对阀瓣的反作用力增大，使安全阀不易回座，则这样可以降低回座压力。上调节环的调节必须配合下调节环（喷嘴环）的微小调节，才能使安全阀的运行更为可靠、灵敏、正确。向右（逆时针方向）转动下调节环，则升高下调节环，使阀门打开迅速而且强劲有力，同时增加阀门排放量；向左转动下调节环，则降低下调节环，减少蒸汽的排放量。如果下调节环移得太低的位置，阀门将处于连续启闭的状态。

4. 控制仪表的使用方法

(1) 变频器的使用　变频器广泛用于交流电机的调速中，变频器面板的构成如图 1-29 所示。

① 首先按下 DSP FUN 键，若面板 LED 上显示 F_XXX（X 代表 0～9 中任意一位数字），则进入下一步；如果仍然只显示数字，则继续按 DSP FUN 键，直到面板 LED 上显示 F_XXX 时才进入下一步。

② 按动 ▲ 或 ▼ 键来选择所要修改的参数号，由于 N2 系列变频器面板 LED 能显示四位数字或字母，可以使用 < RESET 键来横向选择所要修改的数字的位数，以加快修改速度，将 F_XXX 设置为 F_011 后，按下 READ ENTER 键进入下一步。

③ 按动 ▲、▼ 键及 < RESET 键设定或修改具体参数，将参数设置为 0000（或 0002）。

④ 改完参数后，按下 READ ENTER 键确认，然后按动 DSP FUN 键，将面板 LED 显示切换到频率显示的模式。

⑤ 按动 ▲、▼ 键及 < RESET 键设定需要的频率值，按下 READ ENTER 键确认。

⑥ 按下 RUN STOP 键运行或停止。

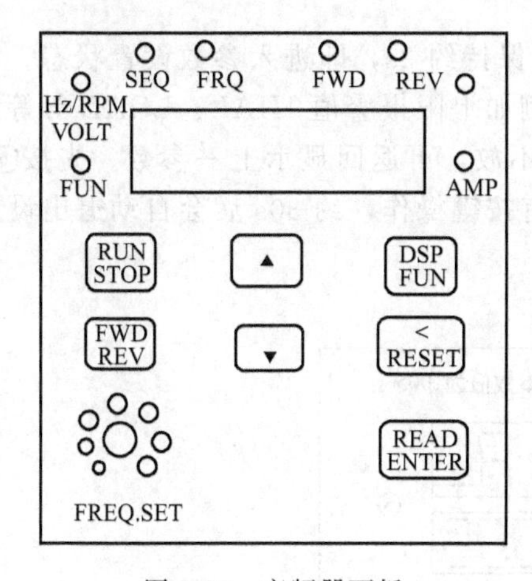

图 1-29　变频器面板

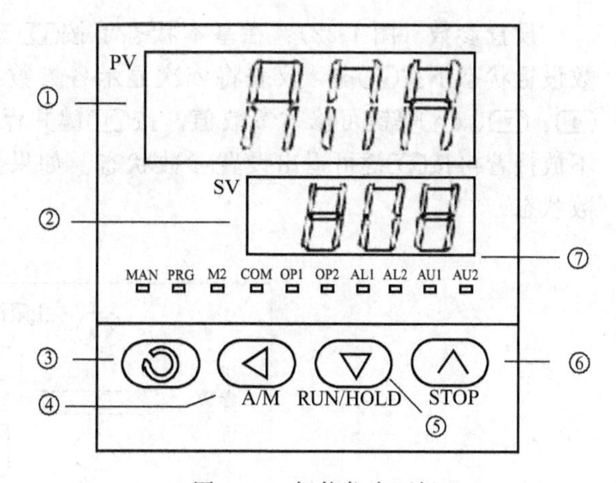

图 1-30　智能仪表面板

(2) 智能仪表的使用　如图 1-30 所示，本实训所用智能仪表的表盘构成如下：

① 上显示窗；

② 下显示窗；

③ 设置键；

④ 数据移位（兼手动/自动切换）；

⑤ 数据减少键；

⑥ 数据增加键；

⑦ 10 个 LED 指示灯，其中 MAN 灯灭表示自动控制状态，亮表示手动输出状态；PRG

表示仪表处于程序控制状态；M2、OP1、OP2、AL1、AL2、AU1、AU2 等分别对应模块输入输出动作；COM 灯亮表示正与上位机进行通信。

智能仪表的显示切换和设置如下。

显示切换（图 1-31）：按⟲键可以切换不同的显示状态。

修改数据：需要设置给定值时，可将仪表切换到左侧显示状态，即可通过按◁、▽或△键来修改给定值。AI 仪表同时具备数据快速增减法和小数点移位法。按▽键减小数据，按△键增加数据，可修改数值位的小数点同时闪动（如同光标）。按键并保持不放，可以快速地增加/减少数值，并且速度会随小数点右移自动加快（3 级速度）。而按◁键则可直接移动修改数据的位置（光标），操作快捷。

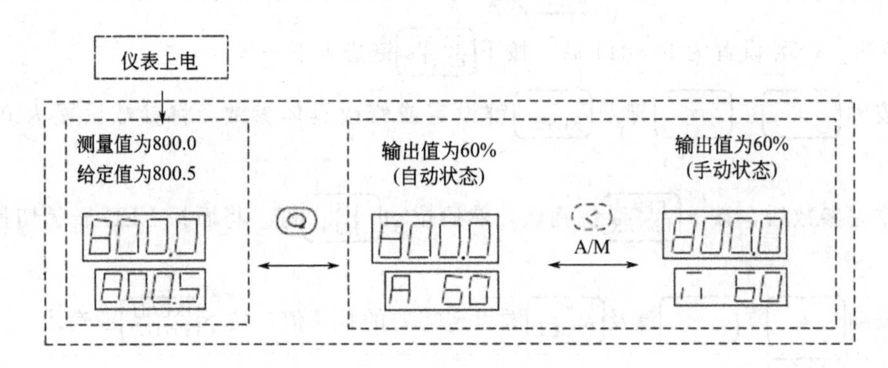

图 1-31　仪表显示状态

设置参数（图 1-32）：在基本状态下按⟲键并保持约 2s，即进入参数设置状态。在参数设置状态下按⟲键，仪表将依次显示各参数，例如上限报警值 HIAL、LOAL 等等。用◁、▽、△等键可修改参数值。按◁键并保持不放，可返回显示上一参数。先按◁键不放接着再按⟲键可退出设置参数状态。如果没有按键操作，约 30s 后会自动退出设置参数状态。

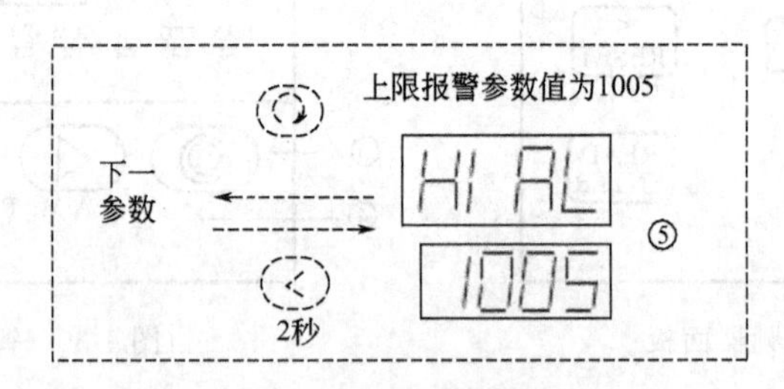

图 1-32　仪表参数设定

四、操作要点

本装置采用饱和水蒸气加热空气，通过蒸汽压力和空气流量的控制达到换热要求。在控制方式上可实现现场手动控制和 DCS 控制方式。

1. 导流程

熟悉装置流程，了解设备、仪表名称及其作用。

根据对装置的认识，在表 1-24 中填写相关内容。

根据对流程的认识，在表 1-25 中填写相关内容。

表 1-24　传热设备的结构认识

序号	位号	名　称	用　途	型号与参数
1		蒸汽发生器		
2		蒸汽分配器		
3		列管换热器		
4		旋涡气泵		
5		电动调节阀		

表 1-25　测量仪表认识

序号	仪　表	位　号	单　位
1	蒸汽发生器压力表		
2	蒸汽分配器压力表		
3	换热器进口水蒸气压力控制表		
4	空气流量控制表		
5	空气管道压力显示表		
6	换热器空气进口温度显示表		
7	换热器空气出口温度显示表		
8	风机出口温度显示表		

2. 了解换热器和蒸汽发生器的日常运行与维护

(1) 换热器的日常运行原则

① 吹扫时应尽可能避免对有涂层的设备进行吹扫，工艺上确实避免不了，应严格控制吹扫温度，以免造成涂层破坏。

② 开、停车过程中，换热器应缓慢升温和降温，避免造成压差过大和热冲击，同时应遵循停工时“先热后冷”即先退热介质，再退冷介质；开工时“先冷后热”，即先进冷介质，后进热介质。

③ 在开工前应确认螺纹锁紧环式换热器系统通畅，避免管板单面超压。

④ 认真检查设备运行参数，严禁超温、超压。

⑤ 操作人员应严格遵守安全操作规程，定时对换热设备进行巡回检查。

⑥ 应经常对管、壳程介质的温度及压降进行检查，分析换热器的泄漏和结垢情况。在压降增大和传热系数降低超过一定数值时，应根据介质和换热器的结构，选择有效的方法进行清洗。

⑦ 应经常检查换热器的振动情况。

⑧ 在操作运行时，有防腐涂层的冷换设备应严格控制温度，避免涂层损坏。

⑨ 保持保温层完好。

(2) 换热器的维护检查

① 宏观检查壳体、管束及构件腐蚀、裂纹、变形等。

② 检查防腐层有无老化、脱落。

③ 检查基础有无倾斜、破损、裂纹及地脚螺栓、垫铁等有无松动、损坏。

④ 检查密封面、密封垫。

⑤ 检查紧固件的损伤情况。

⑥ 其他相关情况检查。

(3) 蒸汽发生器的运行与保养

① 将进水泵排空，并检查水泵电机是否正常。

② 水箱注满水，接通电源，电源指示灯（红灯）亮，关闭排污阀，打开进水开关，进水指示灯（绿灯）亮，泵供水，锅炉开始工作。

③ 数分钟后，锅炉中水位达到最高安全水位，进水指示灯自动熄灭，同时加热指示灯（黄灯）亮，30min后开启主汽阀，便有所需蒸汽排出。

④ 当压力达到最大工作压力时，压力控制器动作，自动切断电源，停止加热，加热指示灯熄灭，当压力低于工作压力时，压力控制器接通电源，加热指示灯亮。

⑤ 随着蒸汽的不断排出，锅炉中水位不断下降，在达到最低安全水位时加热指示灯自动熄灭，同时加水指示灯亮，泵供水。由此周而复始地工作。

⑥ 用户所需最大工作压力，可由压力控制器调节（压力不能超过额定蒸汽压力)。

⑦ 水箱切不可无水工作，经常监视水箱水位，确保安全生产。

⑧ 应采用软化水或蒸馏水，以延长锅炉使用寿命。

⑨ 停机10h以上必须将排污阀打开，将锅炉剩余水放尽。

⑩ 每日进行一次检查，检查内容：内部线路连接、全部线路连接、全部电器连接处是否牢固，检查各接头有否漏水，如发现故障应立即排除；连续运行半年以后，必须清除电热管上及锅炉内壁的水垢，确保锅炉正常工作。

3. 制定操作方案

操作方案是保证正常生产操作的前提，必须充分认识工艺流程，并作出相应的开车方案、正常操作方案和停车方案。根据实际情况填写表1-26内容。

想一想：流体流经列管换热器管程或壳程的选择原则是什么？

4. 现场手动控制操作

(1) 开车前准备

① 了解本实训所需物料及性质 本实训装置的物质消耗为：空气和饱和水蒸气。

水蒸气作为热流体，在传热过程中属于有相变化时的对流传热情况。工业用水蒸气的温度范围在120～180℃，对应的绝对压力在200～1000kPa，这个范围主要局限于锅炉、管路和设备的制作技术。依据饱和水蒸气压力与温度的对应关系，可以通过调节蒸汽压力而准确方便地控制蒸汽的加热温度。

水蒸气与换热壁面接触冷凝时，有膜状冷凝和珠状冷凝两种方式，前者会在固体壁面覆盖一层完整的液膜，水蒸气的继续冷凝只能在液膜的表面进行；而后者的冷凝水易在壁面上形成珠状，液滴自壁面滚落，水蒸气与重新露出的固体壁面进行直接接触，因而珠状冷凝的传热系数比膜状冷凝的传热系数大得多。

为了保证工业换热过程的正常进行，其蒸汽冷凝一般按膜状冷凝考虑。水蒸气作膜状冷凝时的对流传热系数α通常可达5000～15000W/(m^2·℃)。因此，若传热壁面的另一侧的流体不发生相变，则传热过程的关键热阻集中在没有相变的流体中，这是强化传热过程的主要问题所在。本传热实训操作的关键热阻即集中在没有相变的冷流体空气一侧，它是影响传热过程的主要因素。

表 1-26　操作方案制定流程表

<table>
<tr><td colspan="4">操作方案制定情况</td></tr>
<tr><td>班级：</td><td>实训组：</td><td>姓名及学号：</td><td>设备号：</td></tr>
<tr><td colspan="4">绘出单台换热器的带有控制点的工艺流程图(铅笔绘制)</td></tr>
<tr><td rowspan="3">岗位分工
及
岗位职责</td><td>主操作</td><td colspan="2"></td></tr>
<tr><td>副操作</td><td colspan="2"></td></tr>
<tr><td>记录员</td><td colspan="2"></td></tr>
<tr><td colspan="4">开车前准备内容(包括设备、管路、阀门、仪表等)</td></tr>
<tr><td colspan="4">开车方案</td></tr>
<tr><td colspan="4">正常操作方案</td></tr>
<tr><td colspan="4">停车方案</td></tr>
<tr><td colspan="4">停车后工作</td></tr>
</table>

实践证明，当水蒸气中有空气或其他不凝性气体存在时，这些气体可能会在固体壁面上形成一层气膜或占据传热空间，致使不凝性气体存在的流体一侧的分传热系数和传热设备的总传热系数明显下降。因此传热操作中需要及时排放不凝性气体来强化传热，还要及时排放冷凝水。

基于以上分析，水蒸气加热操作中需要注意：一是要经常排放不凝性气体，以免传热效果降低，其排放方法是在列管换热器的加热室（如蒸汽常走的壳程空间的终端）上端装一放空阀，将积累的不凝性气体间歇性排放；二是不断排出冷凝水，以免冷凝水积聚于换热器内占据一部分传热空间而降低传热效果，解决方法是在冷凝水排出管上安装疏水阀（也称疏水器），它在排除冷凝水的同时会阻止蒸汽的逸出。

想一想：饱和水蒸气的压力和温度的对应关系如何？

② 了解本实训装置的能量消耗　实训装置的能量消耗为：蒸汽发生器和旋涡气泵，如表 1-27 所示。

表 1-27　设备参数与能耗一览表

名　称	流　量	名　称	能　耗
空气	$180m^3/h$	旋涡气泵	2.2kW
		蒸汽发生器	4.5kW
总计	$360m^3/h$	总计	8.9kW

③ 明确各项工艺操作指标　蒸汽发生器压力≤0.4MPa；蒸汽分配器压力≤0.1MPa；换热器蒸汽压力 20～100kPa；压缩空气压力 0.15～0.3MPa；空气流量 $20\sim100m^3/h$；空气出口温度≤85℃；各电机温升≤65℃。

④ 熟悉装置流程及各设备特点及使用方法，了解列管式换热器的结构和工作原理，按操作要求拟定操作方案。

⑤ 检查公用设施如水、电等系统：电源是否正常，软水储罐液位、蒸汽发生器软水储槽液位是否正常，各电源开关是否正常。

⑥ 检查各设备状态是否正常：有无外形异常、部件破损，仪表显示是否正常等。

⑦ 检查实训资料是否齐全：操作方案、数据记录表、设备运行记录等。

⑧ 人员分工明确到位，岗位责任责权分明。

⑨ 在设备的相关位置挂牌，说明操作方案的可行性，负责人检查点评。

(2) 空气系统正常启动过程　本实训所用空气由旋涡气泵 P101A（P101B）提供。

① 检查并调节空气系统各阀门状态，以保证管路畅通。

冷流体空气进入列管式换热器 E101A（E101B）的管程，与壳程蒸汽呈逆流流动，其入口温度和出口温度由温度显示仪表（TI）测量显示。

换热器 E101A：打开旋涡泵出口阀 VA101、空气管路阀门 VA102、换热器进口阀 VA104、出口阀 VA105 和蒸汽放空阀 VA106；关闭空气切换阀门 VA123 和吹扫阀 VA103。

换热器 E101B：打开空气管路阀门 VA124、换热器进口阀 VA126、出口阀 VA127 和蒸汽放空阀 VA128；关闭空气切换阀门 VA123 和吹扫阀 VA125。

② 启动仪表柜总电源，开启仪表电源，打开风机 1（或风机 2）变频器电源，启动变频器使其对应的旋涡气泵运转，通过变频器的设定将空气流量控制仪表的示数调节至 $20\sim60m^3/h$ 的某一预定数值。空气流量通过管路中的涡轮流量计（FIC01 或 FIC02）测控显示，空气压力由空气管道压力仪表（PI03 或 PI04）测量显示。

想一想：旋涡泵的操作应注意什么？

为什么要先打开空气管路中的各相关阀门才能启动旋涡气泵？

为什么在旋涡气泵启动之前还要打开蒸汽放空阀？

(3) 蒸汽系统正常启动过程 本实训所用蒸汽由蒸汽发生器供给，并经由蒸汽分配器分配至各换热器内，蒸汽发生器的蒸汽压力为0.4 MPa（此压力通过设定压力值实现自动控制）。

① 检查并调节蒸汽系统各阀门状态，以保证蒸汽输送的正常需要。

热流体蒸汽进入列管式换热器E101A（E101B）的壳程，与管程空气呈逆流流动，蒸汽入口压力由蒸汽管路中的压力传感器（PIC01或PIC02）测控显示，并以此压力反映其进入换热器的入口温度。

换热器E101A：关闭蒸汽分配器出口阀VA147、蒸汽管路总阀VA145、常开电磁阀VA121的旁路阀V122、电动调节阀VA119的前阀VA120和后阀VA117及旁路阀VA118，打开换热器上的蒸汽进口阀VA116；关闭压缩空气管路阀门VA113和VA115；打开冷凝水排出管路阀门VA107、疏水器前阀VA108和后阀VA110；关闭疏水器旁路阀VA109和常开电磁阀VA111的旁路阀VA112；保证蒸汽放空阀VA106为微开状态。

换热器E101B：关闭蒸汽分配器出口阀VA147、蒸汽管路总阀VA145、常开电磁阀VA144的旁路阀V143、电动调节阀VA141的前阀VA142和后阀VA140及旁路阀VA139，打开换热器上的蒸汽进口阀VA138；关闭压缩空气管路阀门VA135和VA137；打开冷凝水排出管路阀门VA129、疏水器前阀VA130和后阀VA132；关闭疏水器旁路阀VA131和常开电磁阀VA133的旁路阀VA134；保证蒸汽放空阀VA128为微开状态。

② 蒸汽系统正常启动，在空气系统正常运行的情况下进行。

提前检查软水储罐和蒸汽发生器软水储槽液位，打开蒸汽发生器加热电源。待蒸汽发生器上方的压力表（PI）示数达到0.4MPa时，缓慢打开蒸汽分配器上的入口阀VA149，待蒸汽分配器的压力达到指定压力（0.05～0.1MPa）并保持基本恒定，缓慢打开蒸汽分配器的放空阀VA146放掉分配器内积累的不凝性气体后，打开蒸汽分配器出口阀VA147，打开蒸汽总管控制球阀VA145，蒸汽即将进入换热器E101A和E101B的蒸汽系统管路。

换热器E101A：缓慢打开蒸汽管路手动控制阀VA118，蒸汽通过压力传感器（PIC01）进入换热器壳程，待放空管口有蒸汽冒出时，关闭放空阀VA106。当蒸汽压力≥20kPa时，再次微开放空阀VA106排放不凝性气体，然后通过手动控制阀VA118将蒸汽压力调节至需要的压力（20～50kPa）并保持基本恒定。蒸汽换热后的冷凝水经过冷凝水排出管路出口阀门VA107、疏水器和常开电磁阀VA111排入下水管。

换热器E101B：缓慢打开蒸汽管路手动控制阀VA139，蒸汽通过压力传感器（PIC02）进入换热器壳程，待放空管口有蒸汽冒出时，关闭放空阀VA128。当蒸汽压力≥20kPa时，再次微开放空阀VA128排放不凝性气体，然后通过手动控制阀VA139将蒸汽压力调节至需要的压力（20～50kPa）并保持基本恒定。蒸汽换热后的冷凝水经过冷凝水排出管路出口阀门VA129、疏水器和常开电磁阀VA133排入下水管。

想一想：为什么通蒸汽之前，放空阀要处于微开状态？

为何要在蒸汽压力达到一定值时再次放空不凝性气体？

若蒸汽压力调节达到设定值，空气出口温度却未升高，原因何在？

(4) 正常生产操作过程 根据生产任务不同，正常生产操作过程也有所区别。下面以换热器E101A为例来举例说明几个操作任务。

① 任务一　指定产品产量和质量：空气流量指定于20.0～60.0m^3/h某一值，要求空气出口温度稳定在75.0～82.0℃的某一定值。空气出口温度浮动±0.2℃以内，空气流量浮动±0.1m^3/h，蒸汽压力≤50.0kPa。

操作方案：根据任务需要，只能通过调节水蒸气的压力来完成操作。在通过变频器控制空气流量稳定的基础上，调节蒸汽管路的手动控制阀VA118来控制蒸汽压力，如果空气出口温度低于任务要求，则适当开大手动控制阀VA118；反之，则适当关小手动控制阀VA118。时刻注意空气出口温度和流量的变化。

② 任务二　指定操作条件和产品质量：蒸汽压力指定于20.0～50.0kPa某一值，要求空气出口温度稳定在75.0～82.0℃的某一定值。空气出口温度浮动±0.2℃以内，蒸汽压力浮动±1.0kPa，空气流量≤60.0m^3/h。

操作方案：根据任务需要，只能通过调节空气流量而完成操作。通过蒸汽管路的手动控制阀VA118的调节使蒸汽压力稳定于指定值，调节变频器来控制空气的流量，如果空气出口温度低于任务要求，则适当减小频率以降低空气流量；反之，则适当增加频率以增加空气流量。时刻注意空气出口温度和蒸汽压力的变化。

③ 任务三　只指定产品质量稳定：要求空气出口温度稳定在75.0～82.0℃的某一定值。空气出口温度浮动±0.2℃以内，空气流量≤60m^3/h，蒸汽压力≤50kPa。

操作方案：根据任务需要，可以通过调节水蒸气的压力或空气流量来完成操作，也可以通过同时调节水蒸气压力和空气流量完成操作。操作方法请结合任务一和任务二，这里不再重复。

想一想：为什么要在空气系统正常运行的情况下启动蒸汽系统？
放空不凝性气体时，为什么要微开放空阀？
如何确定水蒸气的换热器进口温度？

(5) 正常停车过程　以换热器E101A为例说明正常停车过程。

① 关闭蒸汽系统：完成操作任务后，首先关闭手动控制阀VA118，然后关闭蒸汽总管控制球阀VA145，关闭蒸汽分配器入口阀门VA149，关闭蒸汽分配器上的出口阀VA147，待蒸汽压力降至0左右时，微开放空阀VA106，最后关闭蒸汽发生器加热电源。

② 关闭空气系统：当换热器的空气出口温度降至40℃以后，先使旋涡气泵的变频器停止运行，然后关闭风机电源。

③ 各相关阀门复位。

④ 关闭仪表电源和总电源，检查设备停车后的状态。

⑤ 完善数据记录，填写设备运行记录，收拾操作现场。

想一想：为什么先关闭蒸汽系统，而后关闭空气系统？
停车后的设备应处于什么状态下，操作人员才可以离开操作现场？

操作注意事项：正常操作过程中定时微开放空阀VA106以及时排出不凝性气体；时刻注意蒸汽压力、空气流量、空气管道压力和空气出口温度的变化；观察旋涡气泵的运行状态和电机温升；定时检查换热器有无泄漏和异常振动等现象，发现问题及时处理；按操作任务要求如实填写操作数据记录表。

(6) 换热器的切换操作　在工业换热过程中，若处于正常运行状态下的换热器出现无法排除的故障，应及时将备用的换热器切换至正常生产状态，以保证换热任务的操作效果稳定，这就要求物料流量和换热器出口温度在切换过程中保持稳定。

若实训操作过程换热器E101B突然出现故障，需要将备用换热器E101A切入正常生产，可采取如下方法实现换热器的切换操作。

① 在前述操作的基础上，关闭换热器 E101A 的空气管路阀门 VA101，适度开启空气切换阀门 VA123，使适量空气通过换热器 E101A 的管程。

② 同时注意通过变频器调节风机 P101B 的转速，使 FIC02 测量的流量保持原来水平。

③ 正常开启换热器 E101A 蒸汽系统，通过阀门 VA118 将蒸汽压力调节至相当于换热器 E101B 的蒸汽压力。

④ 当换热器 E101A 的空气出口温度升至原换热器 E101B 的空气出口温度时，缓慢开大空气切换阀门 VA123，并缓慢关小换热器 E101B 空气管路阀门 VA124，此过程中时刻调节风机 P101B 的转速以使 FIC01 测量的流量保持原换热器 E101B 的水平，并注意调节换热器 E101A 的蒸汽压力以保持其空气出口温度符合任务要求。

⑤ 最后完全打开空气切换阀门 VA123，完全关闭换热器 E101B 空气管路阀门 VA124，使 FIC01 测量的流量保持原换热器 E101B 的水平。进入换热器正常操作。

⑥ 正常关闭换热器 E101B，将设备故障记入设备运行记录，并检修。

注意：在换热器的切换操作过程中，要平稳过渡，不能引起空气出口温度明显波动，要使 TI02 所显示的温度与 TI04 所显示的温度基本一致。

5. DCS 控制操作

下面以换热器 E101A 为例说明 DCS 自动控制操作的要点，具体任务的操作参考前述的现场控制操作。

① 启动仪表柜总电源，打开仪表电源，开启电脑进入电脑控制程序。

② 正常设置空气系统启动前设备状态（同现场手动控制）。

③ 正常设置蒸汽系统启动前设备状态，关闭手动控制阀 VA118，开启电动调节阀 VA119 的前阀 VA120 和后阀 VA117（其他同现场手动控制）。

④ 将变频器的频率控制参数 F011 设置为 0002。

⑤ 启动电脑程序，出现如图 1-33 所示的流程和控制界面。

⑥ 点击“调节控制”按钮，进入如图 1-34 所示的控制方式选择界面。

⑦ 点击图 1-34 中的“现场控制”按钮，控制方式将会选择如图 1-35 所示的“DCS 控

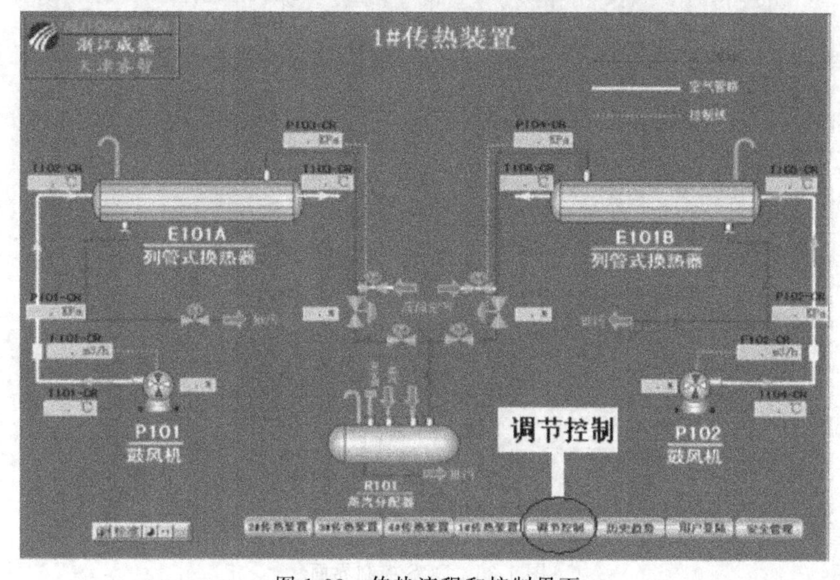

图 1-33 传热流程和控制界面

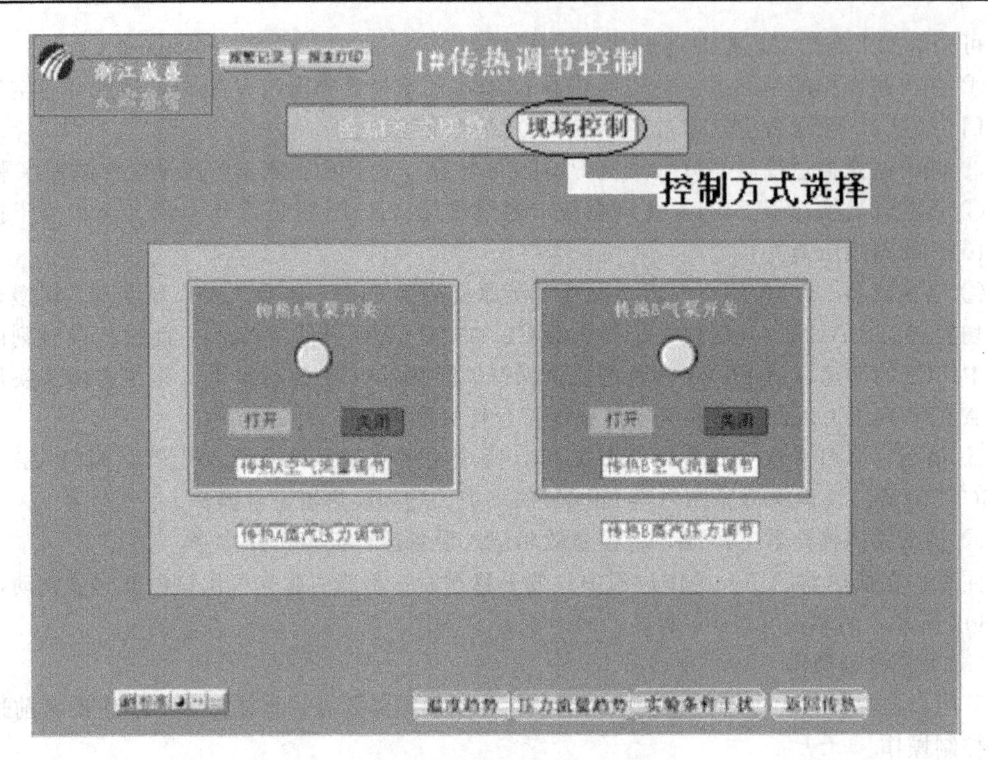

图 1-34　控制方式选择界面

制”方式。

⑧ 点击图 1-35 中传热 A 气泵开关的绿色“打开”按钮，启动旋涡气泵 P101。

点击图 1-35 中的“传热 A 空气流量调节”按钮，弹出如图 1-36 所示的“传热 A 空气流量调节”窗口，用鼠标拖动给定值滚动条，将其设定在 20～60m^3/h 的指定值。

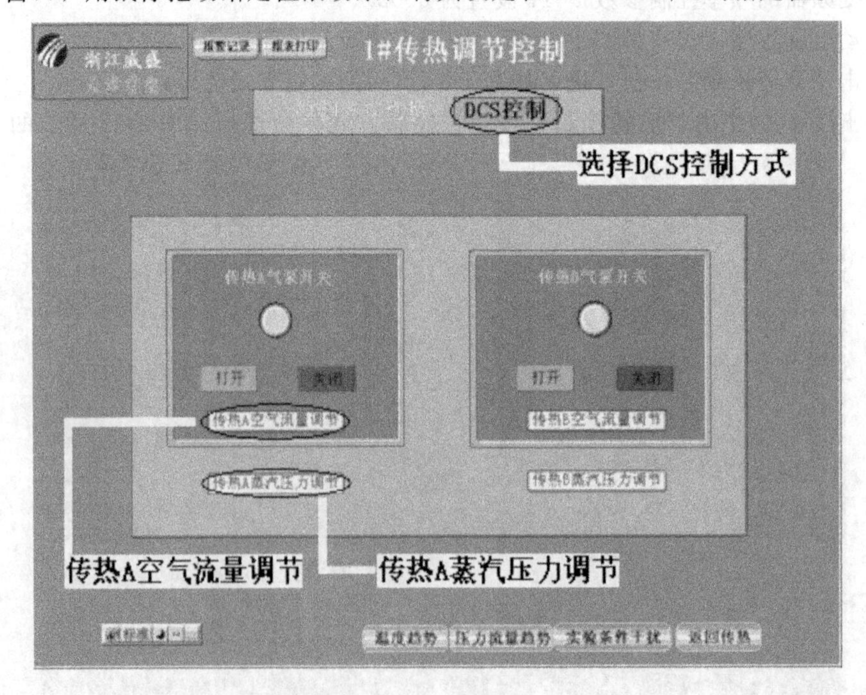

图 1-35　DCS 控制界面

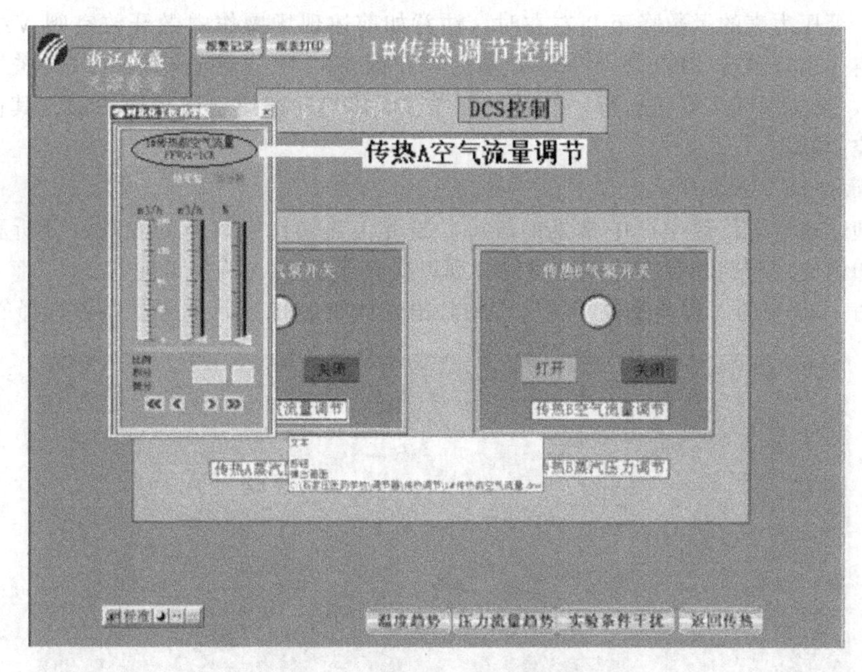

图 1-36　传热 A 空气流量调节

⑨ 正常打开蒸汽管路相关阀门（见现场控制），需注意阀门 VA118 关闭，阀门 VA120 和 VA117 打开，利用电动调节阀自动控制蒸汽流量以达到所需压力。

⑩ 点击图 1-35 中的“传热 A 蒸汽压力调节”按钮，弹出如图 1-37 所示的“传热 A 蒸汽压力调节”窗口，用鼠标拖动给定值滚动条，将其设定在 20～50kPa 的指定值。

⑪ 停车过程：首先在传热 A 蒸汽压力调节窗口中将蒸汽压力值设为 0，电动调节阀即

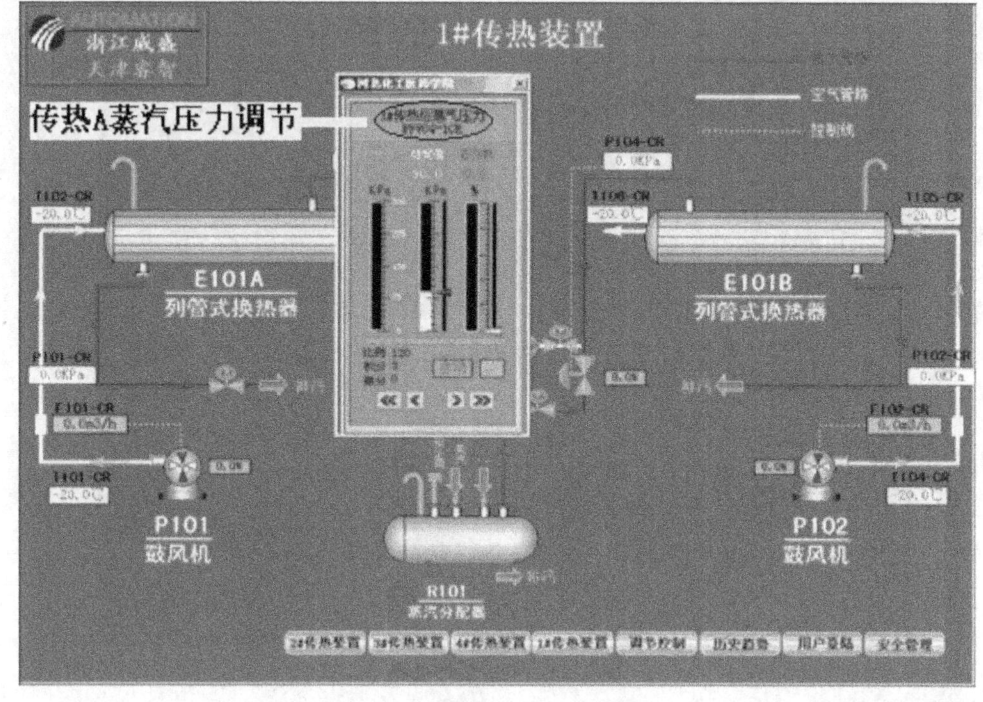

图 1-37　传热 A 蒸汽压力控制

自动关闭，等压力表的示数降至 0 左右时，注意如前述现场操作中微开放空阀 VA106；当换热器的空气出口温度 TI02 降至 40℃左右时，在图 1-35 中“点击传热 A 气开关”红色按钮“关闭”，使旋涡气泵停止运行；然后点击“返回传热”按钮退出控制界面；其他操作请参照现场控制操作。

6. 故障的 DCS 控制引入

本实训通过设置传热生产中常见的故障，培养传热操作中故障的发现、分析和解决方法，达到知识应用与问题解决的双重目的，现以换热器 E101A 为例说明。

点击图 1-38 中的“实验条件干扰”按钮，出现如图 1-39 所示的干扰条件选择的画面。

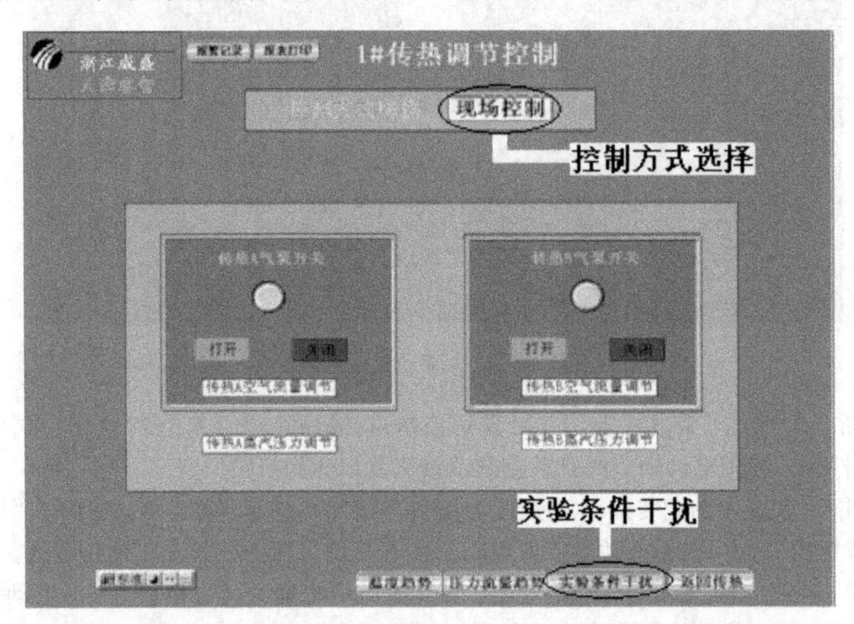

图 1-38　选择“实验条件干扰”

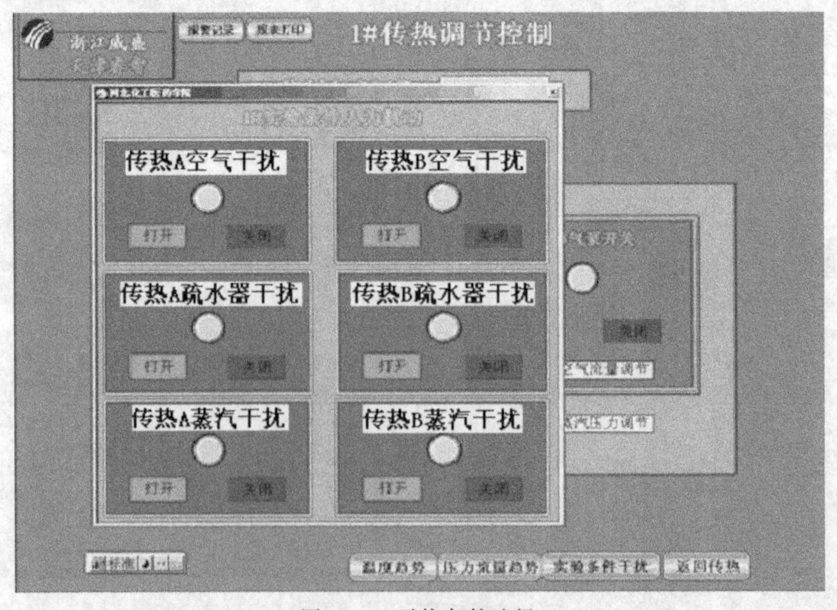

图 1-39　干扰条件选择

(1) 引入不凝性气体的干扰

① 开启小型空气压缩机，待压缩机缓冲罐压力达到 0.1MPa 时，打开压缩空气管路中的阀门 VA113 和 VA115。

② 打开减压阀 VA152 并将输入压缩空气压力调节至稍高于蒸汽压力的值。

③ 点击图 1-39 中的“传热 A 空气干扰”的绿色按钮“打开”，则压缩空气管路中的常闭电磁阀 VA114 开启，即启动不凝性气体干扰。

④ 观察换热器空气出口温度 TI02 的变化，分析不凝性气体对传热过程的影响，如发现问题立即采取相应措施进行处理。

想一想： 不凝性气体对蒸汽冷凝的传热过程有何影响，应采取什么措施排除故障？

(2) 引入冷凝水排放故障

① 点击图 1-39 中的“传热 A 疏水器干扰”的绿色按钮“打开”，则冷凝水排出管路中的常开电磁阀 VA111 关闭，即启动冷凝水排放故障。

② 观察换热器空气出口温度 TI02 的变化，分析冷凝水若不能正常排放对传热过程的影响，如发现问题立即采取相应措施进行处理。

想一想： 冷凝水不能正常排放对蒸汽冷凝的传热过程有何影响，应采取什么措施排除故障？

(3) 引入蒸汽管路堵塞故障

① 点击图 1-39 中的“传热 A 蒸汽干扰”的绿色按钮“打开”，则蒸汽管路中的常开电磁阀 VA121 关闭，即蒸汽管路堵塞故障。

② 观察换热器空气出口温度 TI02 的变化，分析出现故障的原因，并立即采取相应措施进行处理。

想一想： 本实训装置应采取什么措施排除蒸汽管路堵塞的故障？

五、故障分析与处理

下面以换热器 E101A 为例说明实训操作过程中故障的分析与处理。

(1) 空气出口温度升高　主要原因：空气流量下降、换热器蒸汽压力升高、空气入口温度升高或加热蒸汽泄漏至管程。

处理方法：首先，检查空气流量、空气入口温度和换热器蒸汽压力的示值。

① 如空气入口温度、蒸汽压力和空气流量的示值正常，则进行换热器的切换，并通知维修人员进行换热器的检修。

② 如蒸汽压力和空气流量的示值正常而空气入口温度升高，则将蒸汽压力下调，观测空气出口温度，直至空气出口温度回到正常值。

③ 如蒸汽压力和空气入口温度的示值正常而空气流量下降，则将空气流量调回原值，观测空气出口温度是否回到正常值。

④ 如空气流量和空气入口温度的示值正常而蒸汽压力上升，则可能是蒸汽分配器至换热器管路上的电动调节阀发生故障无法关小或蒸汽分配器压力过大而导致电动调节阀调节不过来。

首先要检查蒸汽分配器的蒸汽压力，如压力过大则关小蒸汽入口阀门 VA149，看换热器蒸汽压力是否回到正常值；如蒸汽分配器压力正常而换热器蒸汽压力无法回到正常值，则停止使用电动调节阀而采用手动调节，缓慢开启电动调节阀 VA119 的旁路阀 VA118，关闭其前阀 VA120 和后阀 VA117，利用阀门 VA118 使蒸汽压力调回至正常值，同时报告维修人员电动调节阀的故障。

(2) 空气出口温度降低　主要原因：空气流量升高、换热器蒸汽压力下降、空气入口温度下降、换热器中冷凝液未及时排除、换热器中存在不凝性气体或换热器传热性能的下降(如污垢热阻的增加)。

处理方法：首先，检查空气流量、空气入口温度和换热器蒸汽压力的示值。

① 如空气入口温度、蒸汽压力和空气流量的示值正常，则打开换热器壳程上的放空阀VA106，排除不凝气后，观测空气出口温度是否回到正常值；或如空气出口温度依然偏低，检查冷凝水排除管路上的阀门的状态是否正确，如各阀门状态正常，可初步判断为常开电磁阀VA111损坏，则打开其旁路阀VA112，观察空气出口温度是否回到正常值；若故障仍未排除，则断定为疏水器故障而不排水，则打开疏水器的旁路阀VA109，观测空气出口温度是否回到正常值；若故障仍未排除，则进行换热器的切换，并通知维修人员进行换热器的检修。

② 如蒸汽压力和空气流量的示值正常而空气入口温度下降，则将蒸汽压力上调，观测空气出口温度，直至空气出口温度回到正常值。

③ 如蒸汽压力和空气入口温度的示值正常而空气流量升高，则将空气流量调回原值，观测空气出口温度是否回到正常值。

④ 如空气流量和空气入口温度的示值正常而蒸汽压力下降，则可能是蒸汽分配器至换热器管路上的阀门或电磁阀发生故障导致阻力太大，而使蒸汽无法通过或蒸汽分配器压力过低造成的。

首先要检查蒸汽分配器的蒸汽压力，如压力过低则开大蒸汽入口阀门VA149，看换热器蒸汽压力是否回到正常值；如蒸汽分配器压力正常而换热器蒸汽压力无法回到正常值，则可能是蒸汽管路常开电磁阀VA121出现故障，将其旁路阀VA122打开，观察蒸汽压力是否能自动调回原值，观测空气出口温度是否回到正常值。

(3) 开车后换热器空气出口温度上升缓慢　主要原因：如果并非前述故障，则可能是空气流量太低所致。由对流传热分析可知，蒸汽与空气传热过程中的关键热阻集中在空气一侧，而当空气流量太低时，管内空气和管壁之间会存在有一层很厚的流体边界层，在流体边界层里，主要靠空气的热传导进行热量传递，空气的热导率很小，则导致了传热效果差而出口温度上升缓慢的结果。

处理方法：在空气流量允许的范围内适当加大空气流量，提高空气的湍动程度，以减小空气一侧的流体边界层厚度，从而减小其对流传热热阻。

(4) 冷凝水排放管路末端有大量蒸汽溢出　主要原因：有二，其一可能是疏水器失灵，不能正常阻止蒸汽溢出；其二可能是疏水器的旁路阀开启，造成蒸汽沿旁路阀溢出。

处理方法：若旁路阀处于关闭状态，则为疏水器失灵，应将旁路阀适当微开，以让冷凝水排出而尽量少排放蒸汽，将疏水器的前阀和后阀关闭，然后维修或更换疏水器；若旁路阀处于开启状态，则关闭旁路阀；若因为疏水器故障而开启的旁路阀，则将旁路阀适当关小，以阻止蒸汽的大量溢出。

(5) 通入蒸汽后，蒸汽压力达到设定值，但空气出口温度没有显著升高　主要原因：根据实训装置的构造分析问题，此故障与蒸汽压力传感器之前的管路没有关系。蒸汽在经过压力传感器进入换热器的壳程之前，还有一个蒸汽进口阀VA116 (VA138)，若此阀门在开车准备过程中没有开启，则会出现蒸汽压力达到设定值，但蒸汽并没有进入换热器的状况，从而造成空气出口温度未升高。

处理方法：将蒸汽进口阀VA116 (VA138) 开启到最大开度，以尽量减小该阀门对蒸汽流动的阻力，保证蒸汽压力传感器测量的压力即为进入换热器壳程的压力。

传热操作过程数据记录于表1-28。

表 1-28　传热操作过程数据记录

日期：　　　年　　　月　　　日　　星期　　　　　　　时　　　分至　　　时　　　分

操作人员班级、岗位、姓名、学号：

实训任务描述：

设备号：第　组(A、B)

介质 时间	蒸汽	空气					
	压力/kPa	风机频率/Hz	流量/(m^3/h)	换热器进口温度/℃	换热器出口温度/℃	风机出口温度/℃	管道压力/kPa

设备运行状态：

注：数据记录应体现设备的开车前状态（运行前的仪表检查记录）、开车过程、换热器预热过程、正常操作过程、停车过程和停车后状态等。从通蒸汽开始，到停车前，按要求进行操作数据记录。注意数据不允许涂改，尽量用黑色笔仿宋体书写。

设备运行状态栏填写设备运行中出现的问题，要求对问题详细描述，如设备运行情况与故障具体现象，管路的跑、冒、滴、漏等的具体位置，仪表的显示正常与否等。

实训三　精馏单元操作实训

一、实训目的

1. 熟悉均相液体混合物的蒸馏分离原理及应用。
2. 熟悉精馏设备的构成与构造，熟悉使用各类相关仪器仪表等。
3. 熟练应用往复泵进行流体输送，正确进行物料的循环和加料操作。
4. 能够为精馏塔的正常操作做好开车前准备，设计开车方案。
5. 掌握板式精馏塔的正常开、停车操作，全回流和部分回流的控制。
6. 掌握精馏产品质量的控制方法，正确认识和调节影响产品质量的参数。
7. 学习精馏操作过程中故障的分析与处理方法。
8. 学习不同进料热状况和原料组成等情况下的产品质量控制。
9. 熟悉精馏生产过程的能耗与产出的相关估算，树立节能意识。

二、基本原理

精馏是根据均相液体混合物中各组分挥发性（沸点）的差异，使各组分得以分离的单元操作过程，实际过程为多次部分汽化和多次部分冷凝同时进行的综合过程。其中沸点较低的组分称为易挥发组分（轻组分），沸点较高的组分称为难挥发组分（重组分）。本实训操作的物系为乙醇-水的双组分溶液。

精馏单元操作是通过加热，使均相液体混合物系本身汽化而造成气、液两相，在挥发性差异的驱动下，使大部分易挥发组分由液相向气相传递，大部分难挥发组分由气相向液相传递，是气、液两相之间的传质过程，其过程伴随着动量传递和热量传递。正确的操作需要了解精馏过程的基本原理。

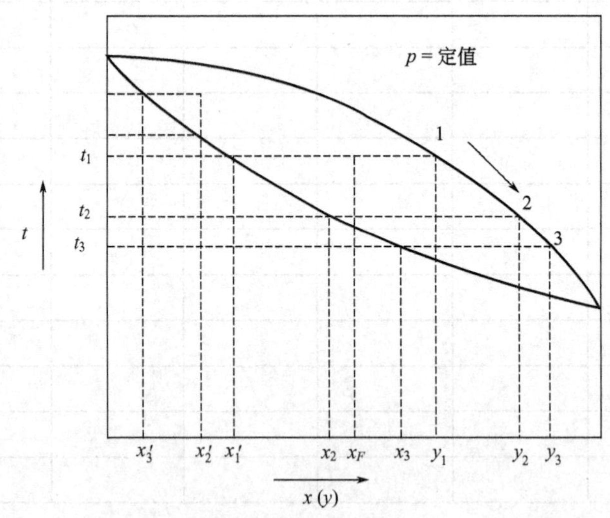

图 1-40　多次部分汽化与冷凝的气、液相平衡图

1. 精馏过程的气、液相平衡分析

图 1-40 表示双组分溶液多次部分汽化和多次部分冷凝的气、液相平衡关系。

低于泡点温度下，将组成为 x_F 的某双组分均相液体混合物加热到泡点温度以上，则该物系会部分汽化，产生的气相轻组分组成为 y_1，液相轻组分组成为 x_1，由图可知 $y_1>x_F>x_1$。而将组成为 y_1 的气相混合物降温使其部分冷凝，得到的则是组成为 y_2 的气相和组成为

x_2 的液相；如此继续，将组成为 y_2 的气相部分冷凝，则可得到组成为 y_3 的气相和组成为 x_3 的液相，由图可得 $y_3>y_2>y_1$。因此，气体混合物经多次部分冷凝，可在气相中得到高纯度的轻组分。同理，若将组成为 x_1 的液相混合物经加热使其多次部分汽化，可在液相中得到高纯度的重组分。

2. 多次部分汽化与多次部分冷凝

由前述气、液相平衡分析，多次部分汽化与冷凝可用图 1-41 的模型来解释。

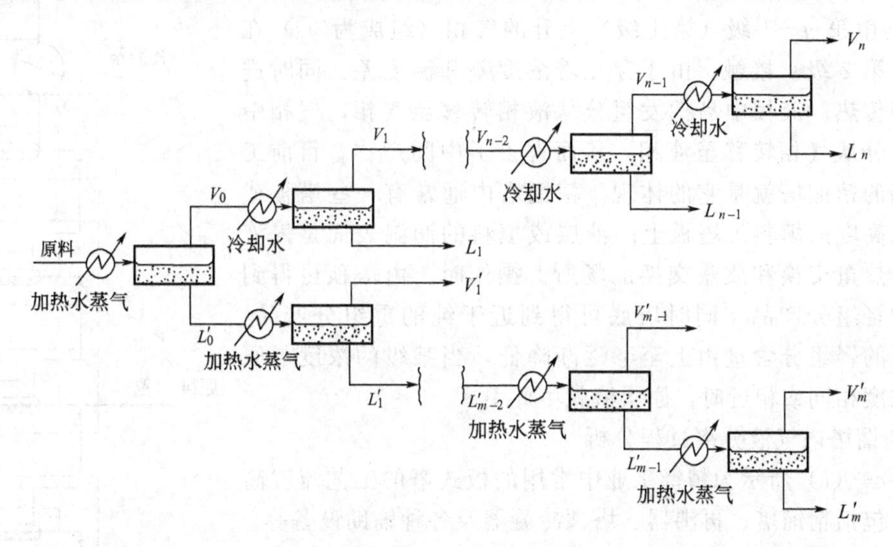

图 1-41 多次部分汽化与冷凝示意图

如图 1-41 可知，气相 V_1 经多次部分冷凝后，所得到的蒸汽 V_n 的轻组分含量 y_n 极高；而液相 L_1 经多次部分汽化后，所得到的液相 L_n 的轻组分含量 x_n 极低。

这种多次部分汽化和多次部分冷凝的方法虽然能使均相液体混合物分离为几乎纯的单组分，但中间环节需要很多的部分冷凝和部分汽化装置，造成设备繁多而流程庞杂，对载热体的用量也极大，而最终所得到的轻、重组分的产品却极少，所以工业应用价值甚微。

因此如图 1-42 所示，可将中间产物引回各环节的上一个环节，从而对任一分离器都有

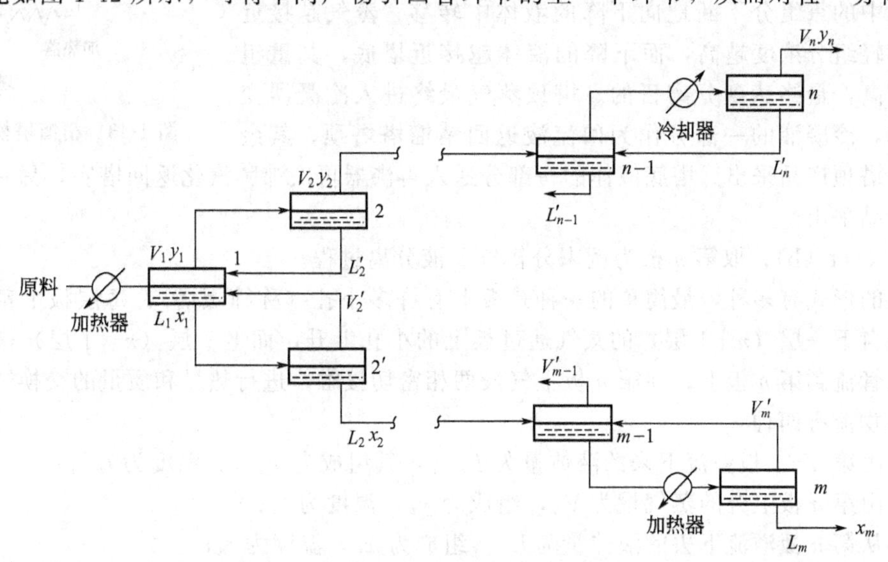

图 1-42 有回流的多次部分汽化与冷凝示意图

来自下一环节的蒸气和上一环节的液体，使气、液两相能在本环节接触，蒸气部分冷凝的同时液体也部分汽化，即又产生新的气、液两相。如此，蒸气逐级上升，而液体逐级返回到下一环节，除了最上和最下环节外，中间各环节可省去部分冷凝和部分汽化装置。工业精馏生产过程在精馏塔内完成。

3. 精馏塔模型

如图 1-43 所示，由第 $n+1$ 级（第 3 级）下降的液相（组成为 x_3）与由第 $n-1$ 级（第 1 级）上升的气相（组成为 y_1）在第 n 级（第 2 级）接触，由于存在着浓度差和温度差，同时进行传质和传热，液相中易挥发组分从液相转移至气相，气相中难挥发组分从气相转移至液相，从而省去了中间产物。目前工业上使用的精馏塔就是它的体现。精馏塔内通常有一些塔板或充填一定高度的填料。塔板上的液层或填料的润湿表面是气液两相进行热量交换和质量交换的场所。操作时，由塔顶可得到近于纯的轻组分产品，同时塔底可得到近于纯的重组分产品。塔中各级的轻组分含量由上至下逐渐降低，当某级的浓度与原料液的浓度相同或相近时，原料液就由此引入。

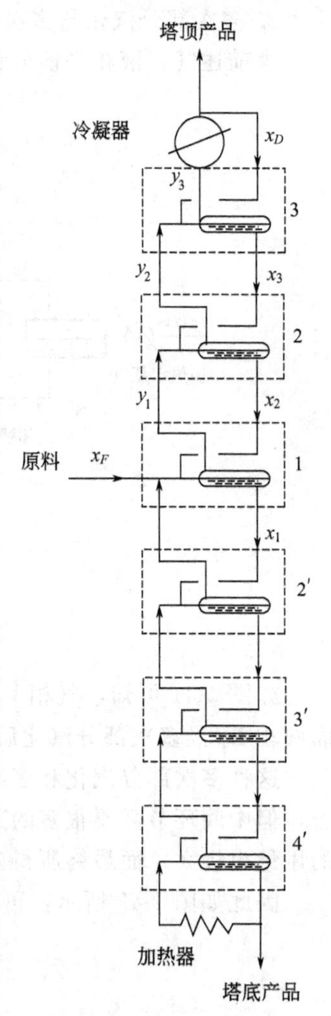

图 1-43 精馏塔模型

4. 精馏塔内气液分离过程分析

图 1-44（a）所示为精馏工业中常用的板式塔的工艺流程简图，主要包括精馏塔、再沸器、塔顶冷凝器及各种辅助设备等。

一个完整的精馏塔应包括精馏段和提馏段。加料板把精馏塔分为两段，加料板以上的部分完成上升蒸气的精制，除去其中的重组分，因而称为精馏段。加料板以下（包括加料板）的部分完成下降液体中重组分的提浓，除去大部分的轻组分，因而称为提馏段。

精馏塔正常工作时，蒸气由塔底进入，与下降的液体进行逆流接触，两相接触中，下降液中的轻组分不断地向蒸气中转移，蒸气中的重组分不断地向下降的液体中转移，蒸气越接近塔顶，其轻组分浓度越高，而下降的液体越接近塔底，其重组分浓度越高，最终达到分离目的。塔顶蒸气最终进入冷凝器变为冷凝液，冷凝液的一部分作为回流液返回精馏塔塔顶，其余部分作为塔顶产品采出。塔底液体的一部分送入再沸器再次沸腾汽化返回塔底，另一部分作为塔底产品采出。

如图 1-44（b），取第 n 板为例来分析气、液分离过程。

塔板的形式有多种，最简单的一种是板上有许多小孔（称筛板塔），每层板上都装有降液管，来自下一层（$n+1$ 层）的蒸气通过板上的小孔上升，而上一层（$n-1$ 层）来的液体通过降液管流到第 n 板上，在第 n 板上气液两相密切接触，进行热量和质量的交换。进、出第 n 板的物流有四种：

（1）由第 $n-1$ 板溢流下来的液体量为 L_{n-1}，其组成为 x_{n-1}，温度为 t_{n-1}；

（2）由第 n 板上升的蒸气量为 V_n，组成为 y_n，温度为 t_n；

（3）从第 n 板溢流下去的液体量为 L_n，组成为 x_n，温度为 t_n；

（4）由第 $n+1$ 板上升的蒸气量为 V_{n+1}，组成为 y_{n+1}，温度为 t_{n+1}。

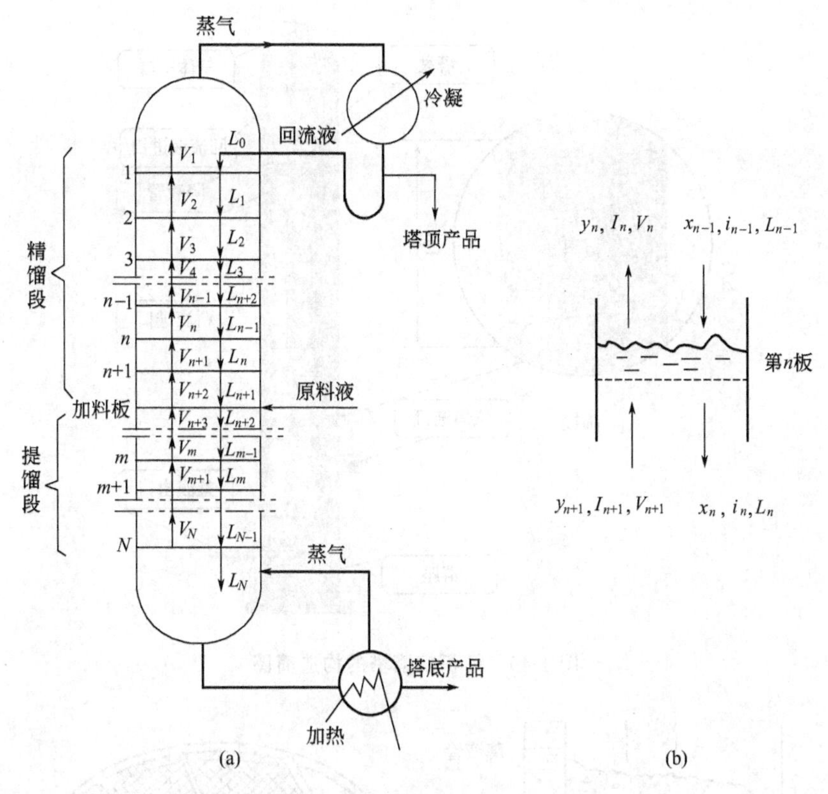

图 1-44　精馏塔内物料流动示意图

因此，当组成为 x_{n-1} 的液体及组成为 y_{n+1} 的蒸气同时进入第 n 板，由于存在温度差和浓度差，气液两相在第 n 板上密切接触进行传质和传热的结果会使离开第 n 板的气液两相平衡（如果为理论板，则离开第 n 板的气液两相成平衡），若气液两相在板上的接触时间长，接触比较充分，那么离开该板的气液两相相互平衡，通常称这种板为理论板（y_n，x_n 为平衡关系）。精馏塔中每层板上都进行着与上述相似的过程，其结果是上升蒸气中易挥发组分浓度逐渐增高，而下降的液体中难挥发组分越来越浓，只要塔内有足够多的塔板数，就可使混合物达到所要求的分离纯度（共沸情况除外）。

5. 精馏塔的构造与气液接触情况

精馏塔属于气液传质设备，有板式塔与填料塔两种主要类型，其根据操作方式又可分为连续精馏塔与间歇精馏塔。这里主要介绍本实训操作的连续精馏筛板塔，如图 1-45 所示。

板式精馏塔为逐级接触式的气液传质设备。其塔体为一定直径和高度的圆柱形筒体，塔体内有按一定板间距设置的若干层塔板，每层塔板上有降液管、溢流堰及受液盘等。塔板上开有许多呈正三角形（或其他形状）均匀排列的小筛孔，筛孔直径一般为 3～8mm，塔板两侧的弓形面积内不开孔，用来安装降液管和溢流堰，如图 1-46 所示。

板式塔正常工作时，塔内液体因重力作用自上而下经过塔板的降液管流到下层塔板的受液盘，再横向流过塔板，从另一侧的降液管流到下一层塔板，最后从塔底排出，其溢流堰的作用是使塔板上保持一定厚度的液层；蒸气由塔底进入，因塔板下侧与上侧的压差而垂直穿过每层塔板的筛孔，以鼓泡的形式穿过板上的液层而形成泡沫层，该泡沫层为气液两相的充分接触提供了不断更新且足够的接触场所，有利于相际间的传质和传热。因气速的大小不同，气液接触可分为鼓泡接触、泡沫接触和喷射接触，其中液相为连续相，气相为分散相。

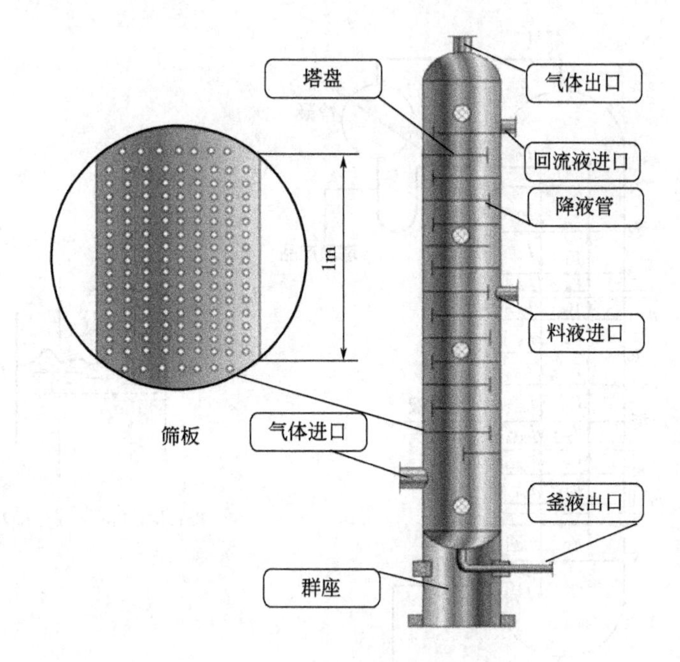

图 1-45 筛板精馏塔的构造简图

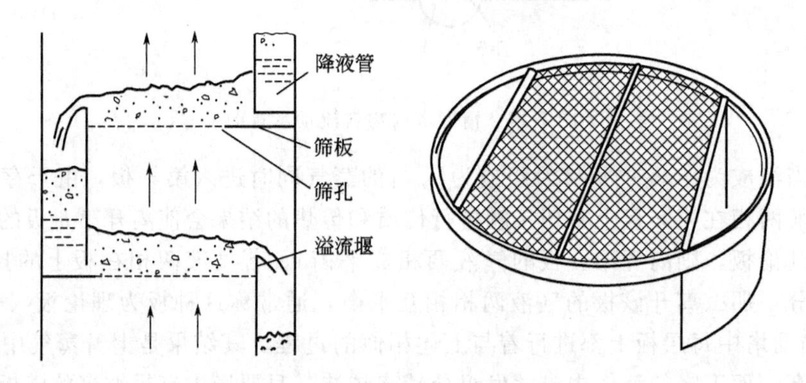

图 1-46 筛板塔内部结构与筛板

回流液提供塔内连续的液相，与由塔底进入并上升的气相呈逆流接触，因此只有保证一定程度的液相回流和塔底连续气相的进入才能保证精馏塔正常操作的连续性。

6. 影响精馏操作的主要因素

精馏单元操作是化工生产操作中较为复杂的单元过程，其影响因素较多，下面就本实训操作可能涉及的问题做些简介。

(1) 物料的物理性质的影响 物料的相对挥发度、密度和表面张力等物性因素对精馏过程的影响较大。如物系的相对挥发度越大，则用精馏的方法分离越容易。

(2) 物料平衡的影响 根据精馏塔的总物料衡算可知，对于一定的原料液流量 F 和组成 x_F，只要确定了分离程度 x_D 和 x_W，馏出液流量 D 和釜残液流量 W 也就被确定了。在精馏塔的操作中，需维持塔顶和塔底产品的质量稳定，保持精馏装置的物料平衡是精馏塔稳定操作的必要条件。

(3) 精馏塔结构的影响 精馏塔内部构件的形状、特征尺寸和相对位置、板数，加热和冷凝设备的传热性能，塔设备的保温性能等，都会对气液两相的接触状态产生直接影响。因此，精馏塔的设计应充分考虑实际操作条件和分离物系的性质。

(4) 塔顶回流的影响　塔顶回流量是影响精馏塔分离效果的主要因素，生产中经常用改变回流比的方法来调节和控制产品的质量。当回流比增大时，精馏产品轻组分含量 x_D 提高；当回流比减小时，x_D 减小而塔底产品轻组分含量 x_W 增大，使分离效果变差。本实训操作在改变回流量或回流比时应参考以下问题：

① 为保持冷凝液量、回流量和采储量的平衡，增大回流量的同时应适当减小采出量；

② 回流属于强制回流情况，暂时加大回流量以提高回流比的同时，不得将回流罐抽空；

③ 在塔顶产品采出量需要恒定的情况下，以增加回流比来提高产品质量的方法并非完全适用；

④ 在一定操作情况下，加大操作回流比意味着需要加大再沸器的汽化量与塔顶冷凝器的冷凝量，这还将受到再沸器与冷凝器的传热性能的限制。

(5) 原料的进料热状况的影响　原料的进料热状况（进料热状况参数为 q）不同直接影响进料位置，与此同时还应该及时调节回流比。一般精馏塔的塔体上会设置几个进料位置，以保证在不同进料热状况下的适宜进料位置，如果进料状况改变而进料位置不变，必然引起塔顶产品和塔底产品质量的变化。生产中常见的五种进料热状况不同程度地影响提馏段的回流量和塔内的气液相平衡情况，泡点进料是较为理想的进料状况，它较为经济而最为常用。

(6) 塔顶温度的影响　塔顶温度是表征塔顶产品质量高低与质量稳定性的重要参数。由气液相平衡关系可知，在一定塔压下，塔顶温度与塔顶蒸气的组成成对应关系，所以只有塔顶温度恒定时，才能反映产品质量的稳定。塔顶温度会受到进料、操作压力和塔釜温度等因素的影响。

(7) 塔釜温度的影响　塔釜温度主要是由物料组成和塔釜压力决定的，只有保持规定的塔釜温度，才能确保产品的质量稳定，它是精馏操作的控制指标之一。提高塔釜温度时，则使塔内液相中易挥发组分减少，同时，并使上升蒸气的速度增大，有利于提高传质效率。如果由塔顶得到产品，则塔釜排出难挥发物中，易挥发组分减少，损失减少；如果塔釜排出物为产品，则可提高产品质量，但塔顶排出的易挥发组分中夹带的难挥发组分增多，从而增大损失。在提高温度的时候，既要考虑到产品的质量，又要考虑到工艺损失。一般情况下，操作习惯于用温度来提高产品质量，降低工艺损失。当釜温变化时，通常是用改变蒸发釜的加热蒸汽量，将釜温调节至正常。当釜温低于规定值时，应加大蒸汽用量，以提高釜液的汽化量，使釜液中重组分的含量相对增加，泡点提高，釜温提高。当釜温高于规定值时，应减少蒸汽用量，以减少釜液的汽化量，使釜液中轻组分的含量相对增加，泡点降低，釜温降低。此外还有与液位串级调节的方法等。

(8) 灵敏板温度的影响　前已提及，在一定操作压力下，塔顶温度是表征塔顶产品质量高低与质量稳定性的重要参数。但在更高纯度的分离操作中，在塔顶（或塔底）相当高的一个塔段中温度变化是极小的，当塔顶温度有了可觉察的微小变化时，塔顶产品的质量已远远超出合格范围。

仔细分析操作条件变动前后温度分布的变化，可以发现精馏塔内某些塔板的温度变化对外界干扰因素的反映比常规的塔顶和塔底温度都为灵敏，则将这些塔板称为灵敏板。一般灵敏板比较靠近进料口，有了这个灵敏板，就可以在塔顶产品的组成产生变化之前采取调节措施，以稳定产品质量。

(9) 操作压力的影响　操作压力也是精馏操作的主要控制指标之一，每种操作都有规定的压力调节范围。

如果操作压力变化过大，就会破坏全塔的气液平衡和物料平衡，使产品达不到质量要求。提高操作压力会使塔顶和塔釜产品的轻组分含量增加。

影响操作压力变化的因素可能有塔顶温度、塔釜温度、进料组成、进料流量、回流量、冷凝器性能以及仪表、设备和管道的故障等。

本实训操作为常压精馏，没有安装压力控制系统，冷凝器上设有带阻火器的压力平衡管，以保证塔内压力接近于大气压。

7. 精馏操作过程中塔顶产品质量的控制原理

精馏操作控制的要点是产品采出率最高而耗能最低，其前提是保证产品质量合格。本实训操作的初学者在学习了图解理论板方法的基础上，可利用图解法作为操作过程控制和调节的参考，如图 1-47。

在一定操作下，塔顶产品和塔底产品的轻组分组成是一定的，所以图中的 a、c 两点为固定点，而 e 点位置可随进料组成的不同而改变。

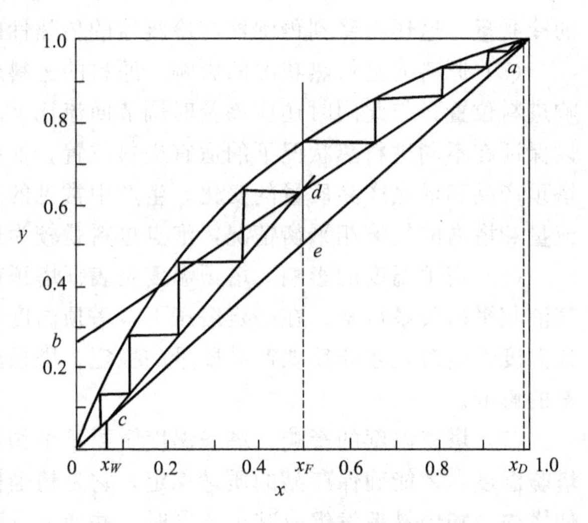

图 1-47　图解法的应用

了解了精馏段和提馏段操作线及 q 线的基本知识后可知，回流比直接决定精馏段操作线的位置，而 q 线与精馏段操作线的交点位置则决定了提馏段操作线和加料板的位置，这是图解法应用过程中的关键因素。在精馏任务一定时，这些关键因素的变化对精馏塔内的板数和进料位置有决定性影响；而对于固定板数的精馏塔，则可通过改变这些关键因素而实现精馏产品的质量控制和调节。下面简举三例：

精馏段操作线方程

$$y_{n+1}=\frac{R}{R+1}x_n+\frac{x_D}{R+1} \tag{1-9}$$

提馏段操作线方程

$$y'_{m+1}=\frac{L'}{L'-W}x'_m-\frac{W}{L'-W}x_W \tag{1-10}$$

q 线方程

$$y_q=\frac{q}{q-1}x_q-\frac{x_F}{q-1} \tag{1-11}$$

(1) 回流比 R 的控制调节　其他条件不变时，加大回流比 R，精馏段操作线和提馏段操作线位置远离平衡线，理论上精馏段及全塔所需板数减少，为保证塔顶产品质量的稳定，进料位置应上提。可见，对于固定板数和进料位置的精馏塔，加大回流比 R 后，实际板数比所需板数多，会使塔顶产品的质量提高；反之，则使塔顶产品的质量下降。

(2) 进料组成 x_F 变化的对应调节　其他条件不变时，进料组成 x_F 增大，e 点位置向 a 点靠近，则 q 线位置将平行向塔顶方向移动，精馏段所需板数将减少，为保证塔顶产品质量的稳定，进料位置应上提。可见，对于固定进料位置的精馏塔，进料组成 x_F 增大后，精馏段实际板数比所需板数多，会使塔顶产品的质量提高；如此为使塔顶产品质量稳定，应设法将精馏段操作线向平衡线靠近，即通过减小回流比 R 的方法来实现；反之，则反向调节。

(3) 进料温度 t_F 变化的对应调节　其他条件不变时，进料温度 t_F 降低，e 点位置不变，而 q 线位置将以 e 点为顶点向塔顶方向偏移，则精馏段所需板数将减少，为保证塔顶产品质量的稳定，进料位置应上提。可见，对于固定进料位置的精馏塔，进料温度 t_F 上升后，精馏段实际板数比所需板数多，会使塔顶产品的质量提高；如此为使塔顶产品质量稳定，应设法将精馏段操作线向平衡线靠近，即通过减小回流比 R 的方法来实现；反之，则反向调节。

总之，精馏产品的质量控制与调节应结合现场操作实际情况和经验灵活多变，考虑多重因素的影响采取相应措施，在产品质量合格的基础上做到产量最大化才是精馏生产的主要目标。

8. 塔板负荷性能图

如图 1-48 所示，精馏塔塔板负荷性能图描述精馏塔的液泛、漏液、干板、淹塔现象与气、液相负荷之间的关系，对精馏塔的设计、操作、标定核算和技术改造等都有重大作用。精馏塔建好后，操作条件是可变的，但无论如何操作，操作点都应该落在 5 条线围成的区域内，要运行得经济稳定，最好在操作区的中部操作，离 5 条线越远越好。特别是负荷改变较大时，应当用操作点在负荷曲线图中的位置来判断它的可行性，或者找出优化的操作条件使塔处在稳定区运行，或对塔进行故障分析，在塔的扩容改造中负荷曲线的使用是很重要的。

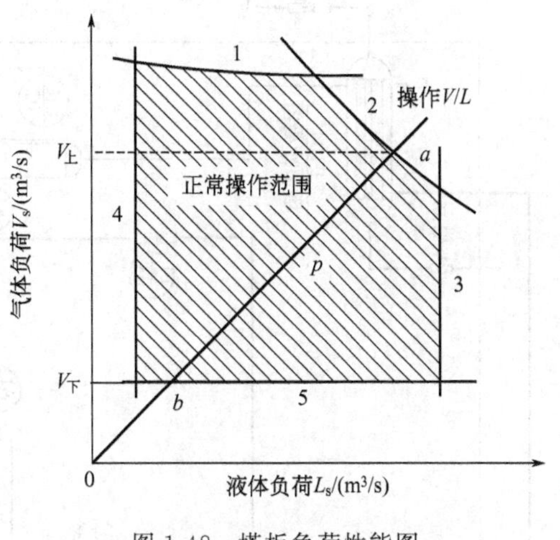

图 1-48　塔板负荷性能图

三、实训装置

精馏装置主要包括精馏塔、再沸器和塔顶冷凝器三大部分，缺一不可。

1. 流程

本装置主要由筛板精馏塔、再沸器、塔顶冷凝器（有列管式水冷和风冷两种形式）、塔底冷却器（列管式）、原料预热器、凝液罐（回流分配罐）、原料罐、塔釜产品罐（釜液罐）和塔顶产品罐、加料泵（计量泵）、回流泵（计量泵）、塔顶产品采出泵（计量泵）和料液循环泵（旋涡泵）等，及一些相关测量元件、一套仪表控制系统和 DCS 控制系统组成。流程如图 1-49 和图 1-50 所示。

本实训装置可以分为五个系统：物料循环系统、加料系统、冷凝系统、气液回流系统、产品采出系统。

待分离的原料（乙醇-水溶液）由原料罐经原料泵送入原料预热器，而后到达精馏塔加料口，在加料板上与由塔釜上升的蒸气接触，进行传热和传质过程；蒸气向上自塔顶蒸气排出管进入塔顶冷凝器冷凝，冷凝液进入回流分配罐（凝液罐）后分为回流液和产品液，分别由回流泵和塔顶产品采出泵送入塔顶回流和塔顶产品罐；加料板上的液体在重力作用下逐板下降流入塔釜后，进入再沸器部分汽化作为气相回流，剩余液体经塔釜冷却器进行热量回收后，作为塔釜产品送入塔釜产品罐。

(1) 物料循环系统　为实现节能减排，将来自精馏塔 T101 的塔釜余液、塔顶产品罐 V104 的产品液和塔釜产品罐 V102 的釜液，利用料液循环泵（旋涡泵）P102 送回原料罐 V101 后循环使用。

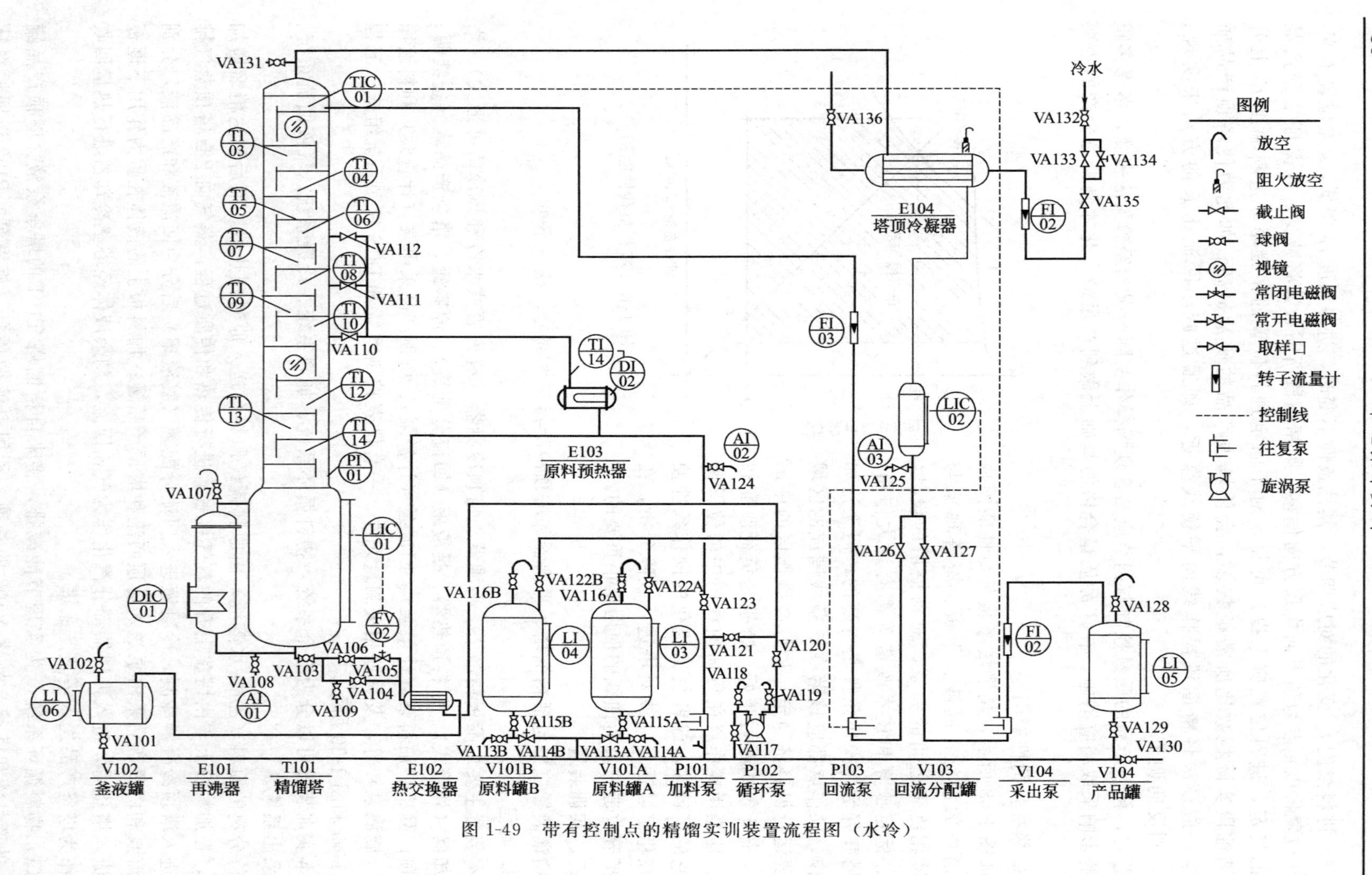

图 1-49 带有控制点的精馏实训装置流程图（水冷）

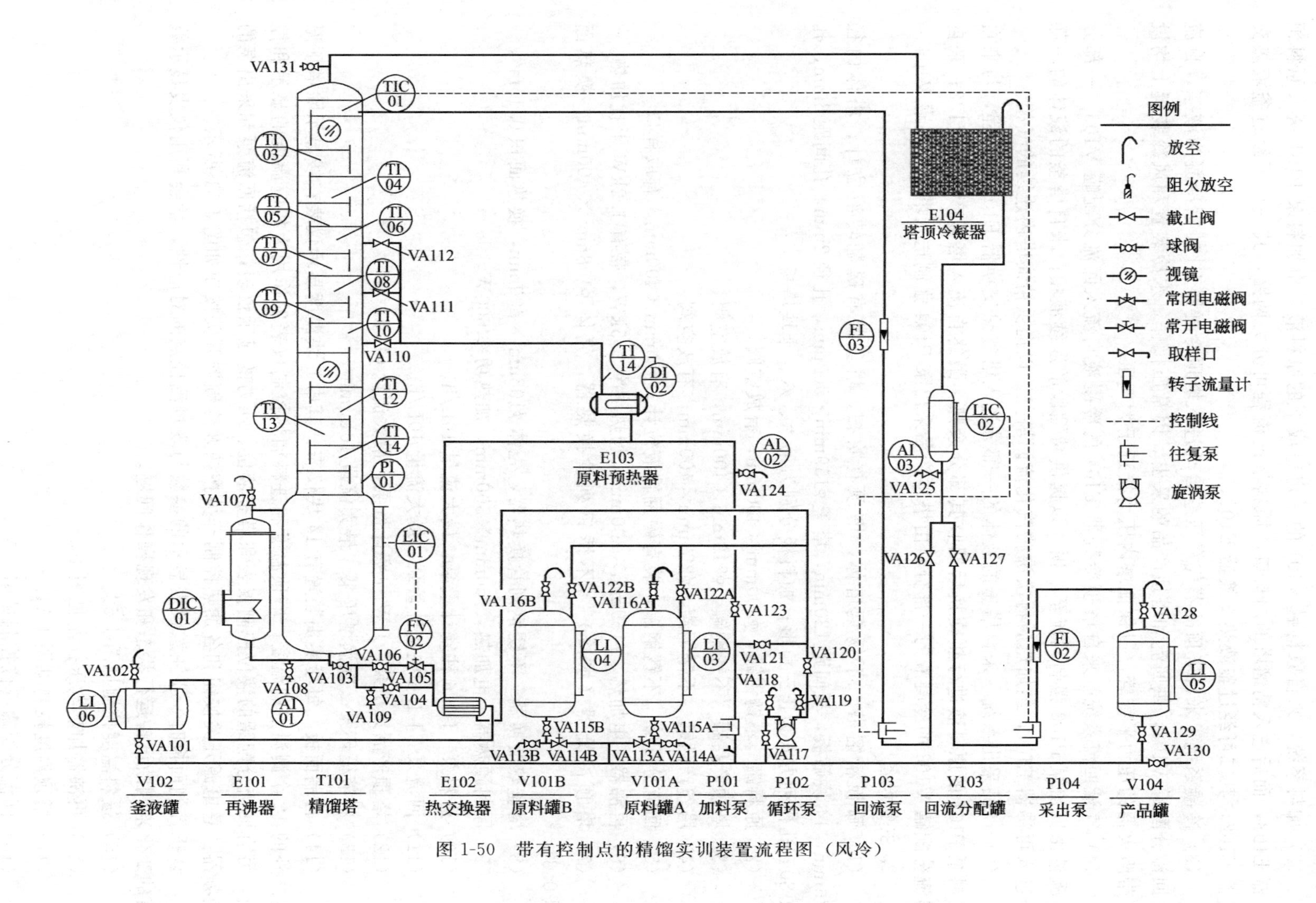

图 1-50 带有控制点的精馏实训装置流程图（风冷）

（2）加料系统　来自原料罐 V101 的一定组成下的原料液，由加料泵 P101 送入原料预热器 E103，而后进入精馏塔的加料口，原料液的流程可分为两路，其一可不经过釜液热交换器 E102，其二可经过釜液热交换器 E102。

（3）冷凝系统　来自塔顶的蒸气靠压差自动进入塔顶冷凝器 E104 后冷凝为液态，自流入回流分配罐 V103，供回流和塔顶产品的采出。因常压操作，水冷装置和风冷装置上均设有带阻火器的压力平衡管，以保证塔内压力接近于大气压。

（4）气液回流系统　来自塔顶冷凝器 E104 的冷凝液自流入回流分配罐 V103，一部分冷凝液由回流泵 P103 强制回流至塔顶，以提供精馏段的连续液相；来自塔釜的液体的一部分进入再沸器 E101，经加热后再次沸腾汽化流回塔釜，以提供精馏塔内连续的气相。

（5）产品采出系统　来自塔釜的液体的一部分进入塔釜热交换器 E102 的管程，与来自加料泵 P101 的原料液进行热交换后回收其部分余热，最终自流入塔釜产品罐 V102；来自回流分配罐 V103 的冷凝液的一部分，由塔顶产品采出泵 P104 强制送入塔顶产品罐 V104。

2. 主要设备

（1）筛板精馏塔　不锈钢塔体，塔顶有吹扫，塔釜装有磁翻转液位计；塔体内径 ϕ76mm，14 块筛板，板间距 120mm，塔釜 ϕ159mm×500mm，孔径 2mm，孔间距 6mm，孔数 80，孔排列方式为正三角形；加料板分别为第六、八、十块塔板。

（2）原料罐　不锈钢罐，ϕ300mm×400mm，有放空阀。

（3）塔顶产品罐　不锈钢罐，ϕ219mm×400mm，有放空阀。

（4）塔釜产品罐　不锈钢罐，ϕ273mm×400mm，有放空阀。

（5）回流分配罐　不锈钢罐，装有磁翻转液位计；ϕ76mm×400mm，有取样口。

（6）再沸器　电加热，ϕ159mm×300mm，加热功率 2.5kW，带有 1.2kW 干扰加热。

（7）塔顶冷凝器（水冷）　不锈钢列管换热器，壳体 ϕ108mm×400mm，换热面积 0.31m^2。

（8）塔釜热交换器　不锈钢列管换热器，壳体 ϕ108mm×400mm，换热面积 0.15m^2。

（9）原料预热器　电加热，ϕ50mm×300mm，加热功率 600W。

（10）进料泵　J-1.6 柱塞计量泵，最大流量 10L/h。

（11）回流泵　J-1.6 柱塞计量泵，最大流量 10L/h。

（12）塔顶产品采出泵　J-W 柱塞计量泵，最大流量 6L/h。

（13）料液循环泵　旋涡增压泵，最大流量 10L/min。

（14）控制面板　每套实训装置有 14 块仪表，其中 6 块温度显示仪表在线显示除塔顶温度之外的 12 个测温点的温度，塔顶温度和进料加热控制仪表的作用为相应温度的显示和控制，另有回流分配罐的液位控制仪表和塔釜液位、压力的显示仪表，包括回流泵和采出泵的变频器。总电源开关按钮和各加热控制开关按钮及变频器开关按钮如图 1-51 所示。

认识控制面板时，要注意仪表显示的参数与现场测控点的对应性，学会利用仪表显示数值的变化来判断设备运行状态和发现操作问题。

（15）进料温度控制见图 1-52。

（16）再沸器加热电压控制见图 1-53。

（17）塔顶温度控制见图 1-54。

（18）回流分配罐液位控制见图 1-55。

（19）报警连锁　原料预热和进料泵 P101 之间设置有连锁功能，进料预热只有在进料泵开启的情况下才能开启。

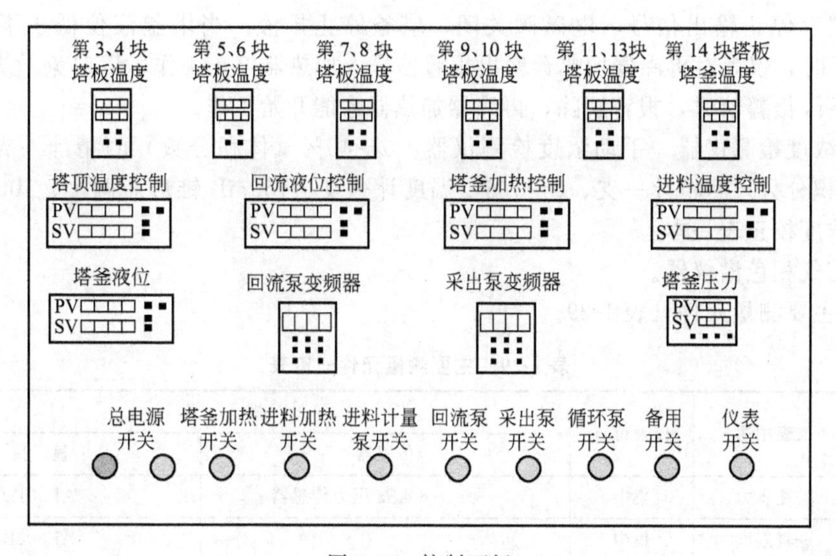

图1-51　控制面板

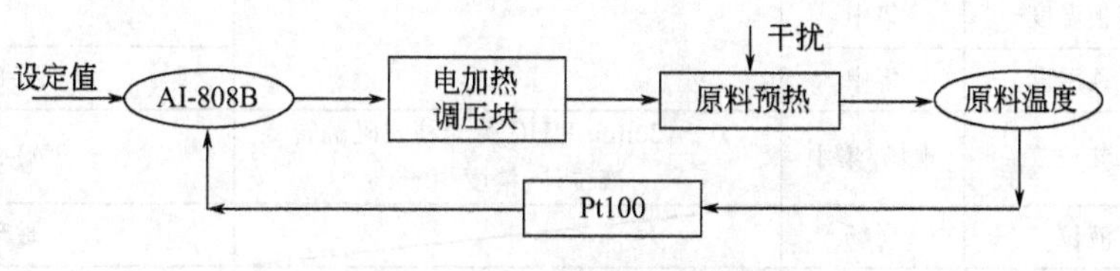

图1-52　进料温度控制方案

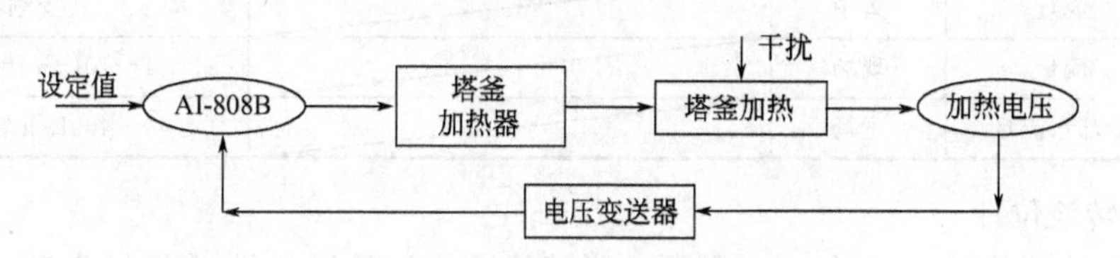

图1-53　塔釜加热电压控制方案

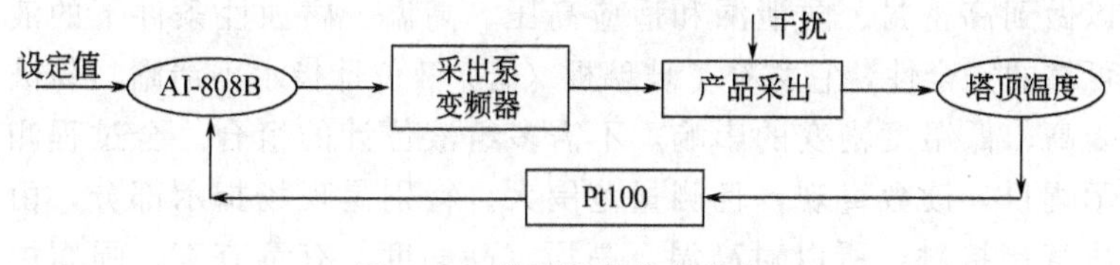

图1-54　塔顶温度控制方案

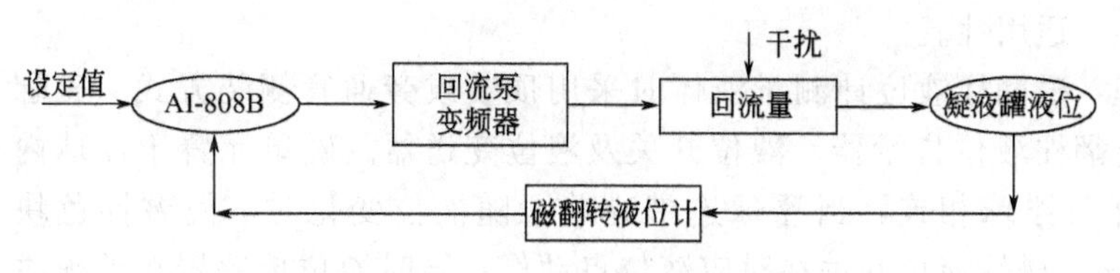

图1-55　回流分配罐液位控制方案

塔釜液位设置有上、下限报警功能：当塔釜液位超出上限报警值（340mm）时，仪表对塔釜常闭电磁阀VA105输出报警信号，电磁阀开启，塔釜排液；当塔釜液位降至上限报警值时，仪表停止输出信号，电磁阀关闭，塔釜停止排液。当塔釜液位低于下限报警值（240 mm）时，仪表对再沸器加热器输出报警信号，加热器停止工作，以避免干烧；当塔釜液位升至下限报警值时，报警解除，再沸器加热器才能开始工作。

（20）浓度检测仪器　手动浓度检测仪器：0～40%（体积分数）酒精计一支、60%～100%（体积分数）酒精计一支、0～100℃温度计一支、150mL 锥形瓶两个、1000mL 大烧杯两个、浓度校正表一本。

另备有气相色谱仪器。

（21）主要测量元件见表 1-29。

表 1-29　主要测量元件一览表

序号	仪表用途	仪表位置	规格	
			传感器	显示仪
1	塔釜压力	集中	－100～60kPa 压力传感器	AI-501D
2	进料温度	集中	Pt100 热电阻，1 级－200～800℃	AI-808B
3	塔釜温度	集中		AI-702ME
4	塔板温度	集中		
5	塔顶温度	集中		AI-808B
6	液位	现场/集中	0～420mm UHC 荧光柱式磁翻转液位计，精度 10cm	AI-501B
7	液位	现场		玻璃管
8	流量	现场		计量泵
9	流量	集中		变频器
10	流量	现场		1～10L/h 转子流量计
11	冷却水流量	现场		40～400L/h 转子流量计

3. 磁翻转液位计

也叫磁翻柱液位计，如图 1-56 所示，磁翻柱液位计是以磁性浮子驱动双色磁翻柱指示液位，可用于各种塔、罐、槽、球形容器和锅炉等设备的介质液位检测。可以做到高密封、防泄漏和适应高压、高温、腐蚀性条件下的液位测量，具有可靠的安全性，它弥补了玻璃板（管）液位计指示不清晰、易破碎的不足，不受高、低温度剧变的影响，不需多组液位计的组合。全过程测量无盲区，显示醒目，读数直观，且测量范围大。特别是现场指示部分，由于不与液体介质直接接触，所以对高温、高压、高黏度、有毒有害、强腐蚀性介质更显其优越性，比传统的玻璃板（管）液位计具有更高的可靠性、安全性、先进性、适用性。

图 1-56　磁翻转液位计

工作原理：磁翻柱液位计测量液体时采用顶装或旁通管侧装方式。磁翻柱主体外加装翻柱液位指示器、液位开关及液位变送器。磁单元置于浮球内部或通过顶杆与浮球相连，当浮球连带磁单元随液位变化时，使磁性色块（磁翻板）翻转；磁性液位开关在对应液位点动作；同时液位传感器在浮球磁力的作用下，输出标准的变化电阻信号，再经过变送器把电阻信号转换成 4～20mA 电流信号输出。

特点：适用范围广，安装形式多样，适合任何介质的液位、界面的测量。被测介质与指示结构完全隔离，密封性能好，防泄漏，适应高压、高温、腐蚀条件下的液位测量，可靠性高。集现场指示、远传变送、报警控制开关于一体且可自由调整，功能齐全。双色指示带夜光、连续直观、醒目、测量范围大，观察方向可任意改变。耐振动性能好，能适应液位波动大的情况下工作。结构简单，安装方便，维护费用低。带精美的磁钢校正器，现场随意校调。

4. 控制仪表的使用方法

(1) 变频器的使用　变频器广泛用于交流电机的调速中，变频器面板的构成如图 1-57 所示。

① 首先按下 DSP FUN 键，若面板 LED 上显示 F _ XXX（X 代表 0～9 中任意一位数字），则进入下一步；如果仍然只显示数字，则继续按 DSP FUN 键，直到面板 LED 上显示 F _ XXX 时才进入下一步。

② 按动 ▲ 或 ▼ 键来选择所要修改的参数号，由于 N2 系列变频器面板 LED 能显示四位数字或字母，可以使用 < RESET 键来横向选择所要修改的数字的位数，以加快修改速度，将 F _ XXX 设置为 F _ 011 后，按下 READ ENTER 键进入下一步。

③ 按动 ▲ 、▼ 键及 < RESET 键设定或修改具体参数，将参数设置为 0000（或 0002）。

④ 改完参数后，按下 READ ENTER 键确认，然后按动 DSP FUN 键，将面板 LED 显示切换到频率显示的模式。

⑤ 按动 ▲ 、▼ 键及 < RESET 键设定需要的频率值，按下 READ ENTER 键确认。

⑥ 按下 RUN STOP 键运行或停止。

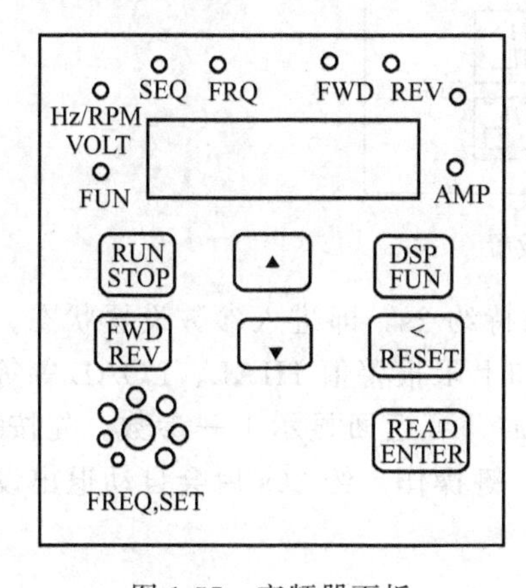

图 1-57　变频器面板

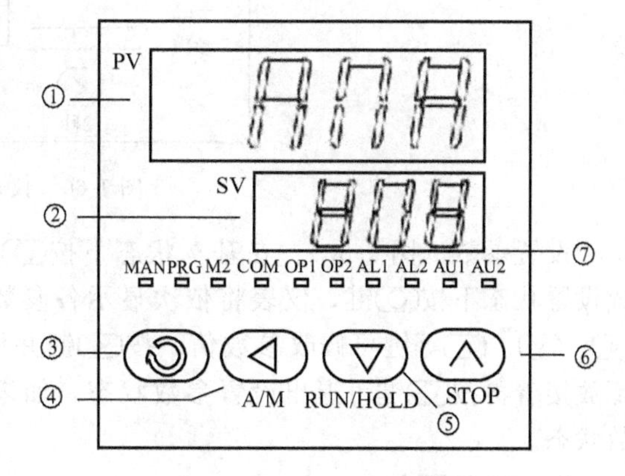

图 1-58　智能仪表面板

(2) 智能仪表的使用　如图 1-58 所示：

① 上显示窗；

② 下显示窗；

③ 设置键；

④ 数据移位（兼手动/自动切换）；

⑤ 数据减少键；

⑥ 数据增加键；

⑦ 10 个 LED 指示灯，其中 MAN 灯灭表示自动控制状态，亮表示手动输出状态；PRG 表示仪表处于程序控制状态；M2、OP1、OP2、AL1、AL2、AU1、AU2 等分别对应模块输入输出动作；COM 灯亮表示正与上位机进行通信。

显示切换（图 1-59）：按⟲键可以切换不同的显示状态。

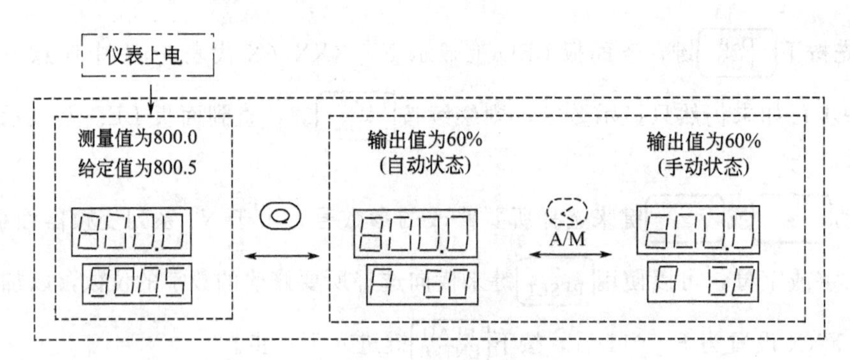

图 1-59 仪表显示状态

修改数据：需要设置给定值时，可将仪表切换到左侧显示状态，即可通过按◁、▽或△键来修改给定值。AI 仪表同时具备数据快速增减法和小数点移位法。按▽键减小数据，按△键增加数据，可修改数值位的小数点同时闪动（如同光标）。按键并保持不放，可以快速地增加/减少数值，并且速度会随小数点右移自动加快（3 级速度）。而按◁键则可直接移动修改数据的位置（光标），操作快捷。

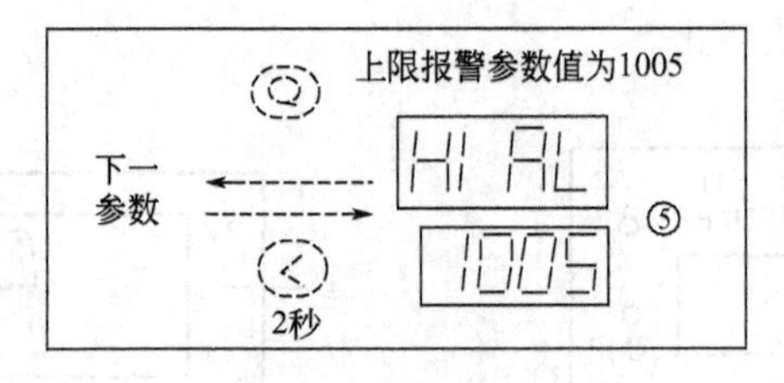

图 1-60 仪表参数设置

设置参数（图 1-60）：在基本状态下按⟲键并保持约 2s，即进入参数设置状态。在参数设置状态下按⟲键，仪表将依次显示各参数，例如上限报警值 HIAL、LOAL 等等。用◁、▽、△等键可修改参数值。按◁键并保持不放，可返回显示上一参数。先按◁键不放接着再按⟲键可退出设置参数状态。如果没有按键操作，约 30s 后会自动退出设置参数状态。

四、操作要点

精馏实训操作分离的物系为乙醇-水均相溶液。在控制方式上可实现现场手动控制和 DCS 控制方式。

1. 导流程

熟悉装置流程，了解设备、仪表名称及其作用。

根据对装置的认识，在表 1-30 中填写相关内容。

表 1-30　精馏设备的结构认识

序号	位号	名　称	用　途	型号与参数
1		精馏塔		
2		原料罐		
3				
4		塔顶产品罐		
5		塔釜产品罐		
6		塔顶冷凝液罐		
7		再沸器		
8		塔釜冷却器		
9		塔顶冷凝器		
10		原料预热器		
11		进料泵		
12		回流液泵		
13		塔顶采出泵		
14		循环泵		

根据对流程的认识，在表 1-31 中填写相关内容。

表 1-31　测量仪表认识

序号	位号	仪表用途	单位	序号	位号	仪表用途	单位
1		塔釜压力		15		塔顶温度	
2		进料温度		16		塔釜液位	
3		塔釜温度		17		冷凝液液位	
4		十四块塔板温度		18		原料罐 A 液位	
5		十三块塔板温度		19		原料罐 B 液位	
6		十一块塔板温度		20		塔顶产品罐液位	
7		十块塔板温度		21		塔釜产品罐液位	
8		九块塔板温度		22		进料流量	
9		八块塔板温度		23		回流流量	
10		七块塔板温度		24		出料流量	
11		六块塔板温度		25		出料流量	
12		五块塔板温度		26		回流流量	
13		四块塔板温度		27		冷却水流量	
14		三块塔板温度					

2. 了解精馏塔的日常运行与维护

（1）开车前的准备工作。精馏塔安装施工完成后的开车，一般需要做到试压、吹扫、气密、置换合格及电气、仪表、公用工程等处于备用状态，认真编制操作方案，然后才能投料。

（2）开车初阶段。进料后一般先控制好塔压，这是稳定操作的基础，塔压决定塔顶和塔釜温度，现代DCS控制手段可使之实现自动化控制。

（3）塔顶冷凝器开始出现冷凝液后，开始准备建立回流。当回流分配器（冷凝液罐）有了一定的液位后，开始启动回流泵给塔加入回流液，根据控制目标调节回流液量。

（4）塔顶产品采出。回流满足要求后，塔顶温度逐渐接近工艺指标，塔顶产品合格后，塔顶液相产品的采出一般在回流分配器的液位控制下进行，本实训装置可通过DCS控制系统实现塔顶产品采出的自动控制。

（5）工艺指标的控制。塔顶温度、塔釜温度、塔压、塔内液位、回流罐液位等参数是精馏操作控制的主要参数，应将其控制在工艺要求范围内。

无论是塔顶产品或塔釜产品的采出，都应以物料平衡为依据。连续精馏过程中，因物料结垢等原因，一般设有两台再沸器，以备再沸器的切换。操作过程时刻注意设备、物料、参数等状况是否正常稳定。

3. 制定操作方案

操作方案是保证正常生产操作的前提，必须充分认识工艺流程，并作出相应的开车方案、正常操作方案和停车方案。根据实际情况填写表1-32内容。

想一想：精馏塔开车操作的整体原则是什么？

4. 现场手动控制操作

（1）开车前准备

① 了解本实训所需物料乙醇的性质　乙醇的结构简式为 CH_3CH_2OH，分子式 C_2H_5OH，分子中的碳氧键和氢氧键比较容易断裂，俗称酒精。它在常温、常压下是一种易燃、易挥发的无色透明液体，它的水溶液具有特殊的、令人愉快的香味，并略带刺激性。乙醇的用途很广，可用乙醇来制造醋酸、饮料、香精、染料、燃料等。医疗上也常用体积分数为70%～75%的乙醇作消毒剂等。与本实训相关的主要性质参数如下。

外观与性状：无色液体，有特殊香味；

溶解性：与水混溶，可混溶于醚、氯仿、甘油等多数有机溶剂；

密度：0.789g/cm^3（液）；

熔点：－117.3℃（158.8 K）；

沸点：78.3℃（351.6 K）；

黏度：1.200mPa・s（cP），20.0℃；

相对密度（水＝1）：0.79；

相对蒸气密度（空气＝1）：1.59；

饱和蒸气压：5.33kPa（19℃）；

闪点：12℃；

引燃温度：363℃；

爆炸上限（体积分数）：19.0%；

爆炸下限（体积分数）：3.3%。

乙醇-水溶液体系的平衡数据见表1-33。

表 1-32　操作方案制定流程表

<table>
<tr><td colspan="4">操作方案制定情况</td></tr>
<tr><td>班级：</td><td>实训组：</td><td>姓名及学号：</td><td>设备号：</td></tr>
<tr><td colspan="4">绘出带有控制点的工艺流程图(铅笔绘制)</td></tr>
</table>

<table>
<tr><td rowspan="3">岗位分工
及
岗位职责</td><td>主操作</td><td></td></tr>
<tr><td>副操作</td><td></td></tr>
<tr><td>记录员</td><td></td></tr>
<tr><td colspan="3">开车前准备内容(包括设备、管路、阀门、仪表等)</td></tr>
<tr><td colspan="3">开车方案</td></tr>
<tr><td colspan="3">正常操作方案</td></tr>
<tr><td colspan="3">停车方案</td></tr>
<tr><td colspan="3">停车后工作</td></tr>
</table>

表 1-33 乙醇-水溶液体系的平衡数据

液相中乙醇的含量（摩尔分数）	气相中乙醇的含量（摩尔分数）	液相中乙醇的含量（摩尔分数）	气相中乙醇的含量（摩尔分数）
0.00	0.00	0.40	0.614
0.004	0.053	0.45	0.635
0.01	0.11	0.50	0.657
0.02	0.175	0.55	0.678
0.04	0.273	0.60	0.698
0.06	0.34	0.65	0.725
0.08	0.392	0.70	0.755
0.10	0.43	0.75	0.785
0.14	0.482	0.80	0.82
0.18	0.513	0.85	0.855
0.20	0.525	0.894	0.894
0.25	0.551	0.90	0.898
0.30	0.575	0.95	0.942
0.35	0.595	1.00	1.00

想一想： 乙醇-水体系常压精馏分离的塔顶温度最低不可能低于多少？

② 了解本实训装置的能量消耗　实训装置的能量消耗为：再沸器加热器、原料预热器、干扰加热、进料泵、回流泵、采出泵和循环泵等，如表 1-34 所示。

表 1-34 设备参数与能耗一览表

名称	耗量	名称	耗量	名　称	额定功率
原料液	3～8 L/h	冷却水	150～400L/h	进料泵	550W
				循环泵	120W
				回流泵	550W
				采出泵	370W
				塔釜加热器	2.5kW
				原料预热器	600W
				干扰加热	1.2kW
总计	3～8 L/h		150～400L/h		5.89kW

注：电能实际消耗还与产量相关。

③ 明确各项工艺操作指标

a. 原料浓度：乙醇含量 10%～20%（体积分数）。

b. 塔釜压力：0～4.0kPa。

c. 温度控制：进料温度≤65℃；

塔顶温度 78.2～80.0℃；

塔釜温度 95.0～99.0℃。

d. 加热电压：130～220V。

e. 流量控制：进料流量 3.0～6.0 L/h；

冷却水流量 150～400 L/h。

f. 液位控制：塔釜液位 240～340 mm；

塔顶凝液罐液位 150～300 mm。

④ 进实训车间首先了解灭火器、总电源等的位置，检查相关公用设施情况是否符合生产要求，了解其使用和相关安全措施。

⑤ 检查实训设备是否有外观上的问题；检查各阀门状态；检查原料罐中原料液位，看原料是否够用；检查电源指示灯是否正常，打开仪表开关检查仪表上电和检查仪表显示是否正常等。

⑥ 检查实训资料是否齐全：操作方案、数据记录表、设备运行记录等。

⑦ 物料回流。用循环泵（旋涡泵）使塔釜、釜液罐、塔顶产品罐的料液回流至原料罐循环利用，做到节能降耗减排。

准备工作：关闭阀门 VA109、VA113B、VA114B、VA115B、VA116B、VA122B、VA114A、VA118、VA119、VA130、冷凝水旁路阀 VA133、塔顶吹扫阀 VA131、塔釜电磁阀 VA105。

打开阀门 VA103、VA106、冷凝水管路电磁阀 VA134、原料罐底电磁阀 VA114A。

物料回流操作：将样液回收桶中的料液倒入原料罐 A，打开原料罐放空阀 VA116A 和顶阀 VA122A，关闭原料罐底阀 VA115A，打开釜液罐放空阀 VA102 和底阀 VA101，打开塔顶产品罐放空阀 VA128 和底阀 VA129，打开釜液排出阀 VA104，关闭阀门 VA123，打开倒料管路所有阀门 VA117、VA120、VA121，关闭精馏塔进料阀 VA110、VA111、VA112，开启循环泵（旋涡泵）。物料回流完毕后，关闭循环泵电源，关闭釜液罐底阀 VA101 和放空阀 VA102，关闭塔顶产品罐底阀 VA129 和放空阀 VA128，关闭釜液排出阀 VA104。

想一想： 操作中如何利用循环泵的声音判断物料回流是否完毕？

⑧ 料液循环混匀操作。使回流至原料罐的料液混合均匀。在前述操作的基础上，打开原料罐底阀 VA115A，开启循环泵，使料液循环一定时间，关闭循环泵电源。

⑨ 空塔进料。往空塔塔釜进料，为塔釜预热和全回流调节做准备。

关闭原料罐顶阀 VA122A，关闭阀门 VA121，打开再沸器放空阀 VA107，打开进料阀 VA110，开启循环泵电源开始空塔加料，当塔釜液位达到 300mm 时，关闭循环泵电源。同时从原料液取样口 VA124 取原料液样品进行检测，并校正后记录数据（将测定完的样液倒入样液回收桶中）。所有相关阀门复位，尤其要注意进料阀 VA110、VA111、VA112 和再沸器放空阀 VA107。

想一想： 实训装置的空塔进料流程有几种？加料泵是否可以完成此操作？

（2）正常开车

① 塔釜预热。预热是全回流操作的基础，当釜液料预热至泡点温度时，塔釜中原料液就会汽化，塔内便有蒸气自下而上垂直穿过塔板筛孔，每块塔板温度将持续上升。

按下塔釜加热按钮，将塔釜加热电压设定在适宜值，当釜液温度达到料液泡点时，原料液开始汽化，自下而上每块塔板的温度将陆续上升，随着塔板温度的逐渐上升，逐步根据实际情况调节加热电压（主要根据塔内气液接触状况和塔板温度确定）。当塔顶温度开始上升时，打开塔顶冷凝器（对于风冷，直接按下风冷电源按钮即可；对于水冷，打开冷凝水的下水阀 VA136 和上水阀 VA132，然后打开冷凝水的流量计计前阀 VA135，将冷凝水流量控制在适宜流量范围）。

② 全回流调节。全回流操作是在没有任何进料和采出的情况下将精馏塔调到一个稳定状态的操作，全回流主要应用在精馏塔的调试和开车过程。

当回流分配罐（凝液罐）液位计的液位超过规定值时，打开回流阀 VA126，按下回流泵电源按钮，开启回流变频器开始回流。根据工艺操作指标和凝液罐液位调节变频器频率，从而改变回流量，最终达到稳定状态。操作过程中注意时刻检测馏出液和釜液的浓度，当馏出液的浓度和其他参数的稳定状态保持实训要求的一定时间后，视为全回流已调节稳定。

③ 将馏出液和釜液（测完后将样液倒入样液回收桶）测定结果校正、记录。

④ 在全回流稳定操作的基础上准备进料和产品的采出。

注：全回流是否稳定的其他参数可参考塔顶温度、塔釜温度和灵敏板温度，塔压，凝液罐液位、塔釜液位，回流量，加热电压等。一切操作要符合工艺操作指标。

想一想：全回流没有实际生产意义，为什么开车过程还要进行全回流操作？

（3）正常生产　正常生产即部分回流，在有进料的情况下进行塔顶和塔釜产品的采出，要求有稳定的产品质量、进料量、回流量和采出量。

① 打开釜液罐放空阀 VA102，打开原料罐放空阀 VA116A 和底阀 VA115A，打开阀门 VA123，适当选择三个进料阀 VA110、VA111、VA112 中的一个并打开（或通过塔釜冷却器进料：打开原料罐放空阀 VA116A 和底阀 VA115A，打开阀门 VA121，适当选择三个进料阀 VA110、VA111、VA112 中的一个并打开）。

② 打开进料计量泵电源，在全回流基础上相应提高加热电压。

③ 将回流泵频率适当减小，以满足塔顶产品采出的条件（只要产品合格，回流量越少产品量则越多）。

④ 减小回流量的同时，时刻监测馏出液和釜液的浓度，当馏出液的浓度达到工艺操作指标时，将回流量稳定在适宜值。然后准备塔顶产品的采出，塔釜产品的采出由塔釜液位控制（见后续内容“关于塔釜电磁阀 VA105”）。

⑤ 打开塔顶产品罐放空阀 VA128，打开采出阀 VA127，按下采出泵电源按钮，根据工艺操作指标和凝液罐液位调节变频器频率从而改变塔顶产品采出量，最终使回流分配罐的液位和产品采出量及其他参数均达到稳定状态。此稳定状态保持实训要求的一定时间，视为部分回流操作已调节稳定。

⑥ 将顶冷凝液样和釜液样（测完后将样液倒入样液回收桶）的测定结果校正、记录。

注：部分回流稳定状态的其他主要参数可参考塔顶温度、塔釜温度和灵敏板温度，塔压，凝液罐液位、塔釜液位，回流量、塔顶采出量和塔釜采出量，加热电压等。

（4）产品质量的调节　精馏操作的产品质量是关键。由前述基本原理可知，影响精馏产品质量的因素改变后，需要在操作中作出相应的调节，才能生产出合格的产品。下面举几例说明实训操作中产品质量的调节。

① 进料浓度突然变化。在进料温度稳定的情况下，进料浓度突然增大或降低，会影响 q 线与对角线的交点位置而使 q 线平行移动，导致塔顶产品的质量受到影响，需根据精馏控制原理进行相应调节，以保证塔顶产品质量的稳定。

若进料浓度突然增大，为保证塔顶产品质量的稳定，在原理上应将进料位置相应提高（向塔顶方向），同时适当降低再沸器的加热电压，如有必要，则适当调节回流量；调节过程中时刻进行产品样的测定以确定调节的度。若进料浓度突然降低，则采取与前相反的措施。

② 进料温度突然变化。在进料组成稳定的情况下，进料温度突然上升或下降，q 线与对角线的交点位置不变，但其斜率发生改变，导致塔顶产品的质量受到影响，需根据精馏控制原理进行相应调节，以保证塔顶产品质量的稳定。

若进料温度突然上升，为保证塔顶产品质量的稳定，在原理上应将进料位置相应降低（向塔釜方向），同时适当降低再沸器的加热电压，如有必要，则适当调节回流量；调节过程中时刻进行产品样的测定以确定调节的度。若进料温度突然降低，则采取与前相反的措施。

③ 其他条件不变，要求塔顶产品质量提高。对于其他操作条件基本不变的情况，回流比是影响产品质量的主要因素，因此可适当增加回流量来提高塔顶产品的质量，注意塔顶温度和回流罐液位及产品采出量的变化。

想一想：精馏分离的主要控制参数是什么？如何进行控制和调节？

（5）正常停车

① 关闭加料泵电源按钮。

② 关闭进料阀 VA110（或 VA111、VA112），关闭原料罐放空阀 VA116A 和底阀 VA115A，关闭进料管路所有阀门。

③ 关闭加热电源。

④ 关闭采出泵变频器，关闭采出泵电源，关闭采出阀 VA127。

⑤ 当塔顶温度降至规定值以下时，关闭回流泵变频器，关闭回流泵电源，关闭回流阀 VA126。

⑥ 关闭塔顶冷凝（风冷直接关闭风冷电源；若水冷，则在所有设备停完后再关闭流量计前阀 VA135，关闭冷凝水上水阀 VA132 和下水阀 VA136）。

⑦ 关闭仪表电源，关闭总电源，所有阀门复位（包括各容器放空阀）。

⑧ 填写设备运行记录，整理操作现场。

5. DCS 控制操作

下面简要说明 DCS 操作过程，需要手动的部分请参考现场手动控制操作。

（1）DCS 控制准备

① 启动仪表柜总电源，打开仪表电源，开启电脑进入如图 1-61 的程序画面。

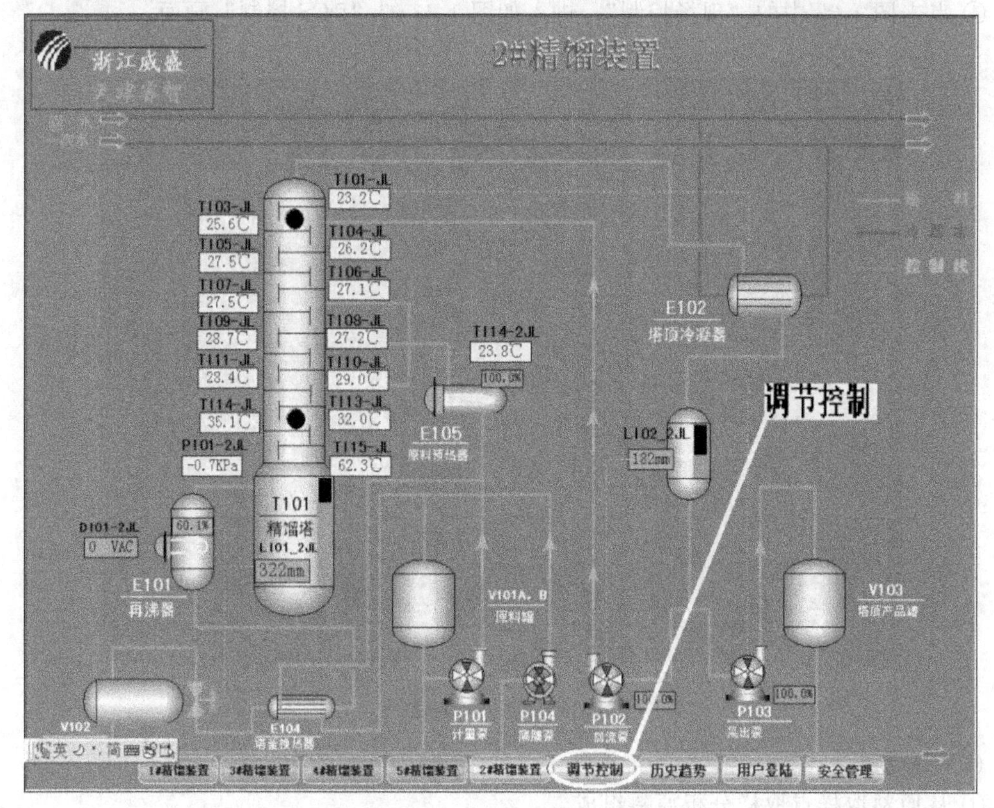

图 1-61　电脑控制程序画面

② 将变频器的频率控制参数 F011 设置为 0002。

③ 点击图 1-61 画面中的“调节控制”按钮，进入如图 1-62 的画面。

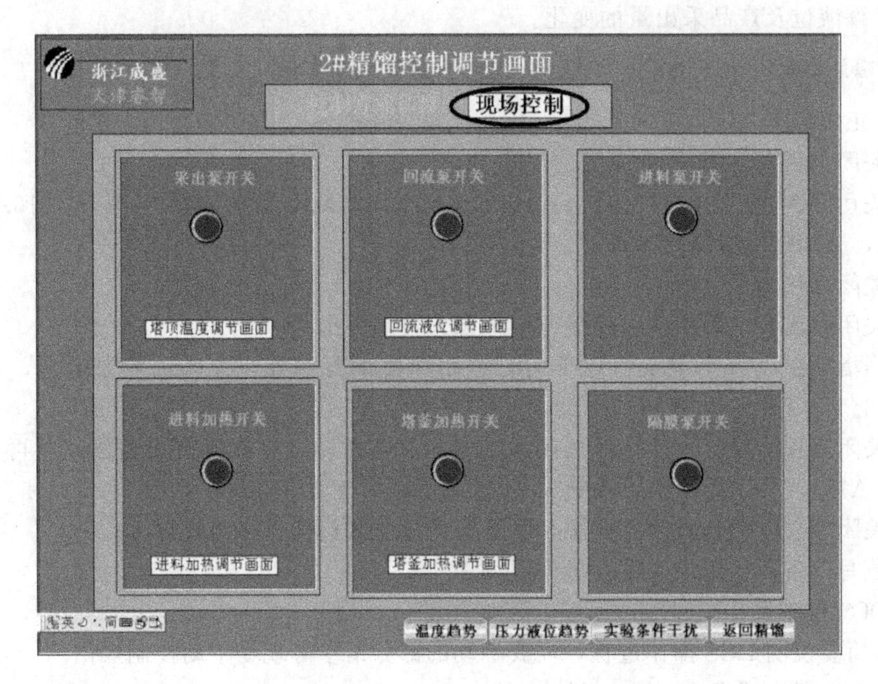

图 1-62 控制方式切换

④ 点击图 1-62 中的“现场控制”，进入如图 1-63 的“DCS 控制”画面。

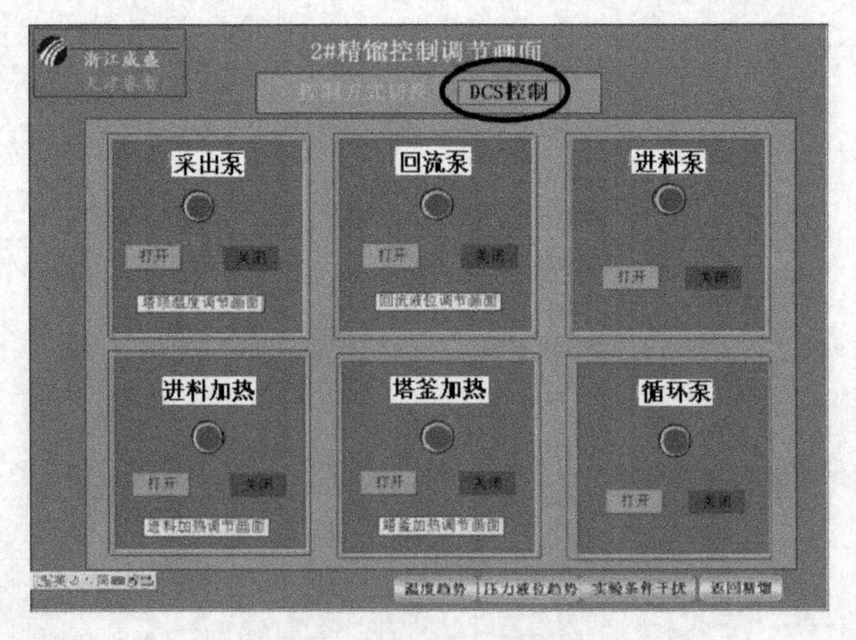

图 1-63 DCS 控制界面

(2) 正常开车

① 从原料取样点取样分析原料组成。

② 根据实训要求，选择适宜的进料板位置。

③ 点击图 1-63 中“循环泵”的“打开”按钮，启动循环泵开始空塔进料。

④ 当塔釜液位达到 300mm 左右时，点击“循环泵”的“关闭”按钮。

⑤ 关闭空塔进料管路中的相关阀门。

⑥ 点击图 1-63 中“塔釜加热”的“打开”按钮，然后点击“塔釜加热调节画面”按钮，弹出如图 1-64 所示的“塔釜加热控制窗口”，将加热电压调至需要的适宜值。

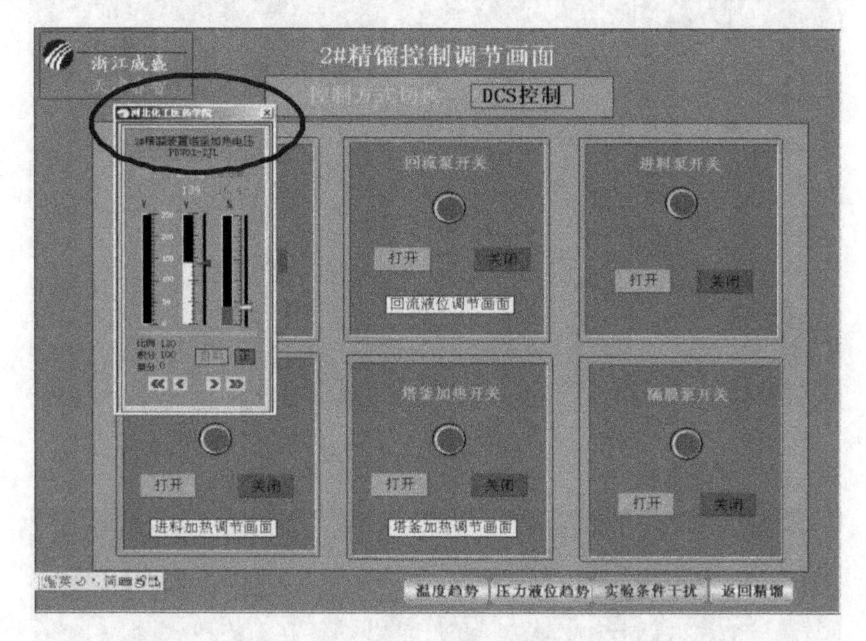

图 1-64　加热电压控制

⑦ 通过第十二节塔段上的视镜和第二节玻璃观测段，观察液体加热情况。当液体开始沸腾时，注意观察塔内气液接触状况，同时将加热电压设定在适宜值。

⑧ 当塔顶观测段出现蒸气时，打开塔顶冷凝器使塔顶蒸气开始冷凝，冷凝液流入塔顶冷凝液罐。

⑨ 点击图 1-63 中“回流泵”的“回流液位调节画面”按钮，弹出如图 1-65 的“回流液位控制窗口”，用鼠标拖动回流液位的滚动条，将塔顶冷凝罐液位值设置在实训要求液位范围之间。

⑩ 随时观测各点温度、压力、流量和液位的变化情况。待全回流操作稳定后取样测定并记录。

(3) 正常生产

① 待全回流稳定后，切换至部分回流，将原料罐、进料泵和进料口管线的相关阀门调节到位，使进料管路通畅。

② 将进料柱塞计量泵的行程调节至 4L/h，然后点击图 1-63 中“进料泵”的“打开”按钮，启动进料泵开始正常进料。

③ 点击图 1-63 中的“进料加热”的“打开”按钮后，再点击“进料加热调节画面”按钮，弹出如图 1-66 所示的“进料温度控制窗口”，拖动给定值滚动条到需要的温度；如若室温进料，则无需打开“进料加热”开关。

④ 点击图 1-63 中“采出泵”的“打开”按钮后，再点击“塔顶温度调节画面”按钮，

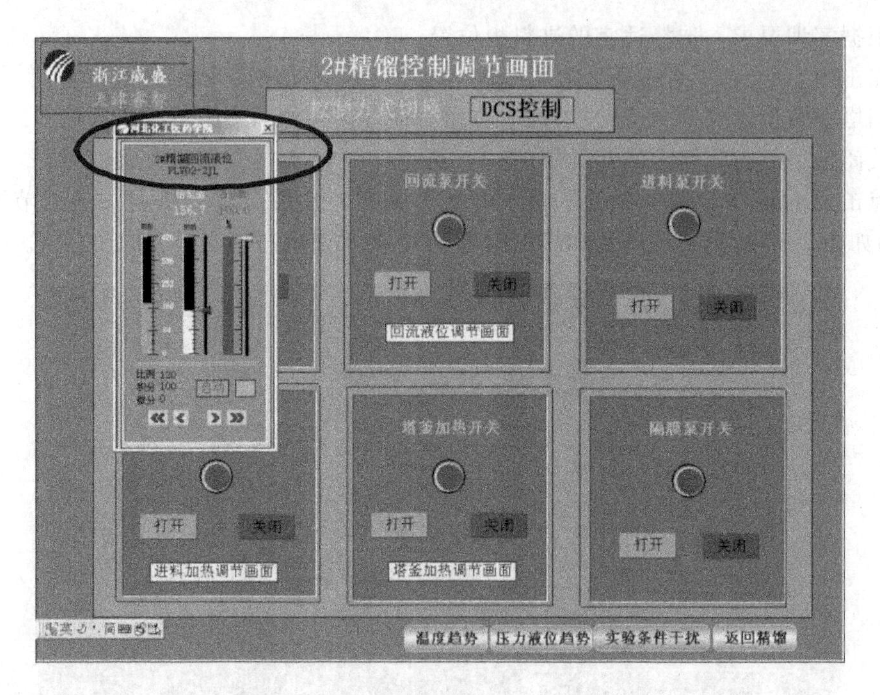

图 1-65　回流液位控制

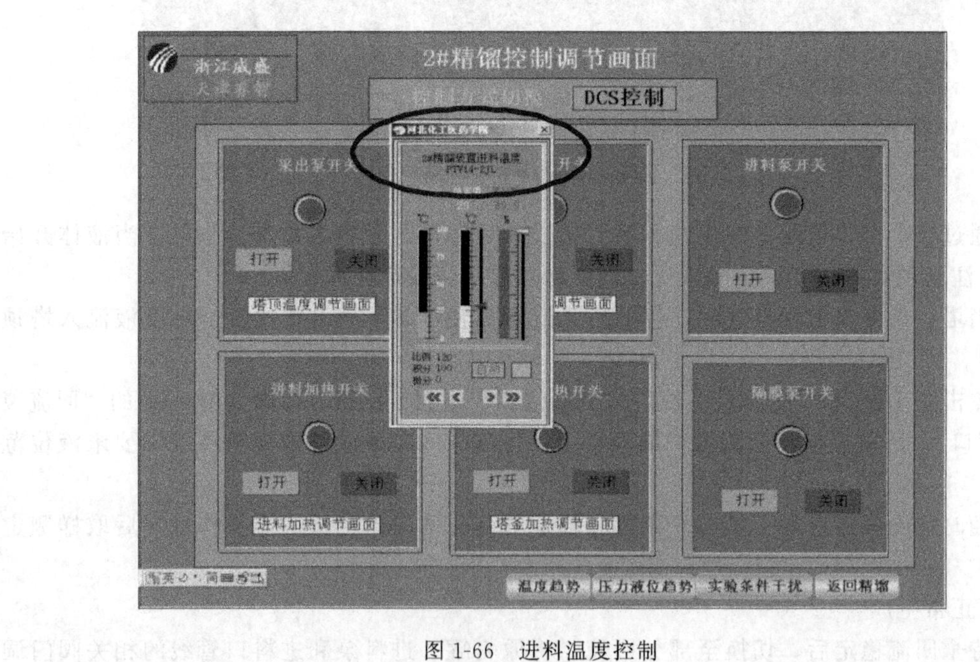

图 1-66　进料温度控制

弹出如图 1-67 所示的“塔顶温度控制窗口”，拖动塔顶温度给定值的滚动条到实训操作设定的温度值。

⑤ 观测回流罐液位变化及回流和采出量的变化。在此过程中可根据情况小幅增大塔釜加热电压值以及冷凝水流量。

⑥ 随时观测各点温度、压力、流量和液位的变化情况。操作稳定后，取样测定并记录。各控制画面如图 1-68。

（4）正常停车　返回到图 1-63 后，按以下程序进行停车。

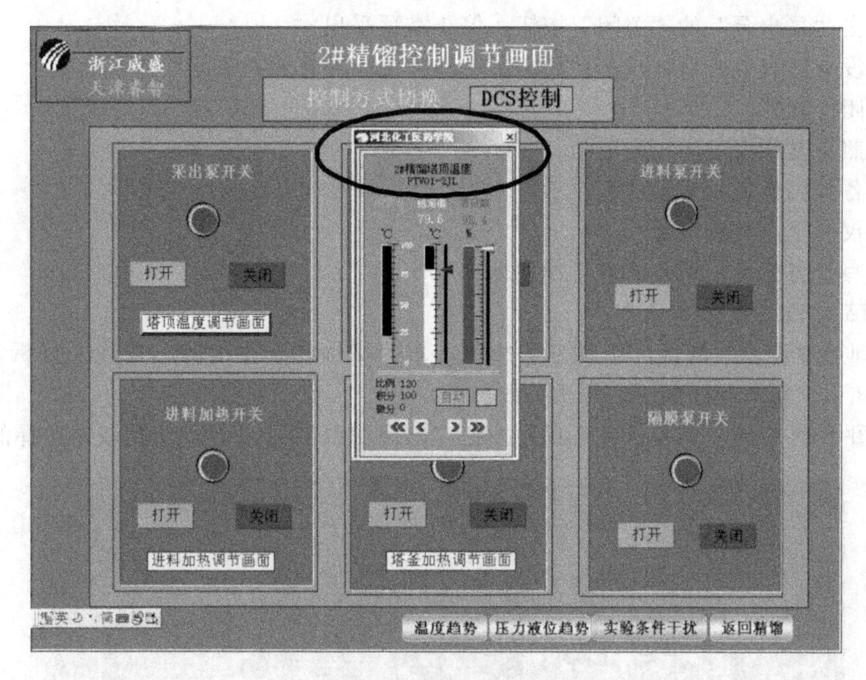

图 1-67　塔顶温度控制

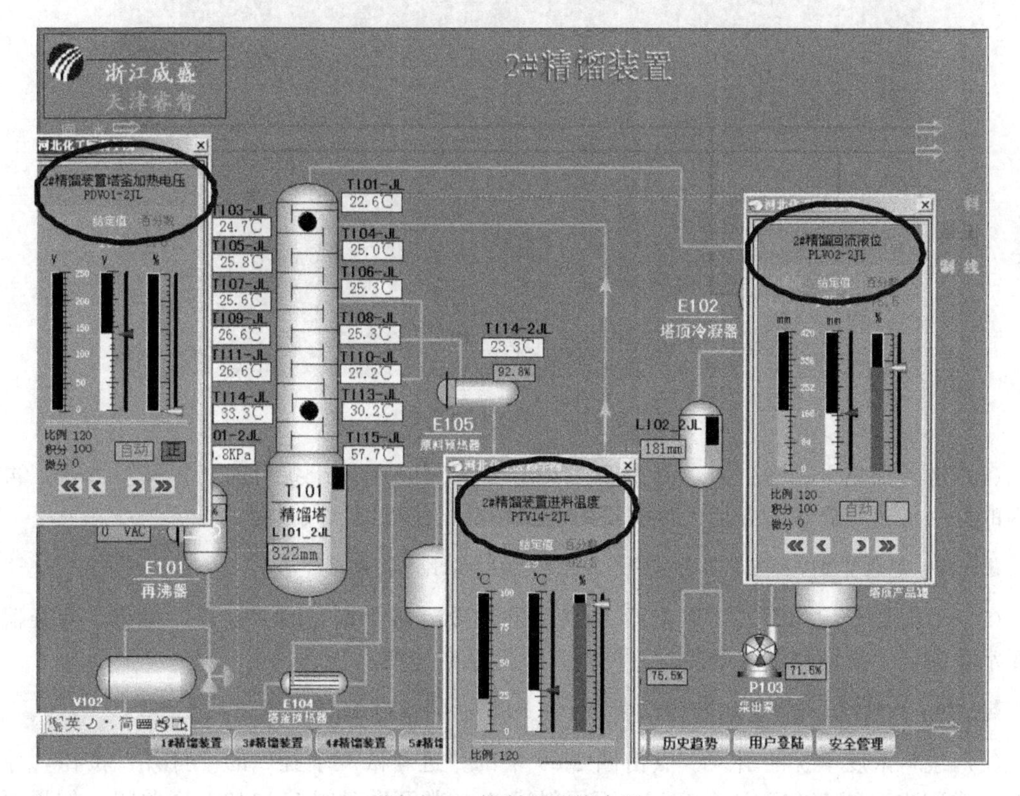

图 1-68　控制画面综合图

① 点击“进料加热”的“关闭”按钮，停止进料加热。

② 点击“进料泵”的“关闭”按钮，停止进料。

③ 点击“塔釜加热”的“关闭”按钮，停止加热。

④ 点击“采出泵”的“关闭”按钮，停止塔顶采出。

⑤ 待没有蒸气上升后，点击“回流泵”的“关闭”按钮，关闭回流泵。

⑥ 关闭冷凝器。

⑦ 按照正常顺序关闭控制电脑。

⑧ 将各阀门恢复到初始状态。

⑨ 关仪表上电和总电源。

⑩ 填写设备运行记录，清理工作现场。

6. 故障的DCS控制引入

本实训通过设置精馏生产中常见的故障，培养精馏操作中故障的发现、分析和解决方法，达到知识应用与问题解决的双重目的。

点击图1-63中的“实验条件干扰”按钮，出现如图1-69所示的干扰条件选择的画面。

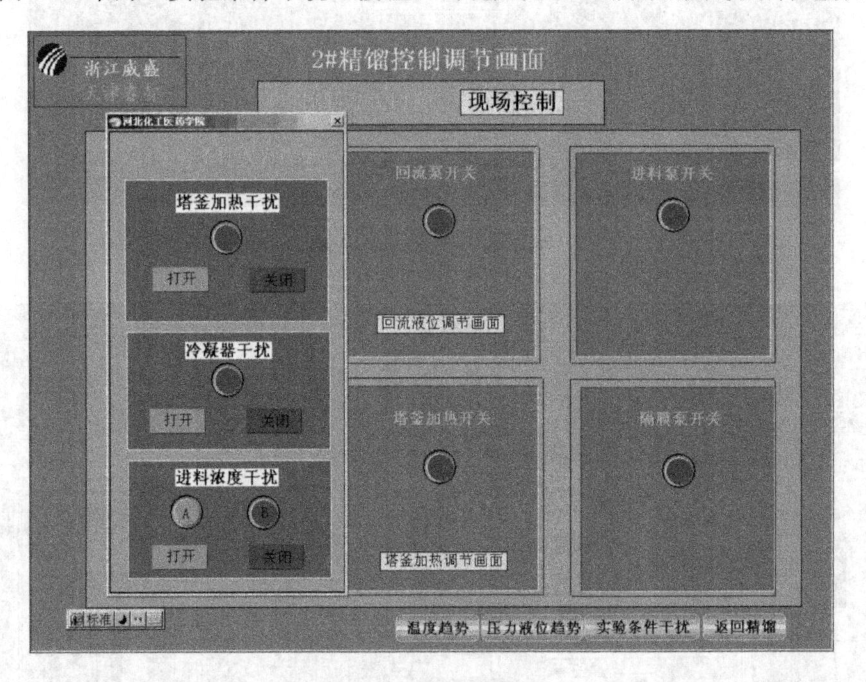

图1-69 干扰条件选择

(1) 塔釜加热干扰的引入 点击图1-69中的“塔釜加热干扰”的“打开”按钮，再沸器内的另一加热器启动，会加大再沸器的总加热量，使塔内蒸气过量。

想一想： 加热量过大会造成塔内何种异常现象？应采取什么措施进行调节？

(2) 冷凝器干扰的引入 点击图1-69中的“冷凝器干扰”的“打开”按钮，冷凝器的冷凝水将断开，从而使进入到冷凝器的蒸气不能及时冷凝。

想一想： 冷凝器失效会造成塔内何种异常现象？应采取什么措施进行调节？

(3) 进料浓度干扰的引入 点击图1-69中的“进料浓度干扰”的“打开”按钮，原料罐B的常闭电磁阀VA114B会打开，而原料罐A的常开电磁阀VA113A会关闭，如果原料罐A和B的原料浓度不同，则会使进料浓度发生变化。

想一想： 进料浓度的变化会造成塔顶产品的组成如何变化？如何解决？

7. 一些操作问题的说明

(1) 加热电压适宜值　加热电压合适与否，决定于塔内的气液接触情况，以塔板不发生严重漏液和液泛为参考依据，注意观察塔板上气液接触状况。由全回流过渡到部分回流时，还应该根据进料量初步估计提高加热电压的范围。根据加料情况和其他因素的不同，正常加热电压一般控制在130～180V范围内（包括全回流和部分回流）。

(2) 关于塔釜电磁阀VA105　塔釜电磁阀VA105的开关受塔釜液位控制，其液位值为人为设置，现在的设定值为340mm，当塔釜液位高于340mm时，该电磁阀将自动打开，当塔釜液位低于340mm时，该电磁阀将自动关闭，其目的是保证塔釜有一定值的稳定液位，起到液封的作用。另外，塔釜液位低于240mm时，为了保护再沸器中的加热器，塔釜加热会自动断电。液位的设定值可根据需要随时调节。

五、故障分析与处理

1. 塔顶温度的变化

本装置造成塔顶温度变化的原因主要有进料浓度的变化、进料量的变化、回流量与温度的变化、再沸器加热量的变化、塔釜压力的变化。

(1) 塔顶温度上升的处理措施

① 检查回流量是否正常，如是回流泵的故障，及时报告指导教师进行处理；如回流量变小，要检查塔顶冷凝器是否正常，对于风冷装置，发现风冷冷凝器工作不正常，及时报告指导教师进行处理，对于水冷装置，发现冷凝器工作不正常，一般是冷凝水供水管线上的阀门故障，此时可以打开与电磁阀并联的备用阀门。

② 检查进料罐V101A/B罐底进料电磁阀的状态，如发现进料发生了变化，及时报告指导教师，同时检测进料浓度，根据浓度的变化调整进料板的位置和再沸器的加热量。

③ 当进料量减小很多，如再沸器的加热量不变，经过一段时间后，塔顶温度会上升，此时可以将进料量调整回原值或减小再沸器的加热量。

(2) 塔顶温度下降的处理措施

① 检查回流量是否正常，适当减小回流量加大采出量。检查塔顶冷凝液的温度是否过低，适当提高回流液的温度。

② 检查进料罐V101A/B罐底进料电磁阀的状态，如发现进料发生了变化，同时检测进料浓度，根据浓度的变化调整进料板的位置和再沸器的加热量。

③ 当进料量增加很多，如再沸器的加热量不变，经过一段时间后，塔顶温度会下降，此时可以将进料量调整回原值或加大再沸器的加热量。

2. 液泛和漏液

(1) 液泛　当塔底再沸器加热量过大、进料轻组分过多可能导致液泛。

① 减小再沸器的加热电压，如产品不合格，停止出料和进料。

② 检测进料浓度，调整进料位置和再沸器的加热量。

(2) 漏液　当塔底再沸器加热量过小、进料轻组分过少或温度过低可能导致漏液。

① 加大再沸器的加热电压，如产品不合格，停止出料和进料。

② 检测进料浓度和温度，调整进料位置和温度，增加再沸器的加热量。

3. 塔顶产品乙醇含水量超标

造成此现象的原因可能是：回流比偏小，或回流液温度高；再沸器加热电压过高；进料中含水量偏高等。可以通过以下措施有针对性地解决。

(1) 适当增大回流比，降低回流液温度。

(2) 控制好再沸器的加热电压。

（3）向原料液中补充乙醇。

4. 釜残液中乙醇含量超标

造成此现象的原因可能是：塔顶采出量小；再沸器加热电压低；塔底液面偏高等。可以通过以下措施有针对性地解决。

（1）在塔平衡的基础上，加大采出量。

（2）适当提高塔釜加热电压。

（3）降低并控制好塔底液面。

5. 产品中乙醇含量不合格

造成此现象的原因可能是：釜温偏低，再沸器转化气量偏小或压力偏低，轻组分挥发不完全；塔顶压力偏高；塔釜液位偏低；塔顶回流温度低等。可以通过以下措施有针对性地解决。

（1）适当提高并控制好釜温。

（2）适当降低塔顶压力。

（3）控制好塔釜液位。

（4）适当提高塔顶回流液温度。

6. 塔内压力超标

造成此现象的原因可能是：再沸器加热电压大；塔顶冷却效果差，放空阀不畅；回流比小，塔顶温度高等。可以通过以下措施有针对性地解决。

（1）控制好再沸器加热电压。

（2）检查放空阀。

（3）增大回流比，减小采出，甚至进行全回流操作，降低塔顶温度。

7. 回流突然中断

造成此现象的原因可能是：回流泵跳车；回流罐液位太低甚至抽空；泵入口过滤阀堵塞等。可以通过以下措施有针对性地解决。

（1）启动备用泵，若备用泵开不起来，则应停车处理。

（2）停止采出，停回流泵，调整操作，待回流槽液位恢复正常后，再重新启动回流泵建立回流，合格后再采出。

（3）倒至备用泵，清理泵入口滤网。

8. 板上液层过高

造成此现象的原因可能是：设备问题，如筛孔被堵；回流中断；再沸器加热量突然加大或突然减小；塔内负荷过重等。可以通过以下措施有针对性地解决。

（1）停车维修处理。

（2）查找回流量中断原因，针对原因处理。

（3）稳定再沸器加热电压。

（4）降低进料量，必要时切断进料和采出，采取全回流操作。

9. 塔内温度波动较大

造成此现象的原因可能是：回流槽液位低，造成回流泵排量不稳，或泵不上量出现故障；进料量大幅度波动；再沸器加热电压波动较大；塔底液位大幅度波动等。可以通过以下措施有针对性地解决。

（1）停止采出，停回流泵，维持操作，待回流槽液位稳定正常后，再重新启泵，恢复操作。

表 1-35　精馏实训操作数据记录

精馏设备号：　　操作人员：主操______副操一______副操二______

运行时间____年____月____日　星期________时____分至____时____分

时间＼参数		加热电压/V	温度/℃			压力/kPa	液位/mm		泵频率/Hz		取样浓度分析（校正后，体积分数）/%		
			塔顶	塔釜	进料	塔釜	凝液罐	塔釜	回流泵	采出泵	原料	塔顶	塔釜
	全回流				无					无			
	部分回流												

进料流量/(L/h)	全回流流量/(L/h)	部分回流流量/(L/h)	产品采出流量/(L/h)	回流比 R

(2) 稳定进料量。

(3) 稳定加热电压。

(4) 通过手动控制塔底液位调节阀，稳定塔底液位。

10. 塔底温度突降后不回升

造成此现象的原因可能是塔底再沸器电加热器断电。

处理措施为检查塔釜液位是不是低于下限，否则停车检查。

精馏实训操作数据记录于表 1-35。

实训四 吸收-解吸单元操作实训

一、实训目的

1. 认识吸收-解吸塔的结构和工作原理，认识各类填料及其对吸收性能的影响。
2. 熟悉吸收-解吸装置流程并能正确使用各种相关仪器及仪表。
3. 掌握吸收-解吸设备的开、停车操作及调试，吸收剂用量及尾气含量控制等。
4. 学会异常情况的判断、分析和处理等，能进行紧急停车。
5. 掌握原料气和尾气浓度的测定方法。
6. 掌握现场和 DCS 控制方法。

二、基本原理

气体吸收是典型的化工单元操作过程，其原理是根据气体混合物中各组分在选定液体吸收剂中物理溶解度或化学反应活性的不同而实现气体组分分离的传质单元操作。前者称物理吸收，后者称化学吸收。

与吸收相反的过程，即溶质从液相中分离出来而转移到气相的过程（用惰性气体吹扫溶液或将溶液加热或将其送入减压容器中使溶质放出），称为解吸或提馏。吸收与解吸的区别仅仅是过程中物质传递的方向相反，它们所依据的原理一样。

1. 吸收剂的选择

选择性能优良的吸收剂是吸收过程的关键，选择吸收剂时一般应考虑如下因素。

(1) 溶剂应对被分离组分有较大的溶解度，以减少吸收剂用量，从而降低回收溶剂的能量消耗。

(2) 吸收剂应有较高的选择性，即对于溶质 A 能选择性溶解，而对其余组分则基本不吸收或吸收很少。

(3) 吸收后的溶剂应易于再生，以减少“脱吸”的设备费用和操作费用。

(4) 溶剂的蒸气压要低，以减少吸收过程中溶剂的挥发损失。

(5) 溶剂应有较低的黏度、较高的化学稳定性。

(6) 溶剂应尽可能价廉易得、无毒、不易燃、腐蚀性小。

2. 吸收机理

物理吸收和化学吸收：气体中各组分因在溶剂中物理溶解度的不同而被分离的吸收操作称为物理吸收，溶质与溶剂的结合力较弱，解吸比较方便。

但是，一般气体在溶剂中的溶解度不高。利用适当的化学反应，可大幅度地提高溶剂对气体的吸收能力。同时，化学反应本身的高度选择性必定赋予吸收操作以高度选择性。此种利用化学反应而实现吸收的操作称为化学吸收。

(1) 气体在液体中的溶解度，即气-液平衡关系　在一定条件（系统的温度和总压力）

下，气液两相长期或充分接触后，两相趋于平衡。此时溶质组分在两相中的浓度分布服从相平衡关系。对气相中的溶质来说，液相中的浓度是它的溶解度；对液相中的溶质来说，气相分压是它的平衡蒸气压。气液平衡是气液两相密切接触后所达到的终极状态。在判断过程进行的方向（吸收还是解吸），吸收剂用量或是解吸吹扫气体用量，以及设备的尺寸时，气液平衡数据都是不可缺少的。

吸收用的气液平衡关系可用亨利定律表示：气体在液体中的溶解度与它在气相中的分压成正比。即

$$p^* = EX$$
$$Y^* = mX \tag{1-12}$$

式中　p^*——溶质在气相中的平衡分压，kPa；

Y^*——溶质在气相中的摩尔分数；

X——溶质在液相中的摩尔分数。

E和m为以不同单位表示的亨利系数，m又称为相平衡常数。这些常数的数值越小，表明可溶组分的溶解度越大，或者说溶剂的溶解能力越大。E与m的关系为：

$$m = \frac{E}{p} \tag{1-13}$$

式中　p——总压，kPa。

亨利系数随温度而变，压力不大（约5MPa以下）时，随压力而变得很小，可以不计。不同温度下，二氧化碳的亨利系数如表1-36。

表1-36　不同温度下CO_2溶于水的亨利系数

温度/℃	0	5	10	15	20	25	30	35	40	45	50
E/MPa	73.7	88.7	105	124	144	166	188	212	236	260	287

（2）传质的基本形式　吸收过程涉及两相间的物质传递，它包括三个步骤。

① 溶质由气相主体传递到两相界面，即气相内的物质传递。

② 溶质在相界面上的溶解，由气相转入液相，即界面上发生的溶解过程。

③ 溶质自界面被传递至液相主体，即液相内的物质传递。

一般来说，上述第二步即界面上发生的溶解过程很易进行，其阻力极小。因此，通常都认为界面上气、液两相的溶质浓度满足相平衡关系，即认为界面上总保持着两相的平衡。这样，总过程速率将由两个单相即气相与液相内的传质速率所决定。

无论气相或液相，物质传递的机理包括以下两种。

① 分子扩散　分子扩散类似于传热中热传导，是分子微观运动的宏观统计结果。混合物中存在温度梯度、压强梯度及浓度梯度都会产生分子扩散。吸收过程中常见的是因浓度差而造成的分子扩散速率。

② 对流传质　在流动的流体中不仅有分子扩散，而且流体的宏观流动也将导致物质的传递，这种现象称为对流传质。对流传质与对流传热相类似，且通常是指流体与某一界面（如气液界面）之间的传质。

常见的解吸方法有升温、减压、吹气，其中升温与吹气最为常见。溶剂在吸收与解吸设备之间循环，其间的加热与冷却、泄压与加压必消耗较多的能量。如果溶剂的溶解能力差，离开吸收设备的溶剂中溶质浓度较低，则所需的溶剂循环量必大，再生时的能量消耗也大。同样，若溶剂的溶解能力对温度变化不敏感，所需解吸温度较高，溶剂再生的能耗也将

增大。

(3) 双膜理论　关于吸收这样的相际传质过程的机理存在着多种不同的理论，其中应用最广泛的是刘易斯和惠特曼在 20 世纪 20 年代提出的双膜理论。

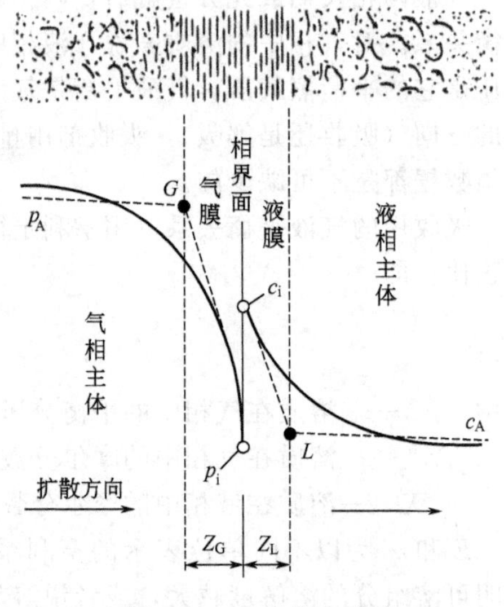

图 1-70　双膜理论模型

双膜理论的基本论点如下（如图 1-70）。

① 相互接触的气、液两流体间存在稳定相界面，界面两侧各有一个很薄的有效层流膜层。吸收质以分子扩散方式通过此两膜层。

② 在相界面处，气、液两相达于平衡。

③ 在膜层以外的气、液两相中心区，由于流体充分湍动，吸收质的浓度是均匀的，即两相中心区内浓度梯度为零，全部浓度变化集中在两个有效膜层内。通过以上假设，就把整个吸收这个复杂过程，简化为吸收质只是经由气、液两膜层的分子扩散过程，因而两膜层也就成为吸收过程的两个基本阻力，在两相主体浓度一定的情况下，两膜层的阻力便决定了传质速率的大小。因此，双膜理论也可称为双阻力理论。

3. 填料塔

(1) 填料塔的构造　填料塔由塔体、液体分布器、填料、液体再分布器、填料支承装置、气体分布装置、除沫器等构成。

填料塔操作时，液体自塔上部进入，通过液体分布器均匀喷洒在塔截面上并沿填料表面成膜状流下。当塔较高时，由于液体有向塔壁面偏流的倾向，使液体分布逐渐变得不均匀，因而经过一定高度的填料层需要设置液体再分布器将液体重新均匀分布到下段填料层的截面上，最后液体经填料支承装置由塔下部排出。

(2) 常用填料　常用填料分为实体填料和网体填料两大类。实体填料包括环形填料、鞍形填料和波纹填料等；网体填料有鞍形网、θ 网环等。用于制造填料的材料可以用金属，也可以用陶瓷、塑料等非金属材料。填料的填充方法可采用散装或整砌两种方式。据文献报道，目前散装填料中金属环矩鞍形填料综合性能最好，而整砌填料以波纹填料为最优。

(3) 填料塔的附属设备

① 支承板　支承填料的构件称为填料支承板。常用的有栅板式及升气管式。

② 喷淋器　填料塔塔顶都应装设液体喷淋器，以保证从塔顶引入的液体能沿整个塔截面均匀地分布进入填料层。常见的喷淋器有管式喷淋器、莲蓬式喷洒器及盘式。

③ 液体再分布器　常用的液体再分布器为截锥式、槽式及盘式等。

④ 气体分布器　对于直径 500mm 以下的小塔，可使进气管伸到塔的中心，管端切成 45°向下的斜口即可。对于大塔，可采用喇叭形扩大口或多孔盘管式分布器。

⑤ 排液装置　既能使液体顺利流出，又能保证塔内气体不会从排液管排出。为此可在排液管口安装调节阀门或采用不同的排液阻气液封装置。

⑥ 除雾器　常用的除雾器有折板除雾器、填料除雾器及丝网除雾器。

4. 填料塔内的流体力学特征

填料塔是一种应用很广泛的气液传质设备，它具有结构简单、压降低、填料易用耐腐蚀材料制造等优点。

在填料塔内液膜所流经的填料表面是许多填料堆积而成的，形状极不规则。这种不规则的填料表面有助于液膜的湍动。特别是当液体自一个填料通过接触点流至下一个填料时，原来在液膜内层的液体可能转而处于表面，而原来处于表面的液体可能转入内层，由此产生所谓表面更新现象。这有力地加快液相内部的物质传递，是填料塔内气液传质中的有利因素。

但是，也应该看到，在乱堆填料层中可能存在某些液流所不及的死角。这些死角虽然是湿润的，但液体基本上处于静止状态，对两相传质贡献不大。

液体在乱堆填料层内流动所经历的路径是随机的。当液体集中在某点进入填料层并沿填料流下，液体将成锥形逐渐散开。这表明乱堆填料是具有一定的分散液体的能力。因此，乱堆填料对液体预分布没有苛刻的要求。

另一方面，在填料表面流动的液体部分地汇集成小沟，形成沟流，使部分填料表面未能润湿。

综合上述两方面的因素，液体在流经足够高的一段填料层之后，将形成一个发展了的液体分布，称为填料的特征分布。特征分布是填料的特性，规整填料的特征分布优于散装填料。在同一填料塔中，喷淋液量越大，特征分布越均匀。

(1) 气体通过填料层的压降　图 1-71 在双对数坐标系下给出了在不同液体喷淋量下单位填料层高度的压降与空塔气速的定性关系。图 1-71 中最右边的直线为无液体喷淋时的干填料，即喷淋密度 $L=0$ 时的情形；其余三条线为有液体喷淋到填料表面时的情形，并且从左至右喷淋密度递减，即 $L_3>L_2>L_1$。由于填料层内的部分空隙被液体占据，使气体流动的通道截面减小，同一气速下，喷淋密度越大，压降也越大。对于不同的液体喷淋密度，其各线所在位置虽不相同，但其走向是一致的，线上各有两个转折点，即图中 A_i、B_i 各点，A_i（A_1、A_2、A_3…）点称为“截点”，B_i（B_1、B_2、B_3…）点称为“泛点”。这两个转折点将曲线分成三个区域。

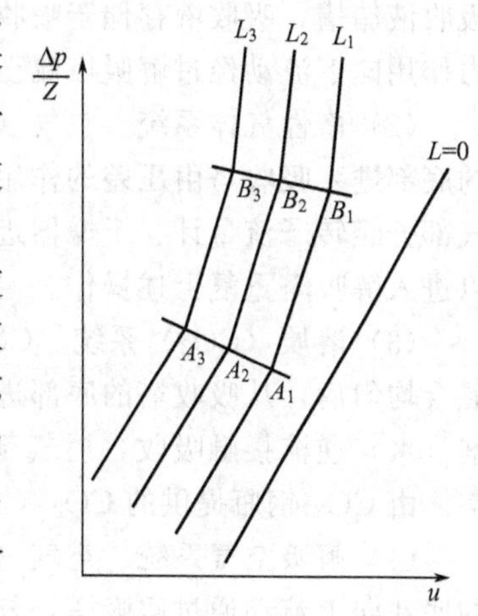

图 1-71　压降与空塔气速关系图

① 恒持液量区　这个区域位于 A_i 点以下，当气速较低时，气液两相几乎没有互相干扰，填料表面的持液量不随气速而变。

② 载液区　此区域位于 A_i 与 B_i 点之间，当气速增加到某一数值时，由于上升气流与下降液体间的摩擦力开始阻碍液体顺畅下流，使填料层中的持液量开始随气速的增加而增加，此种现象称为拦液现象。开始发生拦液现象时的空塔气速称为载点气速。

③ 液泛区　此区域位于 B_i 点以上，当气速继续增大到这一点后，随着填料层内持液量的增加，液体将被拖住而很难下流，塔内液体迅速积累而达到泛滥，即发生了液泛，此时空塔气速称为泛点气速，泛点气速是填料塔正常操作气速的上限。

(2) 持液量　在填料塔中流动的液体占有一定的体积，操作时单位填充体积所具有的液体量称为持液量（m^3/m^3）。持液量由填料类型、尺寸、液体性质及喷淋密度等所决定。液体喷淋量大，液膜增厚，持液量也加大。

在一般填料塔操作的气速范围内，由于气体上升对液膜流下造成的阻力可以忽略，气体流量对液膜厚度及持液量的影响不大。

因填料与其空隙中所持的液体是堆积在填料支承板上，故在进行填料支承板强度计算时，要考虑填料本身的重量与持液量。持液量小，则阻力亦小，但要使操作平稳，则一定的持液量还是必要的。

三、实训装置

1. 流程

本装置由吸收塔（填料塔和板式塔）、解吸塔（填料塔和板式塔）、吸收液槽、解吸液槽、干燥器、离心泵、空气压缩机、旋涡气泵、孔板流量计、涡轮流量计、转子流量计、质量流量计、磁翻转液位计、CO_2 气体分析仪、CO_2 钢瓶、电磁阀、电动蝶阀和一套仪表控制系统组成，流程如图 1-72 所示（仪表控制柜未画出）。

本实训装置主要包括四部分：吸收剂-解吸剂循环系统、惰性气体系统、溶质（CO_2）系统及解吸空气系统。

混合气与水在吸收塔中进行吸收单元操作。吸收液与解吸空气在解吸塔中进行解吸单元操作。实训操作介质为水和空气、CO_2。水为吸收剂，CO_2 为吸收质；CO_2 水溶液为解吸液，空气为解吸剂。

(1) 吸收剂-解吸剂循环系统　本实训装置采用的吸收剂（解吸液即水）存储于解吸液储槽，通过解吸液泵经孔板流量计输送至吸收塔的顶端由重力作用向下流动经过吸收塔流至吸收液储槽，吸收液存储于吸收液储槽，由吸收液泵经孔板流量计输送至解吸塔的顶端靠重力作用向下流动经过解吸塔流至解吸液储槽。

(2) 惰性气体系统　空气（载体）由空气压缩机提供，经减压阀、质量流量计从吸收塔的底部进入吸收塔由压差的作用向上流动通过吸收塔，与下降的吸收剂（水）逆流接触，尾气部分经转子流量计、干燥器进入气体分析仪，大部分排空。由空气压缩机提供的空气也可以进入解吸塔重复上述操作。

(3) 溶质（CO_2）系统　CO_2（溶质）由 CO_2 钢瓶提供，经减压阀、质量流量计与空气混合均匀后，从吸收塔的底部进入吸收塔由压差的作用向上流动通过吸收塔，与下降的吸收剂（水）逆流接触吸收，尾气部分经转子流量计、干燥器进入气体分析仪检测，大部分排空。由 CO_2 钢瓶提供的 CO_2（溶质）也可以进入解吸塔重复上述操作。

(4) 解吸空气系统　空气（解吸惰性气体）由旋涡气泵机提供，经涡轮流量计从解吸塔的底部向上流动通过解吸塔，与下降的吸收液逆流接触进行解吸，解吸尾气一部分进入二氧化碳气体分析仪，大部分排空。

2. 主要设备

本吸收-解吸装置主要有如下设备。

(1) 吸收塔（填料塔和板式塔）吸收混合气中的 CO_2，填料为：θ 网环、拉西环。

(2) 解吸塔（填料塔和板式塔）解吸吸收液中的 CO_2，填料为：规整填料（波纹板）、拉西环、鲍尔环。

(3) 吸收液槽　储备吸收液，不锈钢材质，ϕ270mm×770mm。

(4) 解吸液槽　储备解吸液，不锈钢材质，ϕ270mm×770mm。

(5) 干燥器　干燥尾气，不锈钢材质，干燥介质为脱脂棉。

(6) 离心泵　输送吸收剂、输送解吸剂，型号 WB70/055，流量 1.2～7.2m^3/h，功率 0.55kW，扬程 19～14m。

(7) 旋涡气泵　提供解吸空气，型号 XGB-8，最大压力 12kPa，最大流量 65m^3/h。

(8) 孔板流量计　测量吸收剂、解吸剂流量，孔径 5.0 mm，孔流系数 C_0≈0.60。

(9) 气体涡轮流量计　测量解吸空气流量，型号 LWQ40A，精度 1.5 级，量程 0～40 m^3/h。

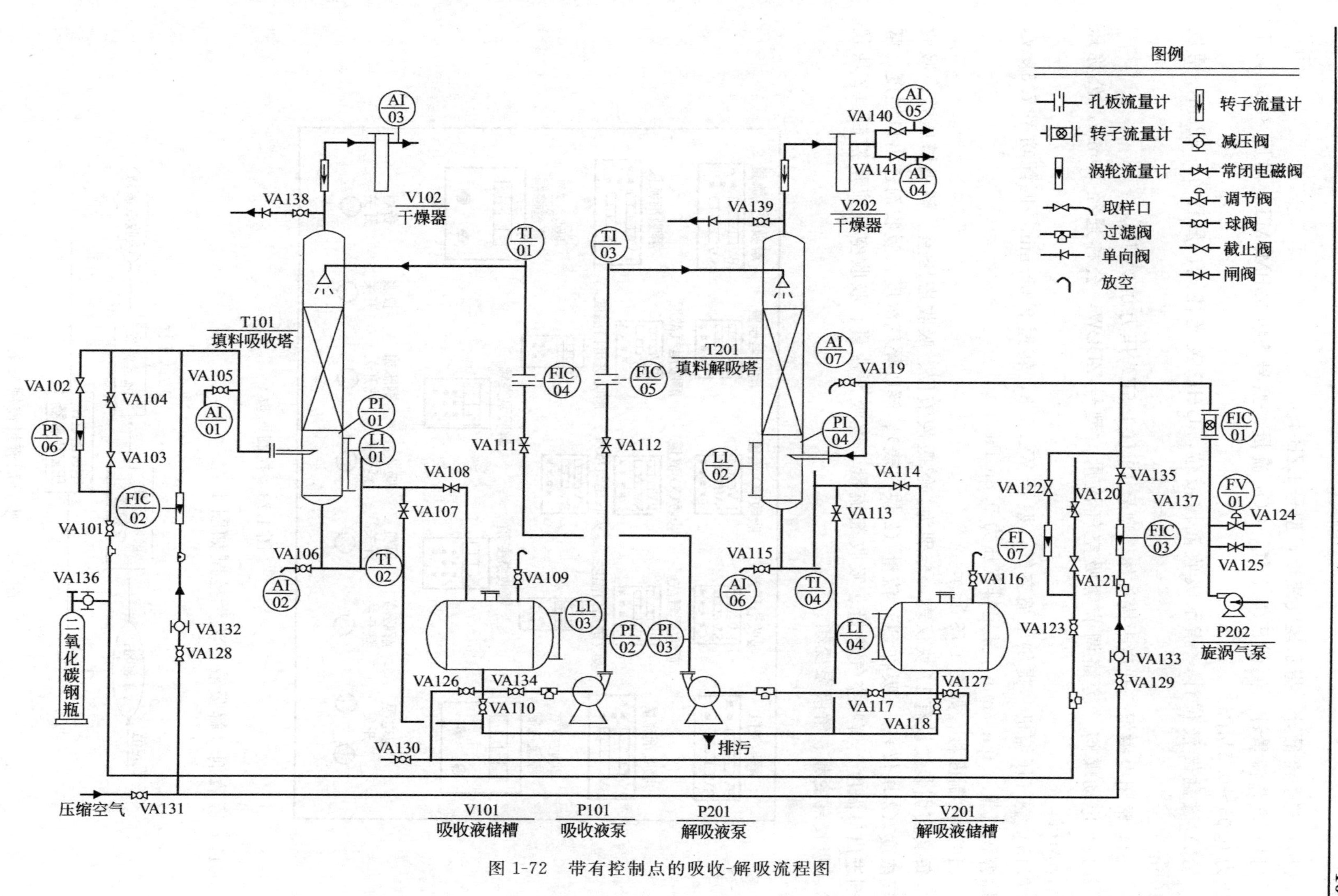

图 1-72　带有控制点的吸收-解吸流程图

（10）转子流量计　指示尾气流量，型号 LZB-4。

（11）质量流量计　测量压缩空气、CO_2 流量，型号 S49-33BM/MT，耐压 3MPa，工作压力 0.05～0.5MPa。

（12）磁翻转液位计　指示吸收液槽液位，UHC 荧光柱式，量程 0～42cm，精度 ±10mm。

（13）常闭电磁阀　开启干扰气体，型号 DFH-1.5F，压力 0.3MPa。

（14）电动蝶阀　旁路调节解吸空气流量，型号 ZDLW，公称通径 50mm，公称压力 1.6MPa。

（15）空气压缩机　提供压缩空气，型号 W1.0/8，转速 980r/min，匹配功率 7.5kW，公称容积流量 1.0m^3/min，额定排气压力 0.8MPa。

（16）控制面板，如图 1-73 所示。

每套实训装置设有 17 块仪表，分别为：解吸液液位、吸收塔压差、解吸塔压差、吸收尾气浓度（2 块仪表）、吸收 CO_2 流量（2 块仪表）、解吸尾气浓度、吸收剂进出口温度、解吸剂进出口温度、解吸空气流量、吸收剂流量、解吸剂流量、吸收空气流量控制（2 块仪表）、吸收泵变频、解吸泵变频。

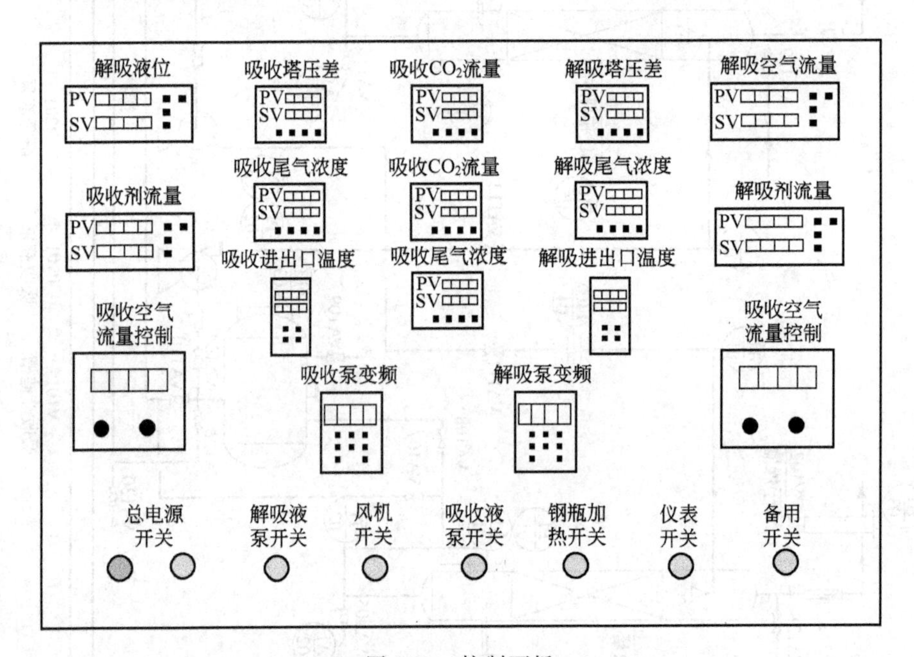

图 1-73　控制面板

（17）吸收剂（解吸液）流量控制如图 1-74。

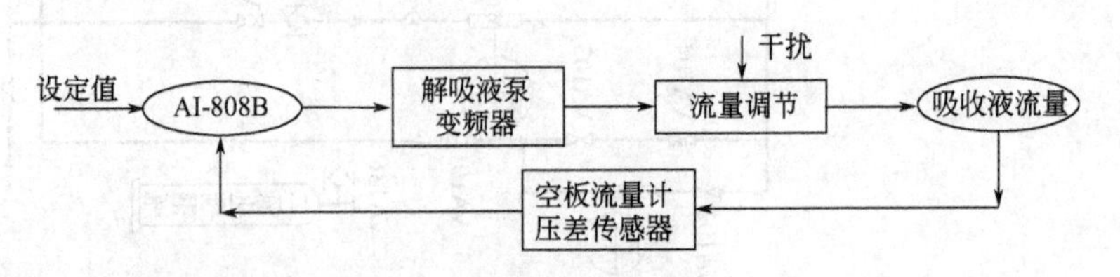

图 1-74　吸收剂流量控制方案

（18）吸收液储槽液位控制如图 1-75。

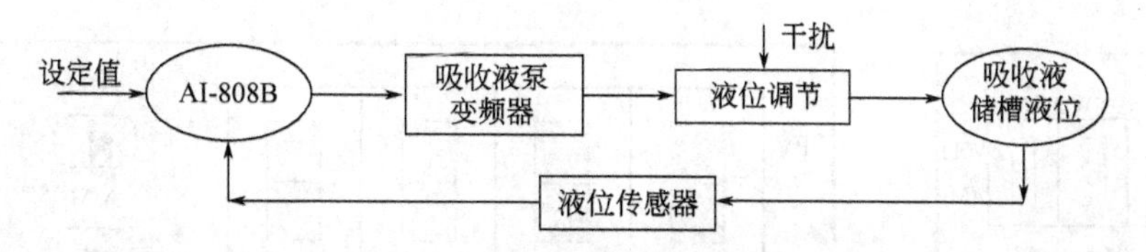

图 1-75　吸收液储槽液位控制方案

(19) 吸收惰性气体流量控制如图 1-76。

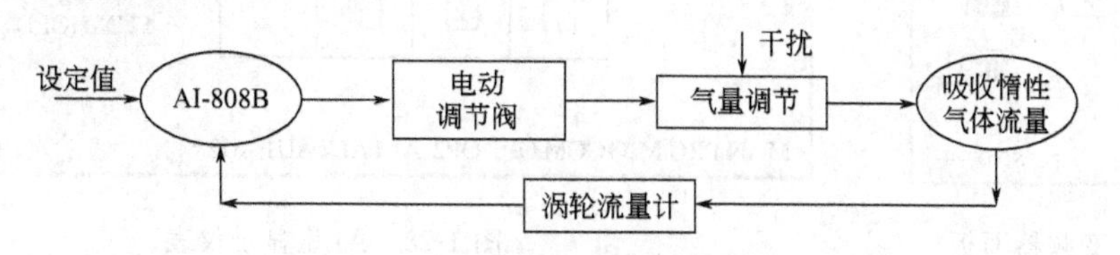

图 1-76　吸收惰性气体流量控制方案

3. 控制仪表的使用方法

(1) 变频器的使用　首先按下[DSP/FUN]键，若面板 LED 上显示 F-XXX（X 代表 0～9 中任意一位数字），则进入步骤 2；如果仍然指显示数字，则继续按[DSP/FUN]键，直到面板 LED 上显示 F-XXX 才进入步骤 2；如图 1-77 所示。

接下来按动[▲]或[▼]键来选择所要修改的参数，由于 N2 系列变频器面板能显示四位数字或字母，可以使用[</RESET]键来横向选择所要修改的数字的位数，以加快修改速度，选中要修改的参数的参数号后，按下[READ/ENTER]键进入步骤 3。

按动[▲]、[▼]键及[</RESET]键设定或修改具体参数。

改完参数后，按下[READ/ENTER]键确认，然后按动[DSP/FUN]键，将面板 LED 显示切换到想要显示的模式。

[RUN/STOP]运行/停止键；[FWD/REV]正转/反转按键。

(2) AI 型显示仪表使用说明　该型号仪表包括 AI-501 型智能化测量报警仪表；AI-702M 型多路巡检显示报警仪；AI 系列人工智能调节器（如图 1-78）。

使用说明：如图 1-78 所示。

上显示窗，显示测量值 PV、参数名称；

下显示窗，显示单位符号、参数值；

[↵]设置键，用于进入参数设置状态，确认参数修改等；

[◀]数据移位键；

[▼]数据减少键；

[▲]数据增加键；

LED 指示灯，OP1、OP2 指示电流变送输出大小，只有 OUTP 安装 X3 模块时，OP1 灯才与 OP2 同步亮。

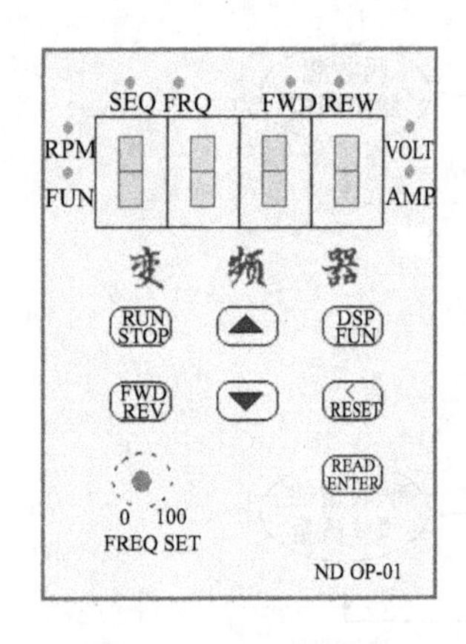

图 1-77 变频器面板

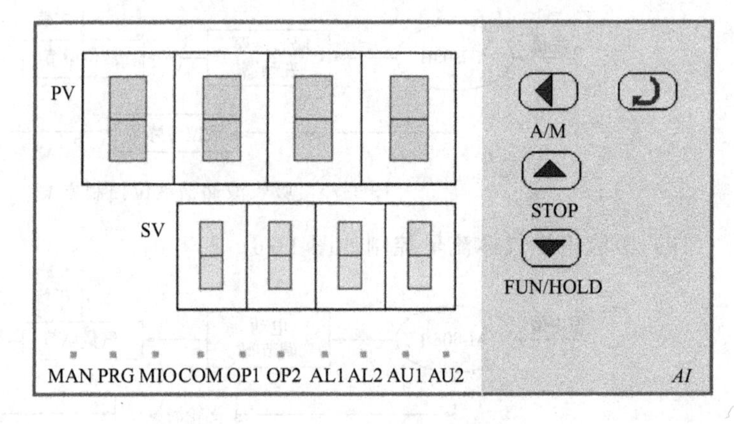

图 1-78 AI 型显示仪表

四、操作要点

本装置采用水吸收混合气中的二氧化碳，使尾气达到一定分离要求。该设备操作实训采用现场手动控制和 DCS（集散控制系统）控制相结合的控制方式，以满足岗位群的各种需要。

1. 导流程

现场认知装置流程，了解设备、仪表名称及其作用。

根据对流程、装置的认识，在表 1-37 中填写相关内容，掌握吸收-解吸设备的结构、用途和类型。

表 1-37 吸收-解吸设备

位号	名称	用途	型号与参数
	吸收塔		
	解吸塔		
	吸收液泵		
	解吸液泵		
	空气压缩机		
	旋涡气泵		
	吸收液储槽		
	解吸液储槽		
	填料		

根据对流程的认识，在表 1-38 中填写相关内容，掌握测量仪表的结构、用途和类型。

2. 制定操作方案

操作方案是保证正常生产操作的前提，必须充分认识工艺流程，并作出相应的开车方案、正常操作方案和停车方案。根据实际情况填写表 1-39 内容。

表 1-38　测量仪表

仪表		吸收塔		解吸塔	
		液体	气体	液体	气体
介质					
流量	位号				
	单位				
压降	位号				
	单位				
进口温度	位号				
	单位				
出口温度	位号				
	单位				

3. 旋涡气泵的操作

了解旋涡气泵的构造，掌握旋涡气泵的开、停车及流量调节方法。按照下列项目和步骤进行操作练习。

(1) 准备工作

① 了解本实验所用物料（空气）的来源

a. 本实训装置的物质消耗为：空气；

b. 本实训装置的能量消耗为：旋涡气泵，额定功率为 370W。

② 了解工艺指标：空气流量 0～12m^3/h。

③ 掌握旋涡气泵原理及使用方法。

④ 检查各紧固件的安装质量，检查进气、排气管道和阀门的气密和质量。

⑤ 检查阀门是否处于相关开启状态。

(2) 气泵的运转

① 关闭出口阀，全开旁路阀 VA125。

② 启动气泵，开启出口阀，关小旁路阀 VA125，调节不同流量（0～12m^3/h)。

③ 排气正常情况下，观察泵及系统的状况。

(3) 气泵的停车

① 缓慢开启旁路阀至全开。

② 关闭气泵电源开关，关闭气泵出口阀，其他阀门复位。

想一想：启动气泵为什么要全开旁路阀？

4. 压缩空气系统的操作

了解压缩空气系统的主要设备及仪表，掌握正确输送和关闭压缩空气的操作方法。按照下列项目和步骤进行操作练习。

① 了解本实训装置的能量消耗为：空气压缩机，额定功率为 7.5kW。

② 了解工艺指标：空气流量 0～30L/min。

③ 了解减压阀构造及使用方法。

④ 检查相关阀门开启状态。

表 1-39 操作方案制定流程表

<table>
<tr><td colspan="4">操作方案制定情况</td></tr>
<tr><td>班级：</td><td>实训组：</td><td>姓名及学号：</td><td>设备号：</td></tr>
<tr><td colspan="4">绘出带有控制点的工艺流程图(铅笔绘制)</td></tr>
</table>

<table>
<tr><td rowspan="3">岗位分工
及
岗位职责</td><td>主操作</td><td></td></tr>
<tr><td>副操作</td><td></td></tr>
<tr><td>记录员</td><td></td></tr>
<tr><td colspan="3">开车前准备内容(包括设备、管路、阀门、仪表等)</td></tr>
<tr><td colspan="3">开车方案</td></tr>
<tr><td colspan="3">正常操作方案</td></tr>
<tr><td colspan="3">停车方案</td></tr>
<tr><td colspan="3">停车后工作</td></tr>
</table>

开停车练习如下。

① 启动压缩机，利用减压阀 VA132 调节至某一稳定（0.3～0.5MPa）压力。

② 使用质量流量计调节流量（0～30L/min）。

③ 关闭压缩机，减压阀调制初始状态。

④ 质量流量计归“0”。

⑤ 其他阀门复位。

5. 流体力学操作练习

了解操作系统的主要设备及仪表，掌握正确操作方法，掌握吸收流体力学对吸收操作的影响。按照下列项目和步骤进行操作练习。

吸收流体力学操作利用解吸塔完成。

(1) 准备工作

① 了解本实验所用物料（空气、水）的来源

a. 本实训装置的物质消耗为：空气；水（循环使用）。

b. 本实训装置的能量消耗为：旋涡气泵，额定功率为 370W；吸收液泵，额定功率为 250W；解吸液泵，额定功率为 250W，共计 870W。

② 了解工艺指标：空气流量 0～12m^3/h；解吸塔压差 0～7.0kPa。

③ 掌握吸收流体力学原理及流程，熟悉控制点。

④ 检查相关阀门开关是否处于待开车状态；检查储罐液位是否够用。

⑤ 检查离心泵、气泵是否处于正常工作状态。

⑥ 检查电源是否正常，仪表显示是否正常。

(2) 测定干填料层压降

① 关闭出口阀，全开旁路阀 VA125。

② 启动风机 P202 通风，缓慢开启出口阀，使气体通入填料塔内。

③ 缓慢调节旁路阀 VA125 调节空气流量从小到大（0～12m^3/h），测取 8～10 组数据。

④ 空气流量的调节可由出口阀和阀 VA125 配合进行，但要注意在操作时两阀不能同时关闭。

⑤ 测试完毕，全开旁路阀 VA125，停风机。

⑥ 设备及阀门复位。

(3) 测定湿填料层压降

① 出口阀关闭，启动解吸泵 P101，待泵出口压力表指示正常后，打开出口阀门 VA112，水从顶部进入吸收塔，流量设定为 300 L/h。

② 出口阀关闭，启动吸收泵 P201，调节流量，使吸收液储槽液位保持在 200mm±10mm 并保持稳定。

③ 关闭风机 P202 出口阀，全开旁路阀 VA125，启动风机通风，缓慢开启风机出口阀使气体通入填料塔内。

④ 缓慢调节旁路阀 VA125，调节空气流量从小到大，测取 8～10 组数据。

⑤ 旁路阀 VA125 全开，气量调为 0，改变解吸泵流量（400～600L/h），重复上述操作。

⑥ 测试完毕，全开旁路阀 VA125，停风机。

⑦ 关闭出口阀 VA112、VA111，依次停解吸泵、吸收泵。

⑧ 设备及阀门复位。

想一想：吸收流体力学对实际生产有什么指导意义？

请将流体力学数据记录填入表1-40。

表1-40 流体力学数据记录表

设备号 | 实训人员：主操______副操______记录员______

运行时间：____年____月____日 星期____

实训介质______填料类型______填料层高度______

塔内径100mm 孔板流量计孔流系数0.6 孔径5mm

时间	解吸塔										
	解吸空气			解吸剂				尾气 CO_2 浓度	塔压差/kPa	$\Delta p/Z$	塔内现象
	流量/(m^3/h)	气速/(m/s)	温度/℃	流量/(L/h)	泵出口压力/MPa	进口温度/℃	出口温度/℃				

6. 吸收-解吸操作

(1) 开车准备

① 了解本实验所用物耗和能耗（表1-41）

a. 本实训装置的物质消耗为：空气、水（循环使用）、二氧化碳。

b. 本实训装置的能量消耗为：旋涡气泵、吸收液泵、解吸液泵、空气压缩机。

表1-41 物耗、能耗一览表

名称	耗量	名称	耗量	名称	额定功率
水	循环使用	二氧化碳	可调节	旋涡气泵	370W
				吸收液泵	250W
				解吸液泵	250W
				压缩机	7.5kW
总计	80L	总计	15L/min	总计	8.37 kW

② 明确各项工艺操作指标（表1-42）。

③ 掌握吸收-解吸操作原理及流程，熟悉各测量控制点。

④ 检查相关阀门开关是否处于待开车状态，是否能灵活调节；检查储罐液位是否够用。

⑤ 检查离心泵、风机、压缩机是否处于正常工作状态。

⑥ 熟悉孔板流量计、涡轮流量计、转子流量计的操作方法。

⑦ 检查二氧化碳钢瓶，是否有足够二氧化碳供操作使用。

⑧ 熟悉填料塔、板式塔的结构，熟悉各种填料的特性及作用。

⑨ 检查电源是否正常，仪表显示是否正常，压力表指针应该指零。

(2) 现场操作方案

① 正常开车　掌握正确的开车操作步骤，了解相应的操作原理。在实训设备上按照下述内容及步骤进行操作练习。

表 1-42　工艺指标表

项目	名　称	指　标	项目	名　称	指　标
压力	CO_2 钢瓶压力	≥0.5MPa	流量	吸收剂流量	300～600L/h
	压缩空气压力	3.0～4.0 MPa		解吸剂流量	300～600L/h
	吸收塔压差	0～2.0kPa		解吸气泵流量	3.0～10.0m^3/h
	解吸塔压差	0～4.0kPa		CO_2 气体流量	1.0～15L/min
温度	吸收塔进、出口温度	室温		压缩空气流量	5～30L/min
	解吸塔进、出口温度	室温	液位	吸收液储槽	180～260mm
	各电机温升	≤65℃		解吸液储槽	1/3～2/3

a. 操作要点

(a) 操作人员要进行岗位分工，明确操作任务及要求，明确需要完成的操作记录，参加操作的人员要随时互相通报操作过程出现的现象及调节结果，以便及时处理各种新情况。

(b) 认真做好记录，如各种参数的变化，操作现象，调节的结果以及出现的新问题。

(c) 观察液泛现象，了解液泛时压力降的变化情况。

b. 操作步骤

(a) 启动吸收泵 P201，待泵出口压力表指示正常后，打开出口阀门 VA111，吸收剂通过孔板流量计 FIC04 从顶部进入吸收塔。流量设定为 300～600L/h，流量误差±2L/h，观测孔板流量计 FIC04 显示和解吸液入口温度 TI01 显示。

(b) 启动解吸泵 P101，调节流量，使吸收液储槽液位保持在 200mm±10mm 并保持稳定。

(c) 稳定后，启动压缩机，打开阀门 VA131、VA128，调节减压阀 VA132 使压力不低于 0.3MPa，将空气流量设定为规定值（10～30L/min），通过自动调节变频器使空气流量达到此规定值（空气误差不高于±0.2L/min）。

(d) 启动空气泵 P202，将空气流量设定为规定值（4～12m^3/h），调节空气流量 FIC01 到此规定值并保持稳定（空气误差不高于±0.2m^3/h）。

(e) 观测空气由底部进入解吸塔和解吸塔内气液接触情况，气液两相被引入吸收塔后，开始正常操作。

想一想：操作过程液封有溶液喷出原因是什么，解决办法是什么？

② 正常操作　熟悉吸收塔在正常工作状态下的常规检查内容，掌握吸收塔正常运行时工艺指标及相互影响关系，掌握调节工艺参数和控制吸收过程稳定的方法。根据吸收过程中的各项工艺指标，判断操作过程是否运行正常；改变某项工艺指标，观察其他参数的变化情况，并分析变化的原因。

a. 操作步骤

(a) 先打开二氧化碳减压阀保温电源，然后打开二氧化碳钢瓶总阀门，调节减压阀至规定量，顺次打开相应阀门，调节二氧化碳流量到规定值（0～15L/min）。

(b) 二氧化碳和空气混合后制备成实训用混合气从塔底引入吸收塔。

(c) 二氧化碳传感器在线分析（AI03）吸收前混合气中二氧化碳的含量。

(d) 注意观察 CO_2 流量变化情况，及时调整流量至吸收解吸操作稳定。

(e) 稳定后，调节吸收泵流量，同时调整解吸泵流量维持液位稳定，或改变混合气浓度即改变 CO_2 浓度或压缩空气量，按现场指导要求，重复上述操作。

(f) 气体在线分析方法：二氧化碳传感器检测吸收塔顶放空气体（AI03）、解吸塔顶放空气体（AI05）中的二氧化碳体积浓度，传感器将采集到的信号传输到显示仪表中，在显示仪表 AI03 和 AI05 上读取数据。

b. 操作要点

(a) 吸收塔液位的控制。液位是吸收塔操作中一个重要的控制条件，是维持吸收塔稳定操作的关键。液位过高，可能引起带液，造成吸收剂的损失；液位过低，易使塔内的气体通过排液管排出，发生跑气事故。

(b) 吸收塔压力差对吸收操作的影响。塔压是反映塔内阻力大小的标志，也是发现和防止净化气带液事故的重要依据。阻力大小与气量、吸收剂量、填料堵塞情况、塔内液位高低等因素有关。

(c) 气体流速的控制。入塔原料气量增加，塔内气速增大，湍动程度增大有利于吸收速率的提高。但气速过大，易引起液泛，吸收剂被气流带出，操作极不稳定。

(d) 在操作过程中，可以改变一个操作条件，也可以同时改变几个操作条件（ⓐ吸收塔混合气流量和组成；ⓑ解吸液流量和组成；ⓒ解吸塔空气流量；ⓓ吸收液流量和组成）。需要注意的是，每次改变操作条件，必须及时记录实训数据，操作稳定后及时取样分析和记录。

③ 停车操作

a. 关闭二氧化碳钢瓶总阀门及其他相关阀门，然后关闭二氧化碳减压阀保温电源。

b. 2min 后，关闭吸收泵 P201，关闭解吸泵 P101。

c. 1min 后，关闭阀门 VA131 即关闭压缩空气，关闭空气泵 P202。

d. 阀门复位，关闭电脑、仪表，关闭总电源。

想一想：评价吸收效果的指标是什么？
哪些操作可以提高吸收效果？

吸收塔数据记录于表 1-43，吸收-解吸原始数据记录于表 1-44。

表 1-43 吸收塔数据记录表（一）

设备号____ 实训人员：主操____ 副操____ 记录员____

运行时间：____年____月____日 星期____

实训介质____ 填料类型____ 填料层高度____ 塔内径100mm
孔板流量计孔流系数 0.6 孔径 5mm

时间	解吸塔										
	解吸空气			解吸剂				尾气 CO_2 浓度	塔压差 /kPa	$\Delta p/Z$	塔内现象
	流量 /(m³/h)	气速 /(m/s)	温度 /℃	流量 /(L/h)	泵出口压力 /MPa	进口温度 /℃	出口温度 /℃				

表 1-44　吸收-解吸原始数据记录表（二）

设备号_____	操作人员：主操_____副操_____记录员_____								
运行时间：___年___月___日　星期___									
实训介质空气、水、CO_2　填料类型_____大气压强_____　CO_2 纯度99.99% 塔内径100mm 孔板流量计孔流系数 0.6　孔径5mm									
时间	解吸塔								
	解吸空气		吸收液			解吸液	塔压差/kPa	塔顶气体组成	塔内现象
	流量/(m^3/h)	温度/℃	流量/(L/h)	进口温度/℃	泵出口压力/MPa	出口温度/℃			

（3）DCS 操作方案　将变频器的频率控制参数 F011 设置为 0002。

启动 DCS 控制程序，出现如图 1-79 所示画面。

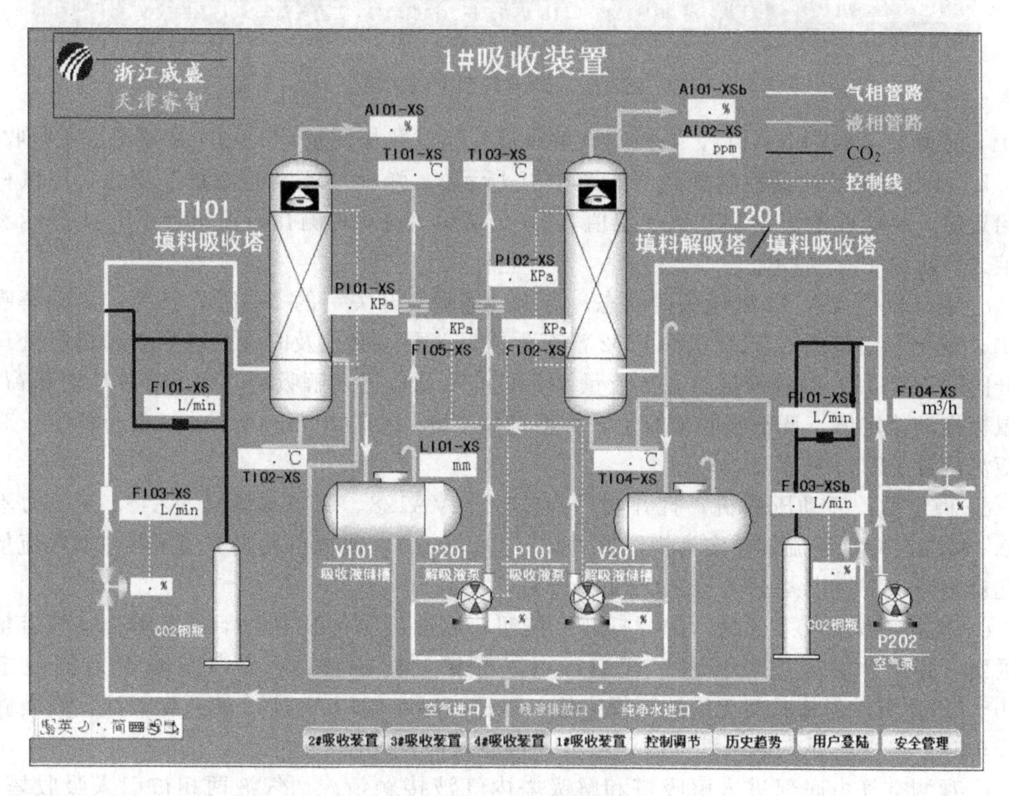

图 1-79　DCS 控制画面

点击控制方式切换将控制方式切换到“DCS 控制”，如图 1-80 所示。

① 正常开车过程

a. 确认阀门 VA111 处于关闭状态，点击“吸收泵开关”的“打开”按钮，启动吸收泵

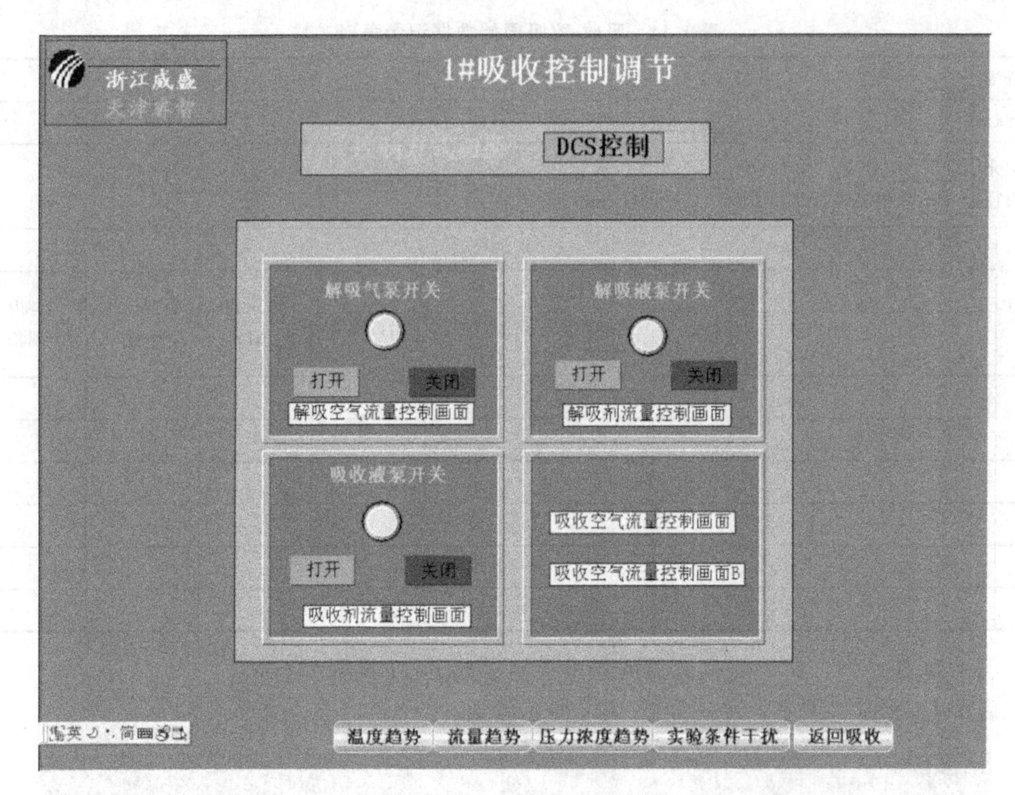

图 1-80　DCS 控制方式切换

P201，逐渐打开阀门 VA111，吸收剂（解吸液）通过孔板流量计 FIC04 从顶部进入吸收塔。

b. 点击解吸液流量控制画面（如图 1-81 所示），弹出“解吸液流量”窗口，用鼠标拖动给定值，将吸收剂流量调节到规定值（300～600L/h），观测孔板流量计 FIC04 显示和解吸液入口压力 PI03 显示。

c. 确认阀门 VA112 处于关闭状态，点击“解吸泵开关”的“打开”按钮，启动解吸泵 P101，观测泵出口压力 PI02（如 PI02 没有示值，关泵，必须及时报告指导教师进行处理），打开阀门 VA112，吸收液通过孔板流量计 FIC05 从顶部进入解吸塔，弹出吸收液流量窗口，用鼠标拖动给定值，调节吸收液流量，直至液位 LI03 达到 200mm±10mm 保持稳定，观测孔板流量计 FIC05 显示。

d. 稳定后，启动压缩机，打开阀门 VA131、VA128，调节减压阀 VA132 使压力不低于 0.3MPa，将空气流量设定为规定值（10～30L/min），通过自动调节变频器使空气流量达到此规定值（空气误差不高于±0.2 L/min）。

e. 点击“解吸气泵开关”的“打开”按钮，启动旋涡气泵 P202，点击解吸空气流量控制画面，弹出“解吸空气流量”窗口，用鼠标拖动给定值，将空气流量调节到规定值（4.0～12m^3/h，若长时间无法达到规定值，可适当减小阀门 VA125 的开度，注：新装置首次开车时，解吸塔要先通入液体润湿填料，再通入惰性气体）。

f. 观测空气由底部进入解吸塔和解吸塔内气液接触情况。气液两相被引入吸收塔后，开始正常操作。

② 正常操作过程

a. 先打开二氧化碳减压阀保温电源，然后打开二氧化碳钢瓶总阀门，调节减压阀至规定量（第二步已调好，勿动），顺次打开相应阀门，调节二氧化碳流量到规定值。

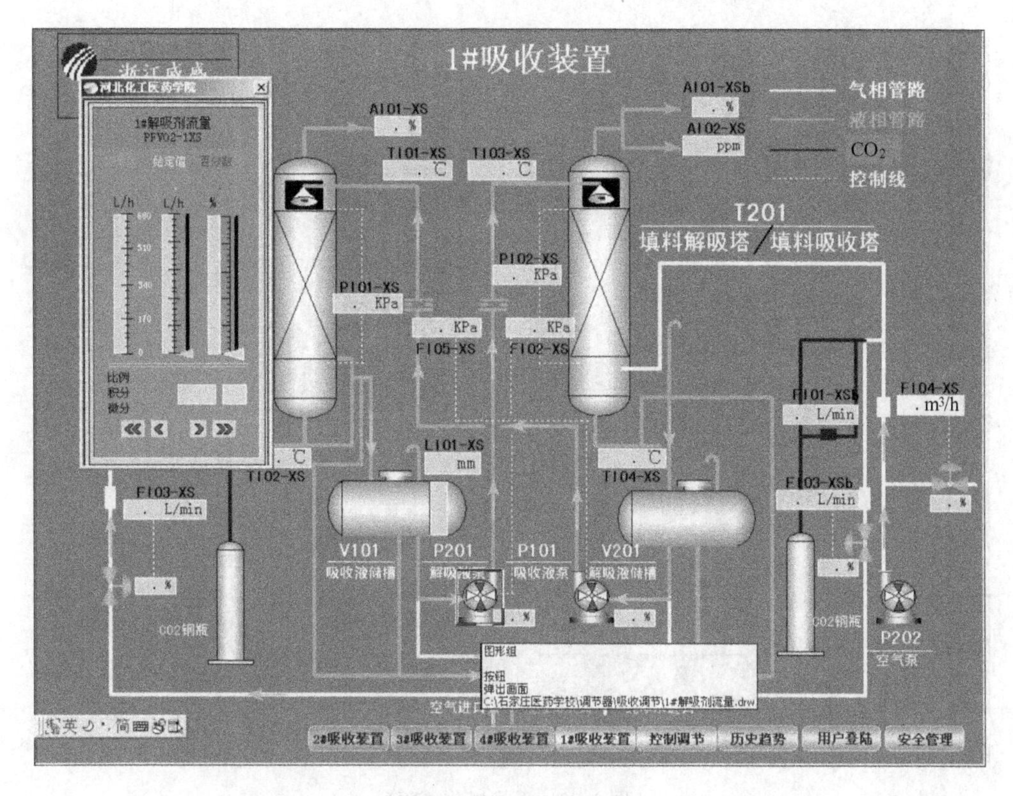

图 1-81 DCS 操作画面

b. 二氧化碳和空气混合后制备成实训用混合气从塔底引入吸收塔。

c. 二氧化碳传感器在线分析（AI03）吸收前混合气中二氧化碳的含量。

d. 注意观察 CO_2 流量变化情况，及时调整流量至吸收解吸操作稳定。

e. 稳定后，按上述方式调节吸收泵流量，同时调整解吸泵流量维持液位稳定，或改变混合气浓度即改变 CO_2 浓度或压缩空气量，按现场指导要求，重复上述操作。

f. 气体在线分析方法：二氧化碳传感器检测吸收塔顶放空气体（AI03）、解吸塔顶放空气体（AI05）中的二氧化碳体积浓度，传感器将采集到的信号传输到显示仪表中，在显示仪表 AI03 和 AI05 上读取数据。

③ 正常停车过程

a. 关闭二氧化碳钢瓶总阀门及其他相关阀门，然后关闭二氧化碳减压阀保温电源。

b. 2min 后，点击吸收泵 P201 关闭按钮，关闭电源；点击解吸泵 P101 关闭按钮，关闭电源。

c. 1min 后，关闭阀门 VA131 即关闭压缩空气，点击空气泵 P202 关闭按钮，关闭电源。

d. 阀门复位，关闭电脑、仪表，关闭总电源。

（4）操作干扰的加入，如图 1-82 所示。

点击“实验条件干扰”按钮，弹出“实验条件人为扰动”窗口：点击“CO_2 流量干扰开关”的“打开”按钮，溶质浓度干扰启动；操作人员通过监测工艺参数的异常，进入故障处理能力训练。

（5）双塔同时吸收操作

① 开车准备工作

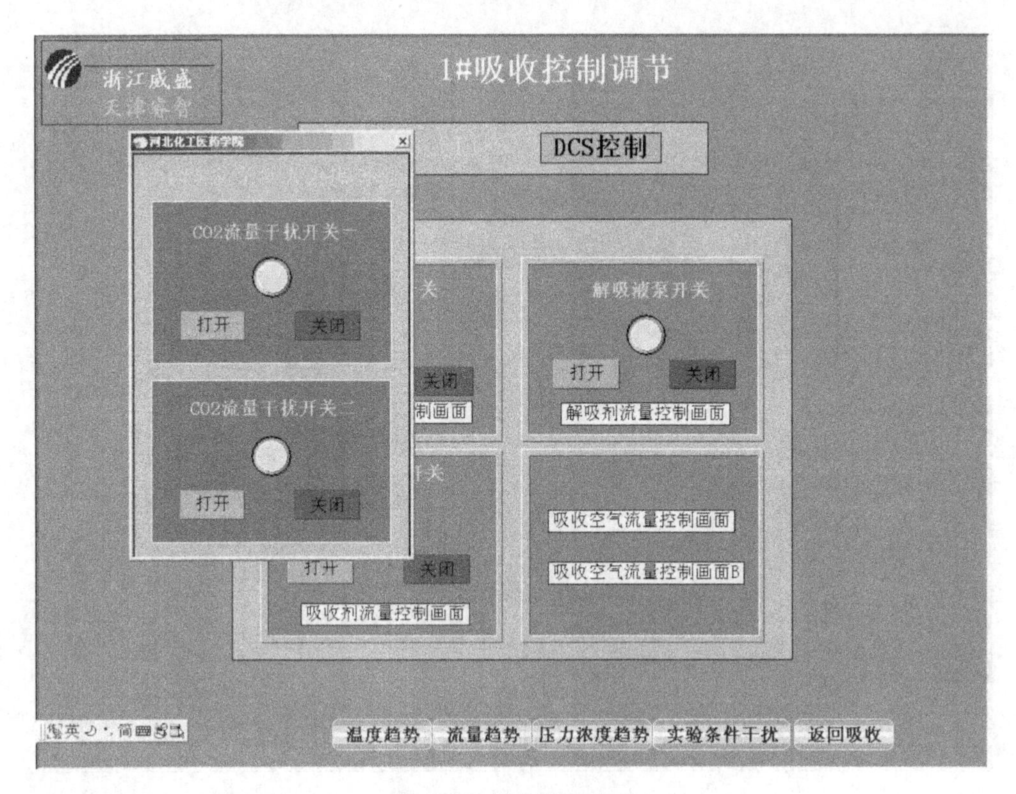

图 1-82 干扰操作画面

a. 了解物能消耗，熟悉工艺指标（见吸收-解吸操作）。

b. 掌握吸收-解吸操作原理及流程，熟悉各测量控制点。

c. 检查相关阀门开关是否处于待开车状态，是否能灵活调节；检查储罐液位是否够用。

d. 检查离心泵、风机、压缩机是否处于正常工作状态。

e. 熟悉孔板流量计、涡轮流量计、转子流量计的操作方法。

f. 检查二氧化碳钢瓶，是否有足够二氧化碳供操作使用。

g. 熟悉填料塔、板式塔的结构，熟悉各种填料的特性及作用。

h. 检查电源是否正常，仪表显示是否正常，压力表指针应该指零。

② 正常开车过程

a. 确认阀门 VA111/VA112 处于关闭状态，启动吸收泵 P201/P101，逐渐打开阀门 VA111/VA112，吸收剂（解吸液）通过孔板流量计 FIC04/FIC05 从顶部进入吸收塔。

b. 将吸收剂流量设定为规定值（300～600L/h），观测孔板流量计 FIC04/FIC05 显示和解吸液入口压力 PI03/PI02 显示。

c. 当吸收塔底的液位 LI01/LI02 达到规定值时，打开阀门 VA131 和 VA128/VA129，将减压阀 VA132/VA133 设定在不低于 0.3MPa（建议设定之后就不要再动），将空气流量设定为规定值（10～30 L/min），通过质量流量计使空气流量达到此值。

③ 正常操作过程

a. 开启二氧化碳减压阀保温电源，打开二氧化碳钢瓶阀门，打开阀门 VA101，通过阀门 VA102/VA122 调节二氧化碳流量到规定值。

b. 二氧化碳和空气混合后制成实训用混合气从塔底进入吸收塔。

c. 注意观察二氧化碳流量变化情况，及时调整到规定值。

d. 操作稳定 20min 后，分析吸收塔顶放空气体（AI03）、解吸塔顶放空气体（AI04）。

e. 气体在线分析方法：二氧化碳传感器检测吸收塔顶放空气体（AI03）、解吸塔顶放空气体（AI04）中的二氧化碳体积浓度，传感器将采集到的信号传输到显示仪表中，在显示仪表 AI03 和 AI04 上读取数据。

④ 正常停车过程

a. 关闭二氧化碳钢瓶总阀门及其他相关阀门，然后关闭二氧化碳减压阀保温电源。

b. 2min 后，关闭吸收泵 P201，关闭解吸泵 P101。

c. 1min 后，关闭阀门 VA131 即关闭压缩空气。

d. 阀门复位，关闭电脑、仪表，关闭总电源。

（6）吸收系统的优化　吸收系统的优化可以从两个方面考虑：一是设计过程中选择工艺、设备结构时进行优化；二是实际操作中优化运行的工艺条件。

① 吸收系统的设计优化

a. 工艺流程的选择：选用适当流程来满足实际需要，对于设计过程是十分必要的。两段吸收两段再生流程，具有吸收和再生等温操作的优点，能够满足工艺所要求的净化度高、流程简单、节省能耗等条件，是吸收系统最常用的流程。

b. 板式塔：（a）塔板类型需考虑效率、生产能力、操作弹性及阻力降，塔板的材料、造价、制作的复杂程度等。（b）板间距应大于气液层的高度；同时要有足够的分离空间，保证夹带量维持在允许范围内，气相速度增加，板间距也要增加，但塔高也要增加造价会增高，因此要综合考虑。（c）气体、液体速度的选择原则是负荷波动时的气速仍能维持在稳定操作范围内。（d）塔板主要尺寸及塔板数对操作影响也很大，设计时也要仔细考虑。

c. 填料塔：（a）填料的选择必须保证单位体积填料具有尽可能大的表面积。（b）塔径决定于气体的体积量及空塔气速。（c）气体速度的选择要考虑被吸收气体溶解度的大小、操作压力的高低及填料的特性以不发生液泛及拦液为前提进行综合评价。（d）喷淋密度的大小关系到填料的润湿表面和活性表面，直接影响塔的效率。（e）填料层高度应保证有效气液接触面积能满足传质的需要。

② 吸收系统的操作优化

a. 吸收剂的选择要求吸收能力大、不腐蚀设备、易于再生、选择性和稳定性好、价廉易得。

b. 操作温度提高可以加大吸收系数，但降低了吸收推动力；在再生过程中可以提高再生速度，通常情况下是在保持足够推动力的前提下，提高温度，这样做是为了节省再生的耗热量。

c. 操作压力提高对吸收是有利的，可以增加推动力，提高气体的净化度，减少设备的尺寸，能够增加溶液的吸收能力，减少溶液的循环量。再生压力的提高会影响再生推动力，增加了再生能耗，要综合考虑。

d. 气体、液体流量：气体流量的选择是杜绝液泛的发生，通常以不发生严重的雾沫夹带为原则。液体流量过低，气体不能完全吸收；过高，会发生拦液及液泛。因此操作过程中，要先确定气体流量，再确定液体流量范围。

e. 液位是吸收系统最重要的控制因素，必须保持液位的稳定。液位过低，气体串到后面低压设备引起超压；过高，会造成气体带液影响工序安全运行。

五、故障分析与处理

1. 吸收系统常见设备故障与处理

（1）塔体腐蚀　主要是吸收塔和再生塔内壁的表面因腐蚀出现凹痕。原因如下。

① 塔体的制造材料选择不当。

② 原始开车时钝化效果不理想。

③ 溶液中缓蚀剂浓度与吸收剂浓度不对应。

④ 溶液偏流，塔壁四周气液分布不均匀。

（2）溶液分布器损坏　原因如下。

① 设计不合理，受到液体高速冲刷造成腐蚀。

② 选择材料不当。

③ 填料的摩擦作用产生侵蚀。

④ 经过多次开停车，钝化控制不好。

（3）填料损坏。材质的不同，原因各异，需综合考虑。

（4）溶液循环泵的腐蚀。主要原因是汽蚀，因此要严格控制溶液的温度和压力。

2. 吸收系统常见操作事故与防止

（1）拦液和液泛　操作负荷大幅波动或溶液起泡，会形成拦液和液泛。操作中要严格控制参数，保持系统的稳定，尽量减轻负荷的波动；要不断提高操作人员的生产责任心和业务技能。

（2）系统水平衡失调　水平衡是指进入系统的水量和带出系统的水量大致相等。水平衡失调，会造成溶液浓度过低或过浓，对系统稳定性不利。

（3）塔阻力增高　可能原因是溶液起泡或塔板、填料层破碎，腐蚀的填料或其他杂质影响了溶液流通。要针对不同原因及时处理。

（4）溶液起泡　吸收溶液随着运转时间的增加，由于一些表面活性剂的作用，会产生一种稳定的泡沫，影响吸收和再生效果，严重时使气体带液，发生液泛。处理措施：①高效过滤；②加强化学品的管理，提高化学品的质量；③向溶液中加消泡剂。

3. 本实训设备可能出现的异常事故

（1）吸收塔出口气体二氧化碳含量升高　造成吸收塔出口气体二氧化碳含量升高的原因主要有入口混合气中二氧化碳含量的增加、混合气流量增大、吸收剂流量减小、吸收贫液中二氧化碳含量增加和塔性能的变化（填料堵塞、气液分布不均等）。处理的措施如下。

① 检查二氧化碳的流量 FI06，如发生变化，调回原值。

② 检查入吸收塔的空气流量 FIC02，如发生变化，调回原值。

③ 检查入吸收塔的吸收剂流量 FIC04，如发生变化，调回原值。

④ 打开阀门 VA115，取样分析吸收贫液中二氧化碳含量，如二氧化碳含量升高，增加解吸塔空气流量 FIC01。

⑤ 如上述过程未发现异常，在不发生液泛的前提下，加大吸收剂流量 FIC04，增加解吸塔空气流量 FIC01，使吸收塔出口气体中二氧化碳含量回到原值，同时向指导教师报告，观测吸收塔内的气液流动情况，查找塔性能的恶化的原因。

（2）解吸塔出口吸收贫液中二氧化碳含量升高　造成吸收贫液中二氧化碳含量升高的原因主要有解吸空气流量不够、塔性能的变化（填料堵塞、气液分布不均等）。处理的措施如下。

① 检查入解吸塔的空气流量 FIC01，如发生变化，调回原值。

② 检查解吸塔塔底的液封，如液封被破坏要恢复，或增加液封高度，防止解吸空气

泄漏。

③ 如上述过程未发现异常，在不发生液泛的前提下，加大解吸空气流量 FIC01，使吸收贫液中二氧化碳含量回到原值，同时向指导教师报告，观察塔内气液两相的流动状况，查找塔性能的恶化的原因。

实训五　干燥单元操作实训

一、实训目的

1. 了解流化及流化床的概念。
2. 认识流化床干燥装置流程及仪表。
3. 练习流化床干燥器的开车、正常运行操作、停车和异常现象处理。
4. 掌握 DCS 控制操作方法。
5. 建立干燥生产的工程意识，培养职业技能素质。

二、基本原理

流化床干燥器又称沸腾床干燥器，是流态化技术在干燥操作中的应用。由于流化床干燥器具有传热系数大、热效率高的特点，被广泛应用于化工、医药等行业。

流化床干燥器的工作原理是：被导热油加热的热空气以一定的速度从流化床干燥器底部的多孔分布板均匀地送入湿硅胶物料层，物料颗粒在气流中悬浮，物料既不处于静止状态，又不会被气流带走（除少量尘粒外），在干燥器内上下翻动，形成沸腾状态，气固两相之间接触良好，有利于传热和传质过程进行，使硅胶物料迅速、均匀地得到干燥。图 1-83 为单层圆筒流化床干燥器。

1. 气流速度变化时床层的三个阶段

当气流通过床层时，随着气流速度的增加，显然可以看到三个阶段，即：固定床阶段、流化床阶段和输送床阶段。

（1）固定床阶段　当气流速度很小时，固体颗粒静止不动，气流从颗粒间的缝隙通过。如图 1-84（a）所示。

（2）流化床阶段　当气流速度增大，颗粒开始松动，颗粒离开原来的位置而作一定程度的移动，这时便进入流化床阶段。继续增大气流速度，就使得流化床体积继续增大，固体颗粒的运动加剧，这时颗粒全部悬浮在向上流动的气流中。在流化床阶段中，固体颗粒上下翻滚，如同液体在沸点时的沸腾现象，这就是“流化床”或“沸腾床”名称的由来。如图 1-84（b）所示。

（3）输送床阶段　当气流速度增大到某一极限速度时，流化床上界面消失，颗粒分散悬浮在气流中，并被气流所带走。这种情况称为气流输送床阶段。如图 1-84（c）所示。

2. 流化床的流化质量及影响因素

气流吹动物料层开始松动的速度称为最小流化速度，将物料从顶部吹出的速度称为带出速度。操作时要控制气流速度处于最小流化速度与带出速度之间，使物料保持流化状态。但是，有时即使操作气速在上述范围之内，而床层并不能处于正常的流化状态。这是因为气固系统的流化现象比较复杂，经常会出现一些不正常现象，致使气固两相不能很好地接触，降低流化床干燥器的生产效能，甚至严重时会影响产品，破坏设备。所以，需要了解流化操作中的不正常现象及其影响因素。

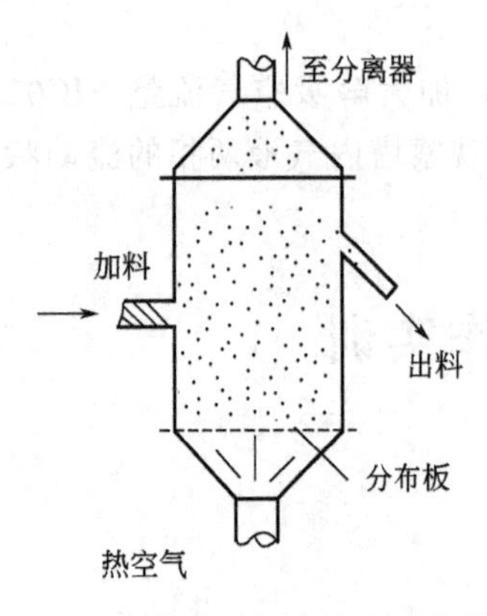

图 1-83 单层圆筒流化床干燥器

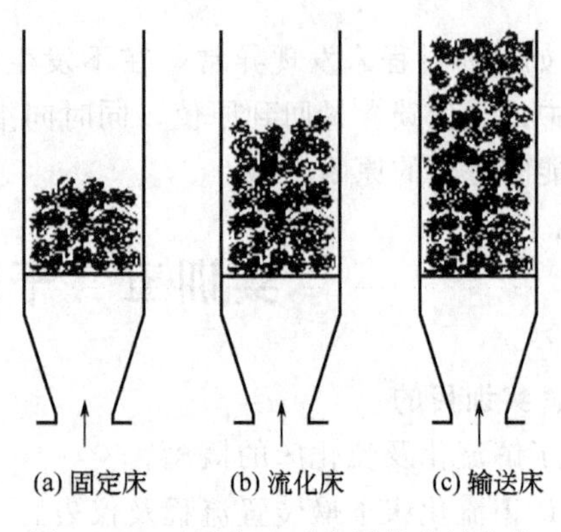

图 1-84 不同流速下床层状态的变化

（1）沟流现象 沟流现象的特征是气流通过床层时形成短路。图 1-85（a）所示为贯穿沟流，即从床层底部到床面形成一条短路，大部分气体将从这条阻力小的的通道逸出床层。图 1-85（b）所示为局部沟流，即在床层中某一段形成短路，在这一段的上面和下面仍为流化部分。沟流现象发生时，大部分气体没有与固体颗粒很好地接触就通过了床层，致使部分床层成为死床（所谓死床，即未流化部分），不悬浮在气流中，导致床层密度不均匀，气固相接触不好，不利于传热、传质进行。

出现沟流现象主要与颗粒特性和气体分布板的结构有关。若颗粒的粒度很细（粒径小于 40μm），且气速很低时；潮湿的物料，易黏合、结团的物料以及气体分布不均匀，容易引起沟流。

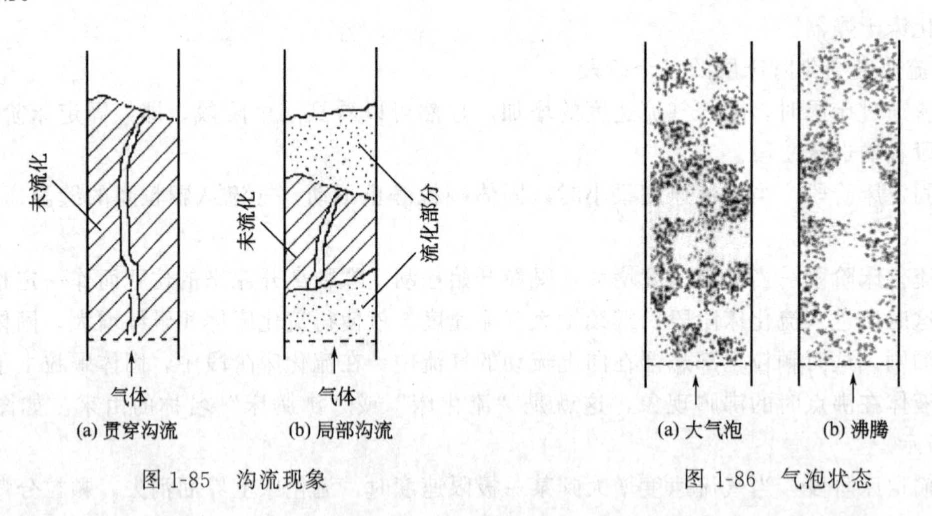

图 1-85 沟流现象

图 1-86 气泡状态

（2）腾涌现象 在气体流化床中，生成的气泡在上升的过程中不断增大和合并，直到床面而破裂是正常现象。但是如果床层中大气泡很多，如图 1-86（a）所示，由于气泡不断扰动和破裂，床层波动大，操作不稳定。在大气泡床层中，如果继续增大气速，则气泡可以合并增大到接近容器的直径，床层被气体分成几段，成为一段气泡一段颗粒层，相互间隔。颗粒层被气泡像推动活塞那样向上运动，达到某一高度后气泡突然破裂，大量颗粒雨淋而下，这就是腾涌现象。如图 1-86（b）所示。出现腾涌现象时，操作极不稳定，床层波动非常严重，由于床层的均匀性被破坏，气固接触显著恶化，从而严重地影响产品的质量和产量。床层越高、容器直径越小、颗粒直径越大，越容易发生腾涌现象。为了避免腾涌现象的发生，一般床高与床径之比$\frac{H}{D}\leqslant 2$，粒径与床径之比$\frac{d}{D}$约为$\frac{1}{100}$。

对于流动状态或气固接触状态的好坏，通常以“流化质量”来评定。在实际操作中应以产品的收率、质量及设备的生产效能等指标来判断流化质量的优劣。

流化床干燥器具有以下特点。

(1) 流化干燥具有较高的传热和传质速率，适用于热敏性物料的干燥。

(2) 物料在干燥器中停留时间可自由调节，因此可以得到含水量很低的产品。当物料干燥过程存在降速阶段时，采用流化床干燥器也较为有利。

(3) 流化床干燥器结构简单，造价低，活动部件少，操作维修方便。流化床干燥器的流体阻力小，对物料的磨损较轻，气固分离较易，热效率高。

(4) 流化床干燥器适用于处理粒径为 30μm～6mm 的粉粒状物料，流化床干燥器处理粉粒状物料时，要求物料中含水量为 2%～5%，对颗粒状物料则需低于 10%～15%。

想一想：怎样防止和消除沟流、大气泡和腾涌？

三、实训装置

本实训装置采用单层流化床干燥装置对湿硅胶颗粒进行连续干燥操作。

1. 流程

本装置由流化床干燥器、翅片式换热器、风机（旋涡气泵）、导热油炉、导热油事故罐、导热油泵、加料器、旋风分离器、布袋除尘器、产品收集器和一套仪表控制系统组成。流程如图 1-87 所示（仪表控制柜未画出）。

本实训装置主要包括三部分：空气预热系统、流化床干燥系统以及尾气分离系统。

空气与湿物料在流化床干燥器中进行干燥单元操作。实训操作介质为湿硅胶和空气，湿硅胶为被干燥介质，热空气为干燥介质。

(1) 空气预热系统　本实训装置采用电加热的方式先将导热油炉内的导热油加热至50℃后启动油泵，导热油自身循环，以达到均匀油温的目的。待油温稳定后，打开至换热器阀门 VA107，关闭油路自循环阀门 VA106，开始对换热器预热。待油温达到 100～120℃，通入空气。空气由旋涡气泵吹入一级预热器，再进入二级加热器进入流化干燥器主体，与热油进行换热。

(2) 流化床干燥系统　物料由位于流化床中上部的加料器加入（加料口），与由干燥器底部进入的热空气直接接触进行传热、传质。干燥后进入产品收集器。流化干燥器设备床身的筒体部分由不锈钢和高温硬质玻璃段组成，可观察颗粒在流化床内的湍动状况。床身高温硬质玻璃段设有加料口和出料口，分别用于物料加料和出料。流化床顶部设有气固分离段。不锈钢段筒体上设有温度计接口以测量物料的温度，经干燥的物料由流化床顶部收集、称重，分析水分的含量，评定干燥效果。

(3) 尾气分离系统　热空气与湿物料（硅胶）在流化床干燥器内接触传热、传质后从尾气出口排出，经由旋风分离器分离，再进入布袋除尘器二次净化后排入大气。

2. 主要设备

(1) 流化床干燥器　主体为 ϕ100mm×600mm 不锈钢，玻璃观测段，带 0.07m^2 内置式换热器（ϕ12mm 不锈钢管制成）。

(2) 换热器　预热空气。风冷式油冷却器，换热面积 1.5m^2。

(3) 进料器　调节湿物料的进料速度。不锈钢，电机功率 30W。

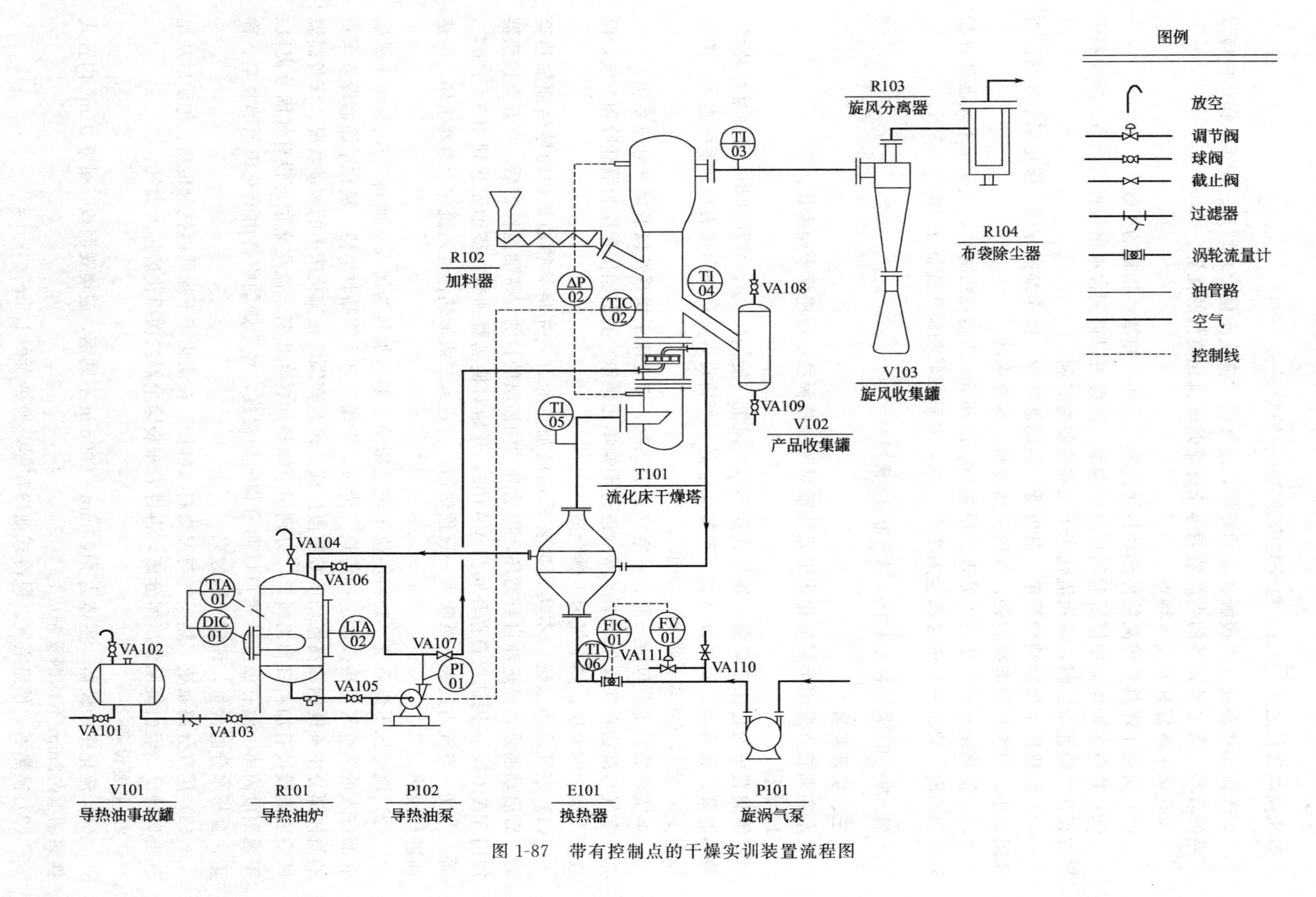

图 1-87 带有控制点的干燥实训装置流程图

(4) 旋风分离器　分离和收集空气中的粉尘。玻璃标准旋风分离器，$D=80$mm。

(5) 布袋除尘器　进一步除去空气中的风尘。100 目标准袋滤器。

(6) 导热油炉　给加热介质提供热量。不锈钢，ϕ300mm×400mm，加热器功率 4kW。

(7) 导热油泵　输送加热介质。TD-35 油泵，370W，45L/min。

(8) 旋涡气泵　输送空气。XGB-12 型旋涡气泵，功率 550W，最大流量 100m^3/h。

(9) 导热油事故罐　储存加热介质。不锈钢，ϕ300mm×400mm。

(10) 控制面板如图 1-88。

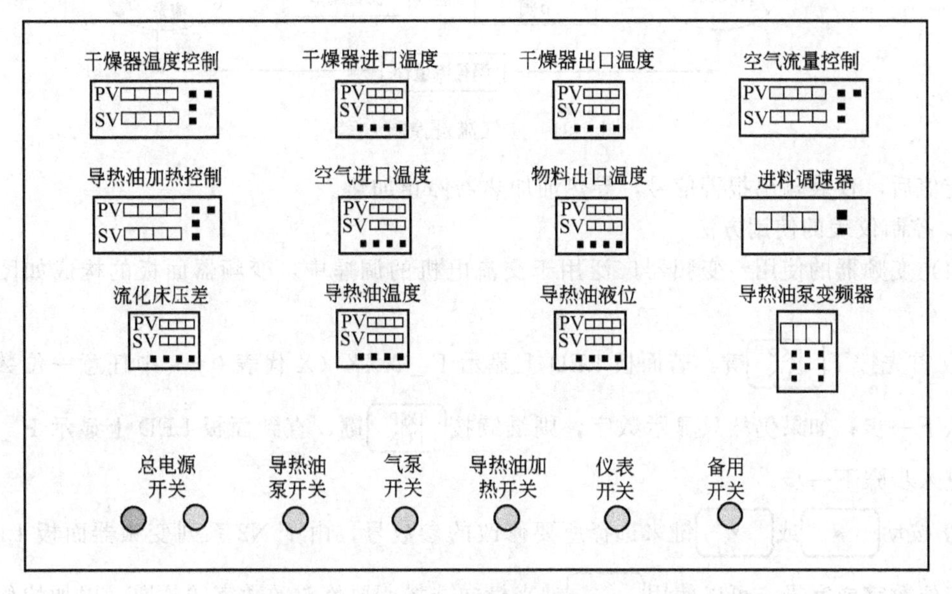

图 1-88　控制面板图

每套实训装置设有 12 块仪表，分别为：导热油加热电压控制、导热油温度控制、干燥器进口温度、干燥器出口温度、干燥器温度、空气进口温度、物料出口温度、空气流量、空气压力和流化床压降测定、导热油泵频率控制、进料速度控制。

(11) 导热油温度控制见图 1-89。

(12) 流化床床层温度控制见图 1-90。

(13) 空气流量控制见图 1-91。

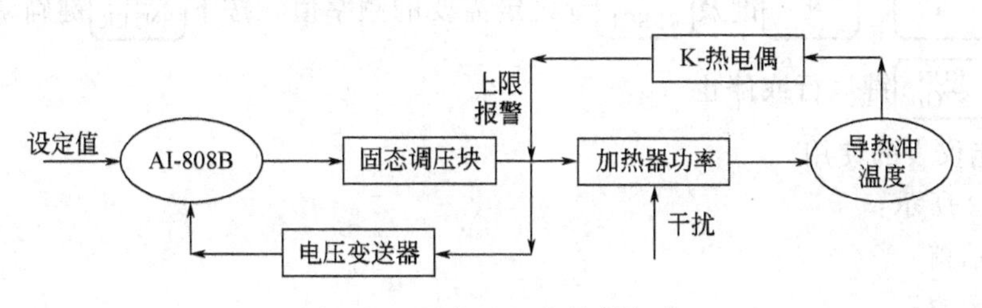

图 1-89　导热油温度控制方案

(14) 报警连锁　本装置在导热油炉液位 LIA02 和导热油加热器之间设有液位下限报警，当导热油炉液位低于下限报警值后，仪表输出报警信号，导热油加热器停止加热。

在导热油温度 TIA01 和导热油加热器之间也设有温度上限报警，当导热油温度超过上

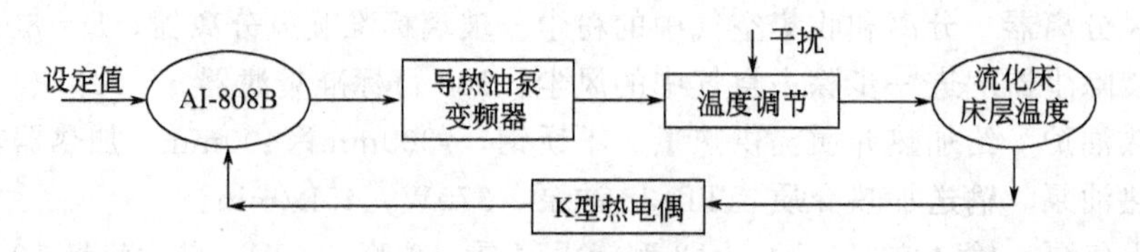

图 1-90 流化床床层温度控制方案

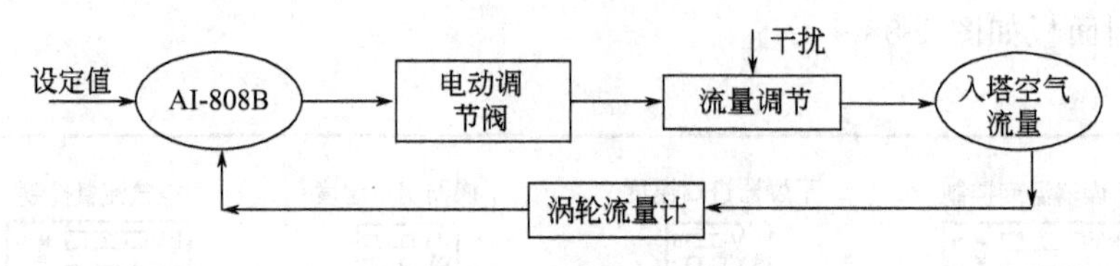

图 1-91 空气流量控制方案

限设定值后，仪表输出报警信号，导热油加热器停止加热。

3. 控制仪表的使用方法

(1) 变频器的使用 变频器广泛用于交流电机的调速中，变频器面板的构成如图 1-92 所示。

① 首先按下 DSP/FUN 键，若面板 LED 上显示 F _ XXX（X 代表 0～9 中任意一位数字），则进入下一步；如果仍然只显示数字，则继续按 DSP/FUN 键，直到面板 LED 上显示 F _ XXX 时才进入步骤下一步。

② 按动 ▲ 或 ▼ 键来选择所要修改的参数号，由于 N2 系列变频器面板 LED 能显示四位数字或字母，可以使用 </RESET 键来横向选择所要修改的数字的位数，以加快修改速度，将 F _ XXX 设置为 F _ 011 后，按下 READ/ENTER 键进入下一步。

③ 按动 ▲、▼ 键及 </RESET 键设定或修改具体参数，将参数设置为 0000（或 0002）。

④ 改完参数后，按下 READ/ENTER 键确认，然后按动 DSP/FUN 键，将面板 LED 显示切换到频率显示的模式。

⑤ 按动 ▲、▼ 键及 </RESET 键设定需要的频率值，按下 READ/ENTER 键确认。

⑥ 按下 RUN/STOP 键运行或停止

(2) 智能仪表的使用

如图 1-93 所示：

① 上显示窗；

② 下显示窗；

③ 设置键；

④ 数据移位（兼手动/自动切换）；

⑤ 数据减少键；

⑥ 数据增加键；

⑦ 10 个 LED 指示灯，其中 MAN 灯灭表示自动控制状态，亮表示手动输出状态；PRG 表示仪表处于程序控制状态；M2、OP1、OP2、AL1、AL2、AU1、AU2 等等分别对应模块输入输出动作；COM 灯亮表示正与上位机进行通信。

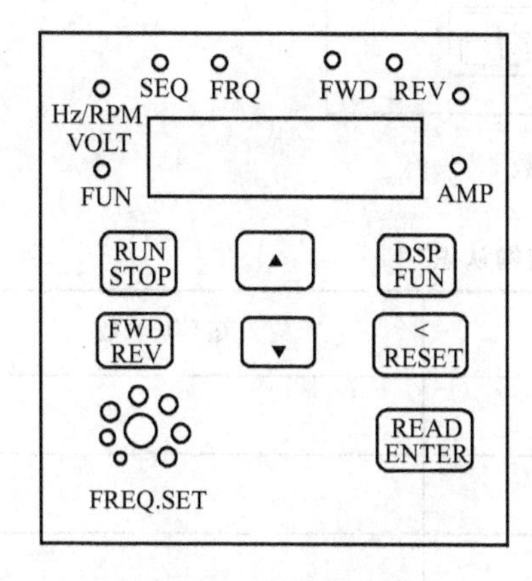

图 1-92　变频器面板

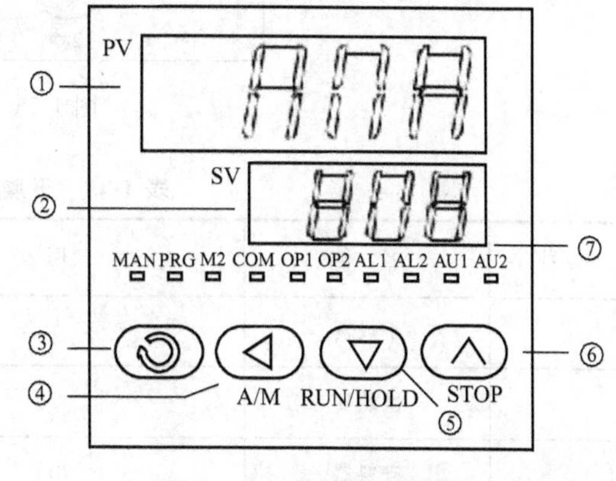

图 1-93　智能仪表面板

显示切换（图 1-94）：按⟳键可以切换不同的显示状态。

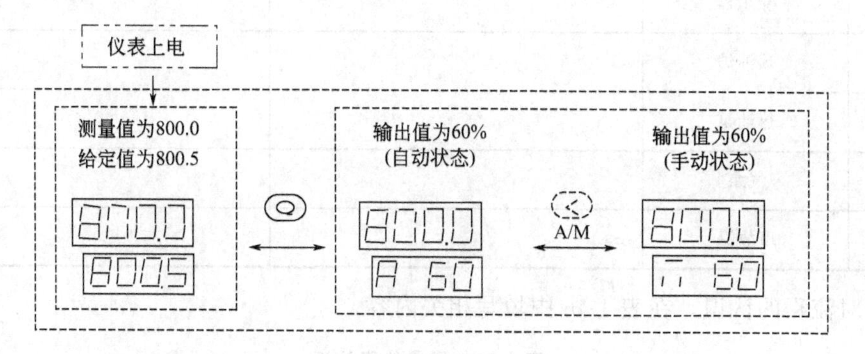

图 1-94　仪表显示状态

修改数据：需要设置给定值时，可将仪表切换到左侧显示状态，即可通过按◁、▽或△键来修改给定值。AI 仪表同时具备数据快速增减法和小数点移位法。按▽键减小数据，按△键增加数据，可修改数值位的小数点同时闪动（如同光标）。按键并保持不放，可以快速地增加/减少数值，并且速度会随小数点右移自动加快（3 级速度）。而按◁键则可直接移动修改数据的位置（光标），操作快捷。

设置参数（图 1-95）：在基本状态下按⟳键并保持约 2s，即进入参数设置状态。在参数设置状态下按⟳键，仪表将依次显示各参数，例如上限报警值 HIAL、LOAL 等等。用◁、▽、△等键可修改参数值。按◁键并保持不放，可返回显示上一参数。先按◁键不放接着再按⟳键可退出设置参数状态。如果没有按键操作，约 30s 后会自动退出设置参数状态。

四、操作要点

1. 导流程

现场认知装置流程，了解设备、仪表名称及其作用。

根据对流程、装置的认识，在表 1-45 中填写相关内容。

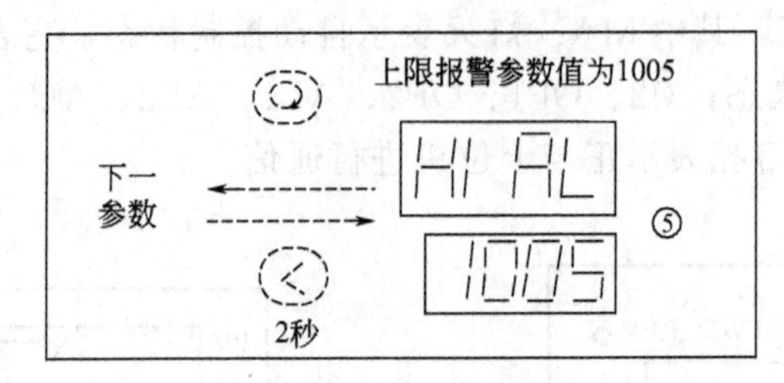

图 1-95 设置参数

表 1-45 干燥设备的结构认识

位号	名 称	用 途	型号与参数
	干燥器		
	换热器		
	进料器		
	分离器		
	除尘器		
	热油炉		
	热油泵		
	气泵		
	事故罐		

根据对流程的认识，在表 1-46 中填写相关内容。

表 1-46 测量仪表认识

物理量	仪 表	位 号	单 位
温度	导热油		
	湿物料		
	干燥器出口空气		
	干燥物料出口		
	换热器出口空气		
	换热器入口空气		
	干燥器内空气		
压降	流化床		
流量	空气		

2. 制定操作方案

操作方案是保证正常生产操作的前提，必须充分认识工艺流程，并作出相应的开车方案、正常操作方案和停车方案。根据实际情况填写表 1-47 内容。

表 1-47　操作方案制定流程表

<table>
<tr><td colspan="4">操 作 方 案 制 定 情 况</td></tr>
<tr><td>班级：</td><td>实训组：</td><td>姓名及学号：</td><td>设备号：</td></tr>
<tr><td colspan="4">绘出带有控制点的工艺流程图(铅笔绘制)</td></tr>
</table>

<table>
<tr><td rowspan="3">岗位分工
及
岗位职责</td><td>主操作</td><td></td></tr>
<tr><td>副操作</td><td></td></tr>
<tr><td>记录员</td><td></td></tr>
<tr><td colspan="3">开车前准备内容(包括设备、管路、阀门、仪表等)</td></tr>
<tr><td colspan="3">开车方案</td></tr>
<tr><td colspan="3">正常操作方案</td></tr>
<tr><td colspan="3">停车方案</td></tr>
<tr><td colspan="3">停车后工作</td></tr>
</table>

3. 现场手动控制操作

本装置采用导热油加热空气，利用热空气干燥含有一定水量的硅胶湿物料，使其含水量达到产品的合格要求。该设备操作实训采用现场人工控制和DCS自动控制两种方式，以满足企业生产的各种需要。在实训设备上按照下述内容及步骤进行操作，通过实践训练掌握正确的操作步骤，逐步摸索操作技能。

（1）开车前准备

① 了解本实训所用物料（湿物料、导热油和空气）的来源及制备　本实训装置的物质消耗为：空气；加入2%～5%水分的硅胶。

将硅胶物料粉碎，用20目和24目的筛子进行筛分，则剩下粒度为0.8～0.9mm的硅胶颗粒，可以用来制备湿物料。向一定物料中滴加蒸馏水，静置15min后，摇晃至松散，干基含水量15%左右，可以用于实训。若出现粘连现象，则说明物料已经饱和了，这样含水率太高，对流化是不利的，需要加入干物料，摇晃至松散不粘连。每台干燥装置需要配制湿度均匀的湿物料约1L。

想一想：为什么被干燥的湿物料（硅胶）中对含水量有要求？

取一定量的物料进行称重 m_s，然后放入烘箱中烘干4h后再进行称重 m_s'，得到物料的含水量。

$$X=\frac{m_s-m_s'}{m_s'} \tag{1-14}$$

式中　X——物料干基含水量，kg水/kg绝干物料；

m_s——固体湿物料的量，kg；

m_s'——绝干物料量，kg。

本实训装置的能量消耗为：加热器耗电；导热油泵耗电；螺旋进料器耗电；旋涡气泵耗电。见表1-48。

表1-48　物耗、能耗一览表

名称	耗量	名称	耗量	名称	额定功率
空气	10～40m³/h	湿物料	2.5～3.5kg/h	加热器	3kW
				导热油泵	370W
				进料器	30W
				旋涡气泵	550W
				干扰加热	1kW
总计	10～40m³/h	总计	2.5～3.5kg/h	总计	5.0kW

② 明确各项工艺操作指标

a. 空气流量：10～40m³/h；

b. 油温控制：70～90℃；

c. 热空气温度：60～70℃；

d. 油罐液位：370～390mm。

③ 检查流程中各阀门是否处于正常开车状态：阀门VA101、VA103、VA105、VA106、VA107、VA108、VA109关闭；阀门VA102、VA104、VA110全开。

④ 检查公用工程（电）是否处于正常供应状态。

⑤ 装置上电，检查流程中各设备、仪表是否处于正常开车状态。

⑥ 检查油泵润滑状况是否达到1/2～2/3，盘动油泵是否转动轻巧。

⑦ 检查导热油炉R101的液位LIA02，是否在油罐液位控制范围内。若液位过高，则需打开放空阀门VA102、VA104，然后打开VA103排放适量的导热油后关闭；若液位过低，则需关闭阀门VA107，打开VA102、VA103、VA104、VA105、VA106阀门后启动导热油泵，加入适量的导热油后关闭阀门复位至正常开车状态。

⑧ 在加料器R102的料槽中加入待干燥的物料——湿硅胶。

⑨ 组内定岗定责，准备好记录表，并做好开车前各项工作。

想一想：为什么阀门VA110在开车前需全开？

(2) 正常开车

① 启动导热油炉R101的电加热开关。在150～200V间设定加热电压（刚开始时可将加热电压调至200V，以缩短加热时间，待导热油温度开始上升时，可逐渐调低加热电压，油温达到要求后，低加热电压保持油温即可）。

② 启动导热油泵P102，通过导热油泵变频器调节导热油泵的流量。打开导热油炉循环油管线上的阀门VA105、VA106，导热油循环进入导热油炉，使导热油炉内油温均匀。

③ 当导热油炉内的温度指示达到规定值（70～90℃）时，加热好的导热油可以投入使用。适当调整导热油炉R101的加热量，使导热油温度控制在规定值。

④ 启动风机P101，空气由风机吹出。空气流量由涡轮流量计（FIC01）测量与控制，通过仪表FIC01自动调整旋涡气泵电机的频率，使空气流量达到设定值（10～40m^3/h）。如实际操作中空气流量长时间无法达到设定值，应适当减小阀门VA110的开度。

⑤ 打开阀门VA107，关闭阀门VA106。这时，导热油泵P102将导热油输送到流化床干燥塔，经过与塔内气体换热后，进入换热器E101加热空气，然后返回导热油炉。

⑥ 进入换热器E101的空气温度由温度指示计TI06显示，离开换热器E101的空气温度由温度指示计TI05显示。加热后的空气从流化床干燥塔的底部进入干燥塔，塔内的温度由温度指示计TIC02显示，设定塔内空气温度，通过调整导热油的循环量来控制塔内空气的温度TIC02（60～70℃）。

⑦ 打开加料器R102的控制器，通过调节加料器R102的转速控制器的调节旋钮至3～5r/min，使湿物料通过加料器R102缓慢加入干燥器，通过透明玻璃观测段观察器内物料干燥过程。

⑧ 通过调整空气的流量，保证塔内的物料能被充分流化。通过调整加料速度或加热空气的温度，保证干燥器内加入的湿物料能干燥完全。

⑨ 当流化床干燥器内空气温度恒定和床层膨胀到接近出料口后，干燥过程进入正常操作状态。

想一想：若油温过高，对油泵的操作有何影响？

(3) 正常操作　建立化工企业正常生产稳定操作状态下的巡回检查工程意识。

① 通过调节加料器R102的转速控制器的调节旋钮，稳定连续进料。

② 打开阀门VA108，开始有干燥的物料从干燥器出料口出料后，稳定操作20min（随时观察风温、风量；连续进料量及硅胶的颜色变化），打开阀门VA109将产品收集罐V102中的物料排净。

③ 关闭阀门VA109的同时，开始记录时间。

④ 操作一段时间（20～40min）后，打开阀门 VA109 收集干燥物料。

⑤ 对样品进行称重，并记录下干物料质量 m_P。

⑥ 将物料放入烘箱中干燥 4h 后，再进行称重，并记录下其质量 m_P'。

（4）停车操作

① 停止向干燥塔加入湿物料，其他工艺条件不变，保持正常操作 10min。

② 关闭导热油炉 R101 的电加热开关。

③ 待油温降至≤40℃，关闭导热油泵 P102 电源。停风机 P101。

④ 待干燥器内温度 TIC02 低于 40℃，将干燥器上部分离段封头的出料口的盖子打开，将出料器的出口管线与风机入口相通，将出料器的吸料管插入干燥器中，将物料吸出，从出料器的旋风分离器的收集罐获得吸出的物料。

⑤ 将物料全部吸出后，取出吸料管，断开出料器与风机的连接，拧紧出料口的盖子。

⑥ 关闭总电源。

4．DCS 控制操作

下面说明 DCS 自动控制操作的要点，具体任务的操作请参考前述现场控制操作。

（1）开车前准备

① 启动仪表柜总电源，打开仪表电源，开启电脑进入电脑控制程序。

② 正常设置空气预热系统启动前设备状态（参考现场手动控制操作）。

③ 正常设置流化床干燥系统启动前设备状态（参考现场手动控制操作）。

④ 正常设置尾气分离系统启动前设备状态（参考现场手动控制操作）。

⑤ 将变频器的频率的控制参数 F011 设置为 0002。

⑥ 启动 DCS 控制程序，出现界面（图 1-96），点击界面中的“调节控制”按钮。

⑦ 进入干燥调节控制界面（如图 1-97），将控制方式切换到“DCS 控制”方式。

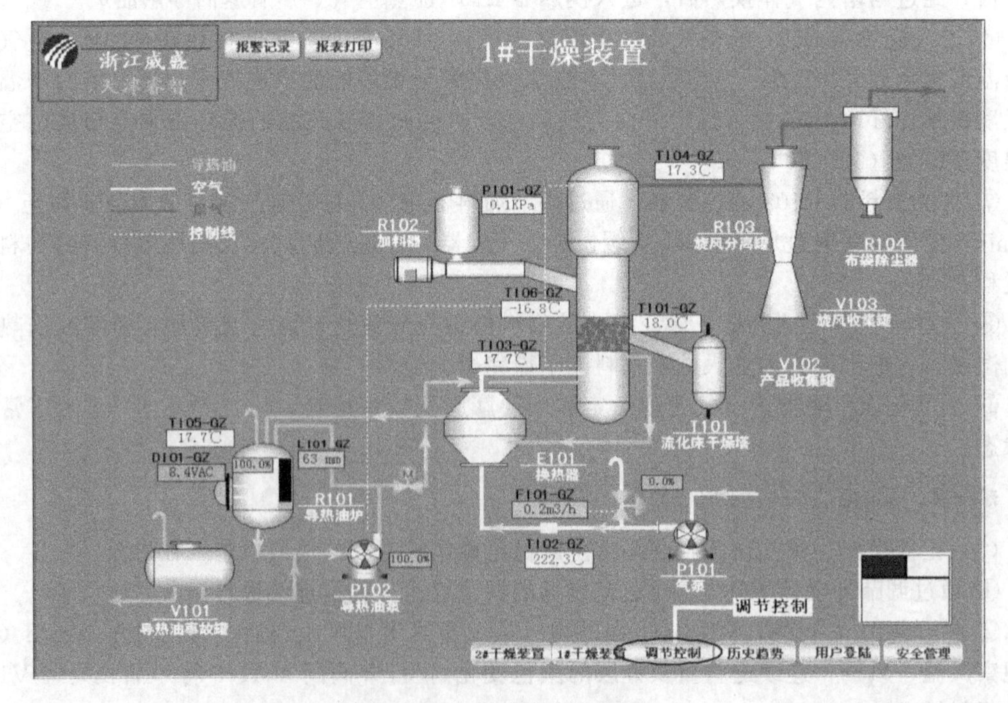

图 1-96 设备流程及操作界面

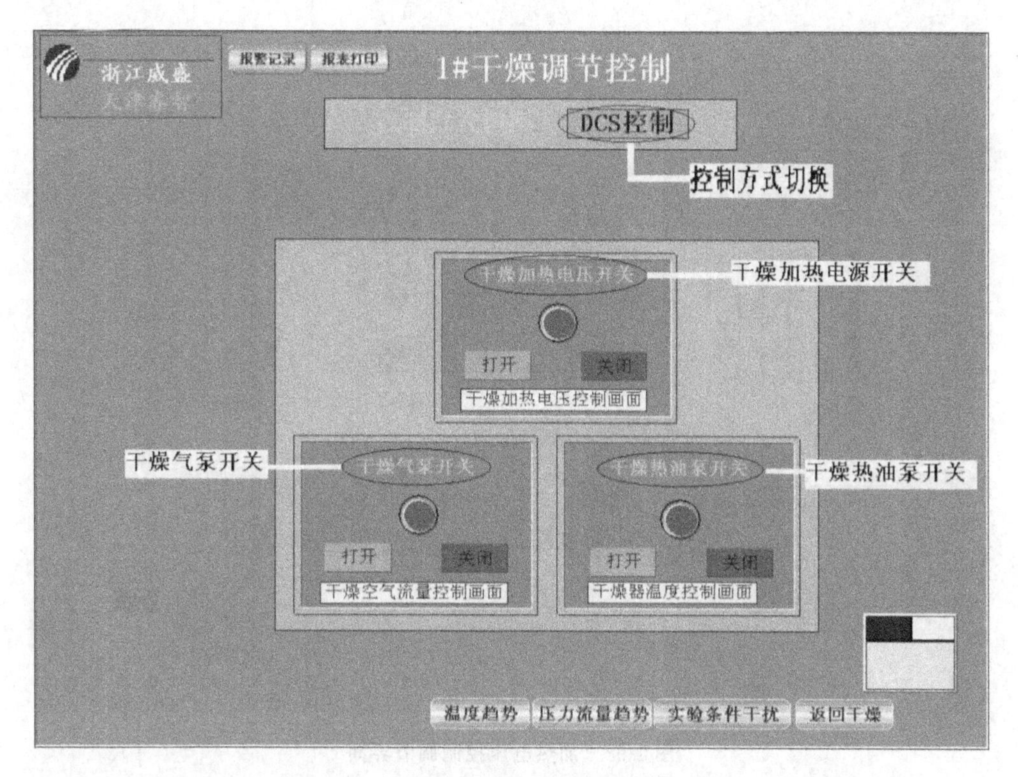

图 1-97　DCS 控制界面

(2) 正常开车

① 点击图 1-97 中的“干燥加热电压开关”的“打开”按钮，启动导热油炉 R101 的电加热开关，点击加热电压控制画面，弹出“干燥装置加热电压”窗口（如图 1-98），用鼠标拖动该窗口中的“给定值”按钮，按操作要求设定加热电压（150～200V），开始加热。

② 点击图 1-97 中的“干燥热油泵开关”的“打开”按钮，启动导热油泵 P102，打开导热油炉循环管线上的阀门 VA105 和 VA106，导热油循环进入导热油炉，使导热油炉内油温均匀。

③ 当导热油炉内的温度指示达到规定值（70～90℃）时，加热好的导热油可以投入使用。适当调节“干燥装置加热电压”以调整导热油炉 R101 的加热量，使导热油温度控制在规定值。

④ 点击图 1-97 中的“干燥气泵开关”的“打开”按钮，启动旋涡气泵 P101，空气由气泵吹出。空气流量由涡轮流量计（FIC01）测量，通过电动调节阀 VA111 自动调整，使空气流量达到设定值（10～40m^3/h，如空气流量长时间无法达到设定值，可适当减小阀门 VA110 的开度）。

⑤ 打开阀门 VA107，关闭阀门 VA106。这时，导热油泵 P102 将导热油输送到流化床干燥塔，经过与塔内气体换热后，进入换热器 E101 加热空气，然后返回导热油炉。

⑥ 进入换热器 E101 的空气温度由温度显示仪 TI06 显示，离开换热器 E101 的空气温度由温度显示仪 TI05 显示。加热后的空气从流化床干燥塔的底部进入干燥塔，塔内的温度由温度显示与控制仪 TIC02 显示，点击图 1-97 中的“干燥热油泵开关”框中的“干燥器温度控制画面”，弹出“干燥器温度”窗口（图略），用鼠标拖动给定值按钮来控制塔内空气的

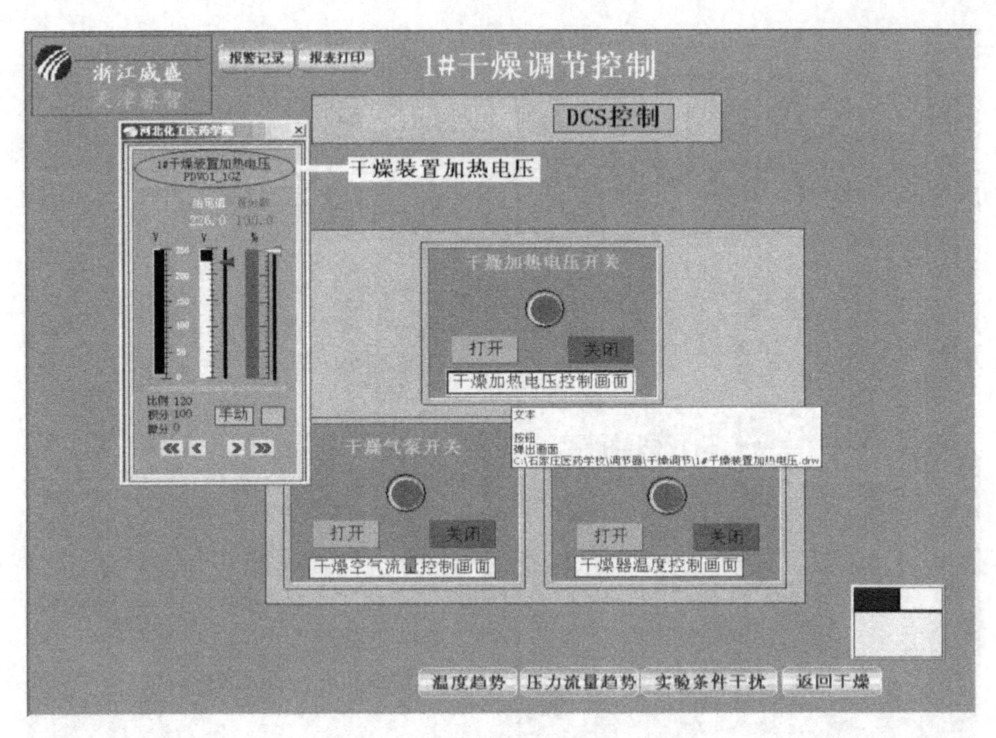

图 1-98　加热电压控制调节界面

温度 TIC02（60～70℃）。

⑦ 打开加料器 R102 的控制器，通过调节加料器 R102 的转速控制器的调节旋钮至 3～5r/min，使湿物料通过加料器 R102 缓慢加入干燥器，通过透明玻璃观测段观察器内物料干燥过程。

⑧ 点击图 1-97 中的"干燥气泵开关"框中的"干燥空气流量控制画面"，弹出"空气流量"窗口（图略），通过调整空气的流量，保证塔内的物料能被充分流化。通过调整加料速度或加热空气的温度，保证干燥器内加入的湿物料能干燥完全。

⑨ 当流化床干燥器内空气温度恒定和床层膨胀到接近出料口后，干燥过程进入正常操作状态。

(3) 正常操作

① 通过调节加料器 R102 的转速控制器的调节旋钮，稳定连续进料。

② 打开阀门 VA108，开始有干燥的物料从干燥器出料口出料后，稳定操作 20min（随时观察风温、风量；连续进料量及硅胶的颜色变化），打开阀门 VA109 将产品收集罐 V102 中的物料排净。

③ 关闭阀门 VA109 的同时，开始记录时间。

④ 操作一段时间（20～40min）后，打开阀门 VA109 收集干燥物料。

⑤ 对样品进行称重，并记录下干物料质量 m_P。

⑥ 将物料放入烘箱中干燥 4h 后，再进行称重，并记录下其质量 m_P'。

(4) 正常停车

① 停止向干燥塔加入湿物料，其他工艺条件不变，保持正常操作 10min。

② 点击图 1-97 中的"干燥加热电压开关"中的"关闭"按钮，关闭导热油炉 R101 的

电加热电源。

③ 点击图 1-97 中的“干燥导热油泵开关”中的“关闭”按钮，关闭导热油泵 P102 的电源。

④ 待干燥器内温度 TIC02 低于 40℃，将干燥器上部沉降段封头的出料口的盖子打开，将出料器的出口管线与旋涡气泵入口相通，将出料器的吸料管插入干燥器中，将物料吸出，从出料器的旋风分离器的收集罐获得吸出的物料。

⑤ 将物料全部吸出后，取出吸料管，断开出料器与风机的连接，拧紧出料口的盖子。

⑥ 关闭总电源。

5. 故障的 DCS 控制引入

这里主要引入加热功率的干扰，锻炼当干燥介质的温度突然发生变化时的故障分析与处理的能力。

① 点击图 1-97 中的“实验条件干扰”按钮，弹出图 1-99 的“实验条件人为扰动”窗口。

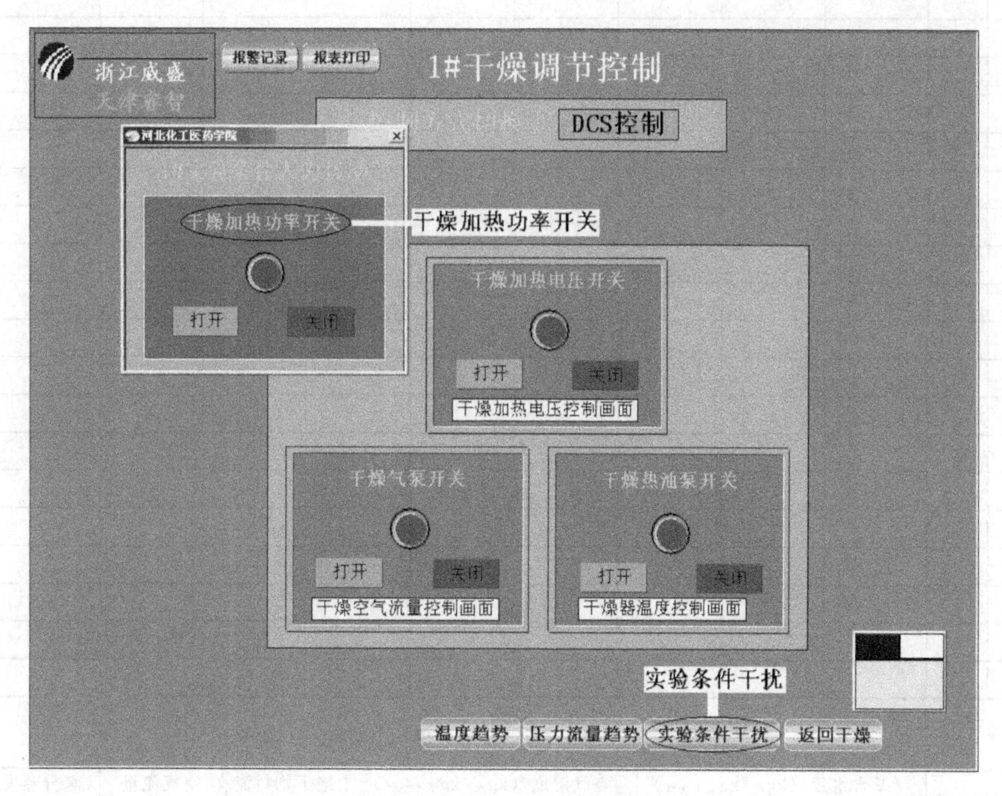

图 1-99　DCS 控制界面

② 点击图 1-99 中的“干燥加热功率开关”中的“打开”按钮，导热油炉加热干扰启动。

③ 通过监测工艺参数的异常，进入故障分析与处理能力训练，提出解决措施，及时进行控制和调节。

操作数据记录于表 1-49。

当操作稳定后，任取三（或四）组数据进行如下处理（表 1-50）。

表 1-49　干燥操作过程数据记录

日期：　　年　　月　　日　　星期　　　　　　时　　分至　　时　　分

操作人员班级、岗位、姓名、学号：

实训任务描述：

设备代号：(　　　　)干燥器；　　　　设备编号：第(　　　　)套

序号	时间	温度							压降	流量
		导热油/℃	湿物料/℃	干燥器出口空气/℃	干燥物料出口/℃	换热器出口空气/℃	换热器入口空气/℃	干燥器内空气/℃	流化床/kPa	空气/(m^3/h)
1										
2										
3										
4										
5										
6										
7										
8										
9										
10										
11										
12										
13										
14										
15										
16										
17										
18										
19										
20										
21										
22										
23										
24										
25										

表 1-50　数据处理

序号	时间	干基含水量/($kg_{水}$/$kg_{绝干物料}$)		空气湿度/($kg_{水}$/$kg_{绝干空气}$)		绝干物料流量/(kg/s)	空气流量/(kg/s)	水分蒸发量/(kg/s)
		进口	出口	进口	出口			

五、故障分析与处理

在化工生产中，对各工艺变量有一定的控制要求。有些工艺变量对产品的数量和质量起着决定性的作用。例如，热空气进干燥塔时的温度必须保持一定，才能得到合格的产品。有些工艺变量虽不直接影响产品的数量和质量，然而保持其平稳却是使生产获得良好控制的前提。例如，导热油炉的加热电压，在加热电压波动剧烈的情况下，要把热空气进干燥塔温度控制好极为困难。了解运行过程中常见的异常现象及处理方法，针对运行过程中出现的不正常现象，如尾气含粉量过多等，进行讨论，提出解决的方法，并通过实际操作排除这些现象。

1. 干扰及其处理

(1) 因空气流量过大或过小引起的系统操作异常　实训进行过程中，利用教师机向正常操作的干燥塔设置干扰：①将进入干燥器的空气流量加大至 $40m^3/h$ 以上，此时干燥器内床层波动十分剧烈，同时床层压降加大，将空气流量的设定值调回后，干燥器恢复正常操作；②将进入干燥器的空气流量减小至 $10m^3/h$ 以下，此时干燥器内床层收缩，观测段内见不到固体物料，同时床层压降减小，将空气流量的设定值调回后，干燥器恢复正常操作。

(2) 因加热介质流量不能自动调节引起的异常现象　实训进行过程中，利用教师机向正常操作的干燥塔设置干扰，将导热油泵的变频器的频率锁定，此时干燥期内的空气温度将发生变化，通过调整泵出口的阀门来调节导热油的流量，使干燥期内的空气温度回到正常操作值。

(3) 因导热油炉加热功率增大引起的异常现象　实训进行过程中，利用教师机向正常操作的干燥塔设置干扰，将导热油炉加热功率增大，此时导热油的温度不能恒定将持续上升，将转入手动状态的主加热控制表的加热电压控制值调小，可以实现导热油温度的恒定。

2. 干燥器床层膨胀高度发生较大变化

造成床层膨胀高度发生较大变化的主要原因是加入物料的变化和空气流量的变化，由于在实验操作过程中，一般进料不会产生变化，因此，空气流量的变化是床层膨胀高度变化的主要原因。床层膨胀高度随进入干燥器空气流量的增加而增加。如果床层膨胀高度增加，应减小空气流量，将阀门 VA110 开大；反之，增加空气流量，将阀门 VA110 关小。

待操作稳定后，记录实验数据；继续进行其他实验。

3. 干燥器内空气温度发生较大变化

造成干燥器内空气温度发生较大变化的原因主要有导热油循环量加大和导热油温度升高。能够比较快地将空气温度调整到正常值的方法是改变导热油的循环量。空气温度过高，减小导热油的循环量；反之，增大导热油的循环量。

待操作稳定后，记录实验数据；继续进行其他实验。

4. 干燥后产品湿含量不合格

干燥空气流量过小、干燥器内空气温度偏低、加料速度过快和物料的湿含量增大是造成干燥后产品湿含量不合格的主要原因。处理该异常现象的顺序如下。

(1) 如床层流化正常，先提高干燥器内空气的温度。

(2) 如流化不好，先加大空气的流量，再提高空气的温度。

(3) 在保证正常流化的前提下，先调整空气温度至操作上限后，再调整加热空气的流量。

(4) 空气流量和温度都已达到操作上限后，则减小加料量。

(5) 调整工艺，使进料的湿含量下降。

待操作稳定后，记录实验数据；继续进行其他实验。

5. 流化床干燥的常见故障及处理方法

见表 1-51。

表 1-51 流化床干燥的常见故障及处理方法

故障名称	产生原因	处理方法
发生死床	入炉物料太湿或块多	降低物料水分,可用适量干料混合
	热风量少或温度低	增加风量,提高温度
	床层干料层高度不够	缓慢出料,增加干料层厚度
	热风量分配不均匀	调整进风阀的开度
尾气含尘量大	分离器破损,效率下降	检查修理
	风量大或炉内温度低	调整风量和温度
	物料颗粒变细小	检查操作指标变化
床层流动不好	风压低或物料多	调节风量和物料
	热风温度低	加大加热导热油的量或温度
	风量分布不合理	调节进风阀门开度

6. 干燥设备的维护与检修

(1) 开炉前首先检查旋涡气泵、热油泵，检查其有无摩擦声，轴承的润滑油是否充足，旋涡气泵的风压是否正常。

(2) 流化床干燥器投料前应先除去炉内湿气，开启旋涡气泵吹送，直到炉内及炉壁达到干燥条件。

(3) 经常检查风机的轴承温度、机身有无振动以及风道有无漏风，发现问题及时解决。

(4) 停炉时应将炉内物料清理干净，并保持干燥。

(5) 保持保温层完好，有破裂时应及时修好，及时更新布袋除尘器等。

7. DCS 干扰的故障分析与处理训练

见表 1-52。

表 1-52 设备运行正常后，DCS 给预干扰后的故障现象及解决办法

扰动点	故障现象	解决办法
增大干燥器干燥风量		
增大导热油加热功率		
增大导热油输出量		
说明	解决办法不能局限于针对扰动的方法进行反向消除,应考虑多种有效的解决办法,并简要分析各种方法的优劣	

第二篇　实训实验篇

实验一　流体静力学演示实验

一、实验目的

1. 掌握U形管压差计的使用方法，计算有限容器内气体的压强。

2. 掌握多管式压差计的使用方法，并利用多管式压差计计算有限容器内气体的压强。

3. 掌握密度未知的液体，其密度的测定方法，并测定其密度。

4. 根据流体静力学有关知识，对不同位置的液面其高度是否相同进行判断。

5. 通过对U形管压差计的使用，进一步明确流体力学中压强的单位。

二、基本原理

由静力学基本方程式可知：在静止的、连续的、同一种流体内部，在同一水平面上各点具有相同的压强。实验装置如图2-1所示。

1. 当大水箱顶部的小考克打开时，则大水箱液面上方的空气与大气相通，此时大水箱的液面与小水桶的液面高度相同。且两液面上方的压强均为大气压强。

2. 当大水箱顶部的小考克关闭时，则大水箱液面上方的空气与外界大气隔离开。大水箱液面上方的压强大小随小水桶的升降而发生变化，且通过装置上的压差计能够反映出来。

3. 大水箱液面上方空气压强 p 的测定（小考克关闭）。压强用相对压强表示，单位为：Pa。

(1) 用U形管压差计时：

$$p=\rho gh=\rho_1 g(Z_{11}-Z_{12})=\rho_1 gh_6 \tag{2-1}$$

式中　p——液面上方空气表压强，Pa；

ρ——指示液密度，kg/m^3；

g——重力加速度，m/s^2；

Z——指示液高度，m；

h——指示液高度差，m。

(2) 用多管式压差计时：

$$p=\rho_1 g[(Z_1-Z_2)+(Z_3-Z_4)]-\rho_2 g(Z_3-Z_2) \tag{2-2}$$

当忽略空气密度 ρ_2 影响时

$$p=\rho_1 g[(Z_1-Z_2)+(Z_3-Z_4)]=\rho_1 g(h_1+h_2) \tag{2-3}$$

4. 密度未知液体的密度测定（如工业酒精）。根据有限容器内气体压强处处相等的原理，在U形管压差计中（参考装置示意图2-1）

$$p=\rho gh=\rho_3 gh_3=\rho_1 gh_6 \tag{2-4}$$

所以

$$\rho_3=\rho_1\frac{h_6}{h_3} \tag{2-5}$$

上述诸式中的脚标1、2、…，分别代表图2-1中的管号。如Z_1、Z_2分别表示管1、管2中的指示液高度。

三、实验装置

如图2-1所示，小水桶和大水箱均为透明的有机玻璃制成，其底部通过透明的塑料软管相连，摇动手摇曲柄通过小滑轮使小水桶上升（或下降）。玻璃管1、2、3、4组成多管式压差计，指示液为水。管5与6、管7与8、管11与12均组成U形管压差计，指示液分别为工业酒精、水银和水。管9和管13均为小水桶的水位计。管10和管14均为大水箱的水位计。装置中水、空气、工业酒精和水银其密度分别用符号ρ_1、ρ_2、ρ_3和ρ_4表示。a、b、c分别表示三只透明的有机玻璃管。大水箱顶部小考克可以通过开闭以调节大水箱液面上方的空气量，再通过升降小水桶从而使大水箱液面上方的压强发生变化。

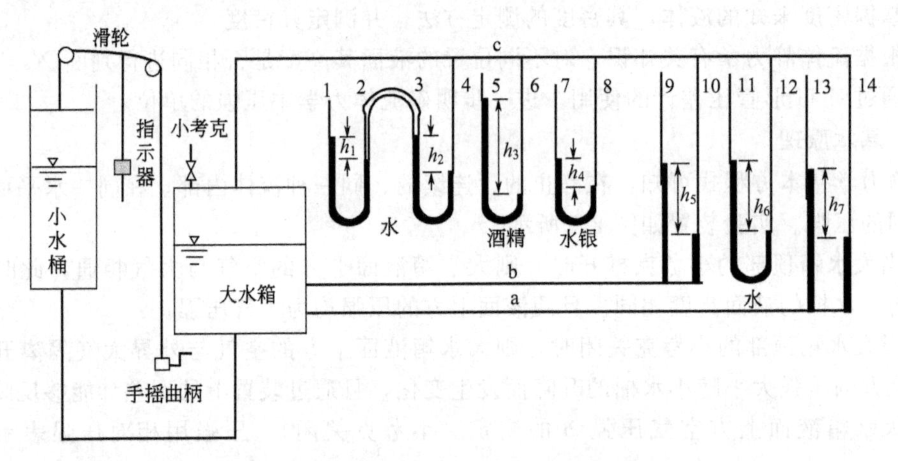

图2-1 流体静力学演示装置示意图

四、操作前的准备工作

1. 放水于小水桶中，通过底部透明的塑料软管使大水箱充水，充水高度一般为大水箱容积的三分之二。

2. 在U形管压差计和多管式压差计中，按装置要求分别注入密度不同的指示液，如水、工业酒精和水银等。

3. 利用吸耳球，在U形管压差计的上端排除指示液中的气泡，以免影响实验结果。

4. 调整压差计的标尺为同一水平高度。

五、操作要点

1. 先打开大水箱顶部的小考克，待系统稳定后，观察小水桶的液面，大水箱的液面以及测压管9、10、13和14共六个液面其高度是否相同。

2. 关闭大水箱顶部的小考克，然后提升小水桶到一定高度，待系统稳定后，再观察上述六个液面又有什么变化。

3. 关闭大水箱顶部的小考克，然后适当降低小水桶到一定高度，待系统稳定后，再观察上述六个液面又有什么变化。

4. 对于静止的、连续的、同一种流体，如果液面上方的压力大小相等，我们能得出怎样一个结论。

5. 重复以上操作将各压差计中指示液所指刻度填入表 2-1 中。

6. 试计算指示液工业酒精的密度。

六、注意事项

1. 在使小水桶上升或下降时，一定要抓住手摇曲柄不能放松，并且要时刻观察 U 形管压差计中液面的变化，以免指示液外溢或有气泡进入大水箱。

2. 动作要柔缓，以免小水桶下降过快而遭损坏。

3. 若压差计中的指示液为水及工业酒精，读数时应读凹液面，如果压差计中的指示液为水银，应读凸液面。且读数时应在系统稳定之后进行。

七、思考题

1. 使用 U 形管压差计或多管式压差计应注意哪些问题？

2. 对于静止的、连续的（这里指连通的或连接的意思）非同一种流体，在同一水平面上其压强是否一定不相等？如果是同一种流体呢？

表 2-1　各压差计中指示液所指刻度

管号	打开小考克($p=p_大$)	关闭小考克，小水桶上移($p>p_大$)		关闭小考克，小水桶下移($p<p_大$)	
	读数 Z_i/m	读数 Z_i/m	相邻差 R_i/m	读数 Z_i/m	相邻差 R_i/m
1					
2					
3					
4					
5					
6					
7					
8					
9					
10					
11					
12					
13					
14					

实验二　柏努利方程演示实验

一、实验目的

1. 熟悉流体流动中各种能量和压头的概念及其相互转换，并加深对柏努利方程式的理解。

2. 观察流速的变化规律。

3. 观察各项能量（或压头）的变化规律。

4. 建立起流体流动过程中确有阻力存在的感性认识。

二、基本原理

1. 不可压缩流体在管内作稳定流动时，由于管路条件（如：位置的高低、管径的大小）的变化，会引起流动过程中三种形式机械能——位能、动能、静压能的相应改变及相互转换。对于理想流体，在系统内任一截面处，这三种机械能的总和是相等的。

2. 对于实际流体，由于存在内摩擦，流体在流动中总有一部分机械能随摩擦和碰撞转化为热能而损耗。故对于实际流体，任意两截面上机械能总和并不相等，两者的差值即为机械能损失。

3. 上述几种机械能都可以用测压管中的一段液体柱高度来表示。在流体力学中，把表示各种机械能的流体柱高度称为“压头”。

（1）位压头表示 1N 流体的位能。

（2）动压头表示 1N 流体的动能。

（3）静压头表示 1N 流体的静压能。

（4）损失压头表示 1N 流体损失的机械能。

4. 当测压管上的小孔（即测压孔）与水流方向垂直时，测压管内液柱高度即为静压头，它反映了测压点处液体的压强大小。当测压孔正对水流方向时，测压管内液柱高度则为静压头与动压头之和，测压管内所增加的液柱高度即为测压孔处流体的动压头。测压孔处流体的位压头由测压孔的几何高度决定。

三、实验装置

如图 2-2、图 2-3 所示。实验设备由水箱、水泵、高位水槽、透明玻璃管、活动测压头、测压管、流体调节阀等组成。其中活动测压头的小管端部封死，管身开有小孔，小孔位置与透明玻璃管中心线平齐，小管上端又与测压管相通，转动活动测压头就可以测量动压头和静压头。

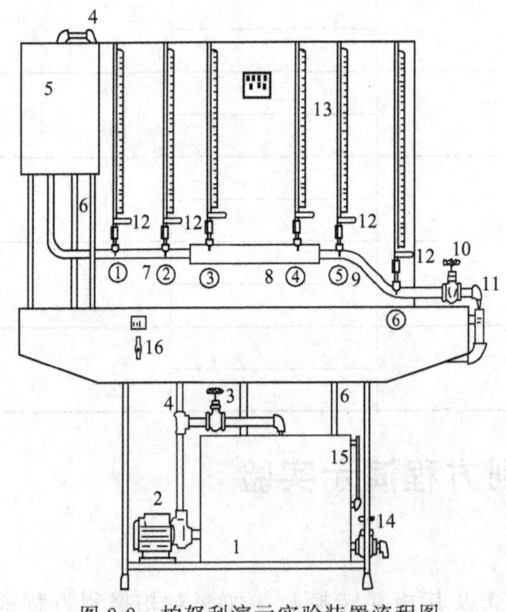

图 2-2 柏努利演示实验装置流程图

1—水箱；2—水泵；3—回流阀；4—上水管；5—高位水槽；6—溢流管；7—小透明管；8—大透明管；9—透明弯管；10—调节阀；11—摆头；12—活动测压头；13—测压管；14—放水底阀；15—液位计；16—开关

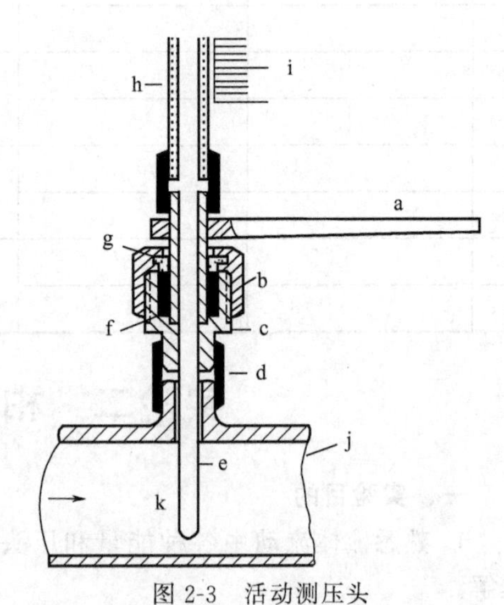

图 2-3 活动测压头

a—手柄；b—压盖；c—座；d—软塑料管；e—小管；f—填料（油石棉）；g—压环；h—测压管；i—标尺；j—透明玻璃管；k—测压孔

管路共分三段，每段上安装两个活动测压头，即共有六个活动测压头分别设在①、②、③、④、⑤和⑥六个测压点上。①、②两个测压点所处管段以及⑤、⑥两个测压点所处管段的内径为13mm；③、④两个测压点所处管段的内径为22mm。另外前五个测压点（即①、②、③、④和⑤）的管子中心线处在同一水平面上，而测压点⑥比前者低50mm。

四、操作步骤、现象观察及问题讨论

启动电机带动水泵运转。

1. 关闭调节阀10，旋转各活动测压头，这时各测压管中液面高度均相同，且与活动测压头位置无关。并记录各测压管中液面的高度，填入表2-2中。

问题：(1) 此时测压管中液面高度由什么来决定？

(2) 无论怎样旋转测压头，各液面高度均无变化，这一现象说明什么？

(3) 测压点⑥的静压头比测压点⑤的静压头为什么大？

2. 开启调节阀10至一定大小，旋转各活动测压头，使测压孔与水流方向垂直，观察各测压管液面高度，并记录数据。

问题：(1) 各测压管中液柱高度表示该测压点的哪种能量？

(2) 在测压管中，测压点②的液面比测压点①的液面低说明了什么？

(3) 为什么测压点③的液面又高于测压点②的液面？

(4) 由测压点①到测压点②液面降低了多少？那么由测压点③到测压点④液面又降多少？为什么前者降幅大后者降幅小？

(5) 由测压点④到测压点⑤液面又降多少？这里的降幅为什么那么大？

(6) 虽然测压点⑥的液面低于测压点⑤的液面，但测压点⑥的液柱高度却高于测压点⑤的液柱高度（液柱高度：从测压点管子中心线到测压管液面上方），为什么？

3. 管中流量保持不变，旋转各活动测压头，使测压孔正对水流方向，观察各测压管液面高度有什么变化，并记录数据。

问题：(1) 各测压管中液柱高度表示该测压点的哪种能量？

(2) 活动测压头的测压孔由与水流方向垂直旋转至正对水流方向，测压管中的液面为什么会升高？升高的这一部分液柱又是该测压点的哪种能量？每个测压管升高的这一部分液柱是否都相同？为什么？

(3) 试比较六个测压管的液面高度，从测压点①到测压点⑥测压管中的液面逐渐降低说明什么问题？

(4) 相邻两测压管中的液面降低的幅度与两测压点之间的压头损失有什么关系？

4. 保持各活动测压头的测压孔正对水流方向，适当开大调节阀10，流速增大，动压头增大，为什么各测压管的液面反而下降？并记录数据。实验完毕，先关闭调节阀再停机。

五、注意事项

1. 用吸耳球在各测压管顶部检查测压孔是否畅通。如测压管中有气泡，可赶走气泡。

2. 开机之前应先检查电机运转是否灵活。如不灵活应做好盘车工作，防止开机时电机被烧坏。

3. 实验过程中，如调节阀10开度过大，则流体在管中流量过大，流速过大，从而使流体流经测压点⑤到测压点⑥时压头损失过大，导致测压点⑥的静压头不再高于测压点⑤的静压头。

表 2-2 实验数据记录表

序号	操作		测压点 / 液面位置	①	②	③	④	⑤	⑥
	调节阀 10	测压孔方向							
1	关	旋转各方向	h/mm						
2	一定开度	垂直水流方向	h'/mm						
3	一定开度	正对水流方向	h''/mm						
4	再开大	正对水流方向	h'''/mm						

实验三　雷诺演示实验

一、实验目的

1. 观察流体流动时的流动形态。

2. 观察在层流（滞流）状态下流体质点在圆管内的速度分布。

3. 熟悉雷诺数 Re 的计算，并测定不同流动形态的 Re。

二、基本原理

流体在流动过程中有两种截然不同的流动形态，即层流和湍流。雷诺用实验的方法研究流体流动时，发现影响流体流动类型的因素除流速 u 外，尚有管径 d，流体的密度 ρ 及黏度 μ，并且由此四个物理量组成一无量纲数群 $Re=\frac{du\rho}{\mu}$，Re 称为雷诺数。

实验证明，流体在直管内流动时：

当 $Re\leqslant 2000$ 时，流体的流动类型为层流。

当 $Re\geqslant 4000$ 时，流体的流动类型为湍流。

当 $2000<Re<4000$ 时，流体的流动类型可能是层流也可能是湍流，将这一范围称之为不稳定的过渡区。

从雷诺数的定义式 $Re=\frac{du\rho}{\mu}$ 来看，对同一管路 d 为定值，故 u 仅为流量的函数。对于流体水来说，ρ、μ 仅为温度的函数。因此确定了温度及流量即可计算出雷诺数 Re。

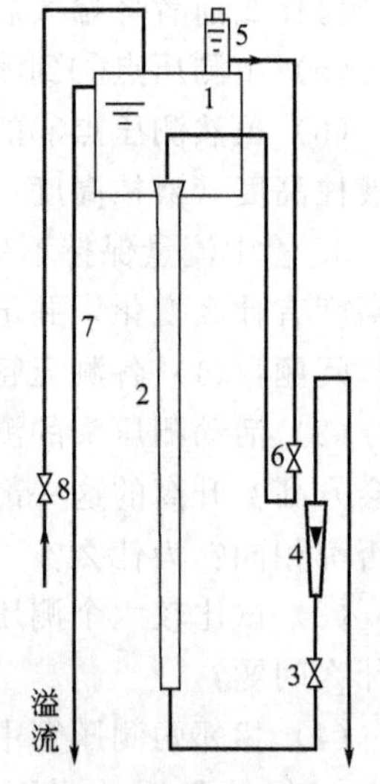

图 2-4　雷诺实验装置流程图

1—高位水槽；2—玻璃管；3—调节阀；4—转子流量计；5—墨水瓶；6—墨水阀；7—溢流管；8—上水阀

三、实验装置

实验装置如图 2-4 所示。自来水经上水阀 8 进入高位水槽 1，多余的水由溢流管 7 排出。实验时水由高位水槽 1 进入玻璃管 2 经调节阀 3 进入转子流量计 4 然后排出。

红墨水由墨水瓶 5 提供，经墨水阀 6 送入玻璃管，在玻璃管中观察流体的流动形态和流体在圆管内的速度分布。

四、操作要点

1. 开启上水阀 8，使高位水槽 1 充满水至产生溢流时关闭上水阀（此操作可在实验前数小时由工作人员进行，以使水槽中的水经过静置，消除旋涡流，提高实验准确度）。

2. 缓慢开启调节阀 3 和墨水阀 6，调节水的流量，并观察水的流动形态。

3. 在观察水的流动形态过程中，记录水的流量和温度。

4. 观察流体在层流（滞流）状态下在圆管内的速度分布。

层流时，由于流体与管壁间的摩擦力及流体内摩擦力的作用，管中心处流体质点速度最大，愈靠近管壁速度愈小，因此流体在静止时处于同一横截面的流体质点，开始层流流动后，由于各质点的速度不同，形成了旋转抛物面（即由抛物线绕其对称轴旋转而形成的曲面）。通过演示可使同学们直观地看到这曲面的形状。

预先打开红墨水阀门 6，使红墨水在玻璃管上端扩散为团状，再慢慢开启调节阀 3，使红墨水缓慢随水运动，则可观察到红墨水团前端的界面为一旋转抛物面，即流体在圆管内作层流流动时，速度沿管径呈抛物线的规律分布。

5. 应当说明：雷诺实验要求减少外界干扰，按严格要求应在有避免震动设施的房间内进行。由于条件不具备，本实验只可在一般房间内进行。由于外界干扰及玻璃管粗细也不尽均匀等原因，层流的雷诺数的上限往往达不到 2000。

层流时红墨水在玻璃管中成一直线流下，不与水相混。湍流时，红墨水与水混旋，分不出界限。

五、思考题

1. 影响流体流动形态的因素有哪些？

2. 为什么要研究流体的流动形态？它在化工生产过程中有什么意义？

3. 在化工生产过程中，如果无法通过直接观察来判断管内流体的流动形态，你可以用什么方法来判断？

实验四　热边界层演示实验

一、实验目的

1. 通过观察流体流经固体壁面所产生的边界层，使学生对边界层的存在及形状取得直观的印象。

2. 观察加热气体的流动情况，了解流体流过圆柱体表面时边界层的形成、发展和分离现象。

二、基本原理

流体在流过固体壁面时，由于流体具有黏性，黏附在壁面上的流体速度为零。随着离开壁面距离的增大，流体速度逐渐增大，在达到一定距离之后，流体速度基本上与主体流速相一致。这样在垂直于流体流动方向上便产生了速度梯度，一般将壁面附近存在着较大速度梯度的流体层称为流动边界层，简称边界层。

如果流体和固体壁面具有不同的温度将有传热发生，此时将固体壁面附近有温度梯度存在的流体层称为传热边界层（热边界层）。

热边界层一般很薄不能直接看到，但我们借助于光线通过热边界层时产生折射的现象可以间接地看到热边界层的轮廓。

图 2-5 所示的圆柱体被加热后，以对流方式向周围空气传热，气流自下而上流经圆柱体的表面，在壁面上形成热边界层。在热边界层中，由于空气热导率很小，传热情况很差，故层内温度远高于周围空气的温度而接近于圆柱体壁面温度。本实验所用圆柱体被加热时，壁面温度可达 350℃左右。

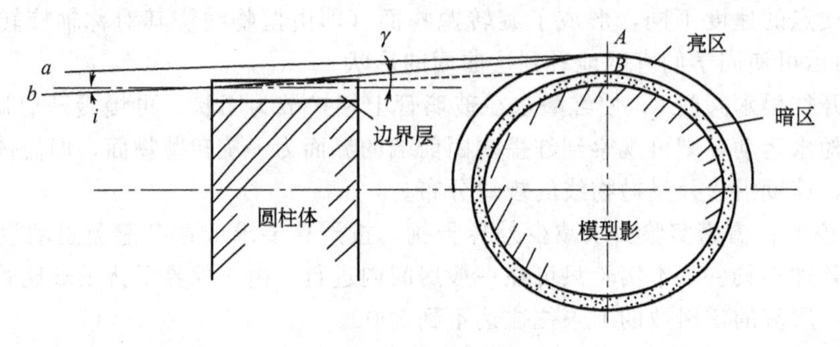

图 2-5 光线折射图

气体对光的折射率与其密度有下列关系：

$$(n-1)\frac{1}{\rho}=常数 \tag{2-6}$$

式中 n——气体折射率；

ρ——气体密度，kg/m^3。

标准大气压下，20℃空气的密度为 $1.25kg/m^3$，折射率为 1.000293。

标准大气压下，350℃空气的密度为 $0.566kg/m^3$，由上式计算得其折射率为 1.000138。

从此可以看出边界层内气体的密度与边界层外气体的密度不同，则折射率也不同。当点光源灯泡的光线从离圆柱体几米远的地方射向圆柱体，光线以很小的入射角 i 射入边界层，如果光线不偏折，它应射到 B 点，但现在由于高温空气与室温空气相比折射率不同（高温空气折射率小），光线在拥有高温的边界层内产生偏折，出射角 γ 大于入射角 i。射出光线在离开边界层时再产生一些偏折后投射到 A 点，在 A 点上已经有背景的投射光，加上偏折的折射光后就显得特别明亮。无数亮点组成圆形，它就反映了边界层的形状。另外，原投射位置 B 点因为得不到投射光线，所以显得较暗，从而形成暗区，这个暗区也是边界层折射现象引起的，因此它也代表边界层的形状。

三、实验装置

实验装置由点光源、圆柱体（热模型）和视屏三部分所组成，如图 2-6 所示。

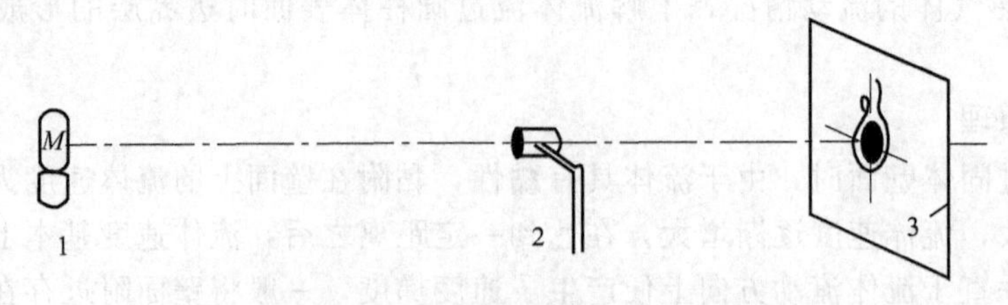

图 2-6 热边界层演示设备

1—点光源；2—圆柱体；3—视屏

四、操作要点

1. 接通电源，打开圆柱体（热模型）电加热开关，数分钟后，再打开点光源开关。这时可在磨砂玻璃视屏上清楚地看到流体流经圆柱体的层流边界层投影，如图 2-7 所示。

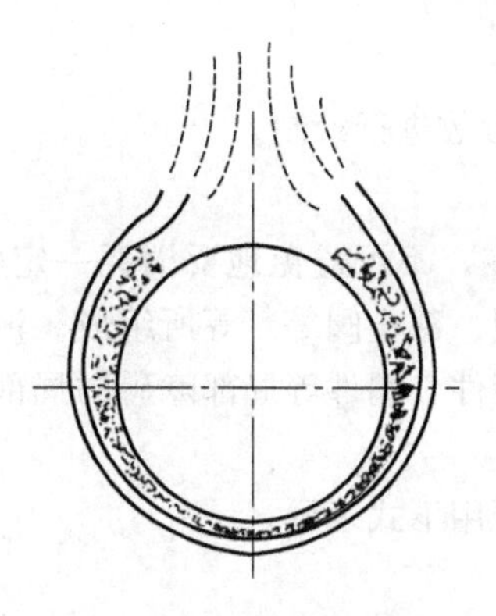

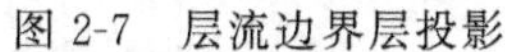

图 2-7　层流边界层投影

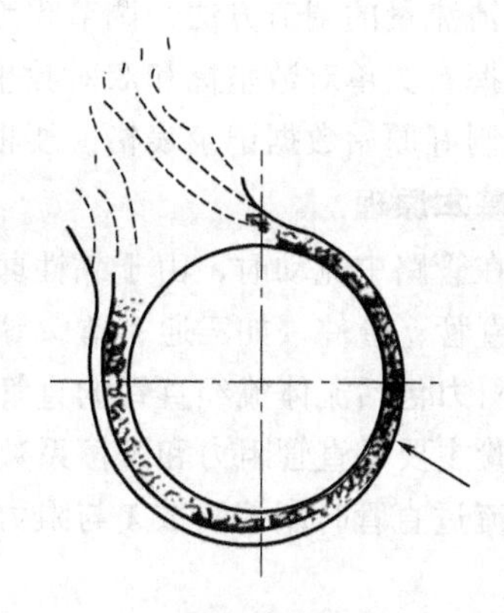

图 2-8　迎风一侧边界层变薄

2. 在圆柱体底部，由于受到上升气流动压能的正面冲击，边界层最薄。沿圆柱体两侧向上，边界层逐渐增厚，最后在圆柱体顶部附近产生边界层的分离，形成旋涡（参见图 2-7）。

3. 边界层的厚度随流速的增加而变薄。我们对着圆柱体的侧面吹风，就会看到迎风的一侧边界层的厚度变薄，如图 2-8 所示。

4. 实验完毕关闭电加热器开关，关闭点光源开关。

五、思考题

1. 传热边界层（热边界层）和流动边界层在概念上有何不同？

2. 流动边界层形成的原因是什么？

3. 研究边界层的意义是什么？在传热和传质方面怎样削弱边界层的影响？

实验五　流体流动阻力的测定

一、实验目的

1. 识别组成管路中的各个管件、阀门及流量计的类型并了解其作用。

2. 练习离心泵的启动与停车，了解离心泵在启动与停车过程当中应注意的事项。

3. 了解流体流经管道、管件、阀件的阻力测定方法。

4. 测定流体流过圆形直管时摩擦系数 λ 与雷诺数 Re 的关系。

二、实验预习要求

1. 预习流体流动阻力有关内容。

2. 熟悉柏努利方程式中各项的意义和各符号的单位。

3. 搞清实验装置的流程、设备、仪表和操作方法，确定需要查找的各种参数，需测取的各种参数和测取手段。

4. 搞清流量的调节方法、调节程度和测量方法。

5. 掌握有关单对数坐标和双对数坐标纸的使用。

6. 绘制好原始数据记录表格。要根据所需测的有关参数进行绘制。

三、基本原理

流体在管路中流动时，由于黏性剪应力和涡流的存在，不可避免地要消耗一定的机械能。管路是由直管、管件（如三通、弯头等）和阀件（如闸阀、截止阀等）等所组成。流体通过管内的流动阻力包括流体流经直管的直管阻力与流经各种管件、阀件等局部障碍的局部阻力两部分。本实验主要讲直管阻力和摩擦系数 λ 的测定。

流体流过直管时摩擦系数 λ 与阻力损失之间的关系可用下式表示。

$$\sum h_f=\lambda \frac{l}{d}\times\frac{u^2}{2} \tag{2-7}$$

将式（2-7）进行变换

$$\lambda=\sum h_f\frac{d}{l}\times\frac{2}{u^2} \tag{2-8}$$

上式说明，由于实验前直管长度 l 和直管内径 d 为已知，若测定出直管内流体的平均流速 u 和直管阻力 $\sum h_f$，那么，根据式（2-8）便可计算出摩擦系数 λ。

（1）直管阻力 $\sum h_f$ 可根据柏努利方程式求出。

$$\sum h_f=(z_1-z_2)g+\frac{p_1-p_2}{\rho}+\frac{u_1^2-u_2^2}{2} \tag{2-9}$$

流体在水平等径管路中流动时有：$z_1=z_2$，$u_1=u_2$

则式（2-9）可简化为

$$\sum h_f=\frac{p_1-p_2}{\rho} \tag{2-10}$$

只要测出两截面的压强差 p_1-p_2 和由流体定性温度查出的流体密度 ρ，由式（2-10）则可计算出水平等径直管的直管阻力 $\sum h_f$。本实验两截面的压强差利用压力传感器测量，由仪表读数即可。

（2）直管内流体的平均流速 u 可通过涡轮流量计测出体积流量 q_V，在已知管内径 d 的情况下，由式（2-11）计算出 u。

$$u=\frac{q_V}{0.785d^2} \tag{2-11}$$

（3）雷诺数 Re 的测定　将式（2-11）代入雷诺数的定义式 $Re=\frac{du\rho}{\mu}$ 得：

$$Re=\frac{q_V\rho}{0.785d\mu} \tag{2-12}$$

即

$$Re=1.273\frac{q_V\rho}{d\mu} \tag{2-13}$$

被测流体的黏度 μ，由流体的定性温度查有关手册获得。

（4）λ 公式整理　利用压力传感器，测出水平直管两截面的压强差 p_1-p_2，计算摩擦系数 λ。

$$\sum h_{\mathrm{f}}=\frac{p_1-p_2}{\rho}=\frac{\Delta p}{\rho} \tag{2-14}$$

将式（2-11）和式（2-14）代入式（2-8）整理得

$$\lambda=\sum h_{\mathrm{f}}\frac{d}{l}\times\frac{2}{u^2}=1.23\frac{d^5}{l}\times\frac{\Delta p}{\rho q_V^2} \tag{2-15}$$

四、流程和主要设备

1. 流程如图 2-9 所示。

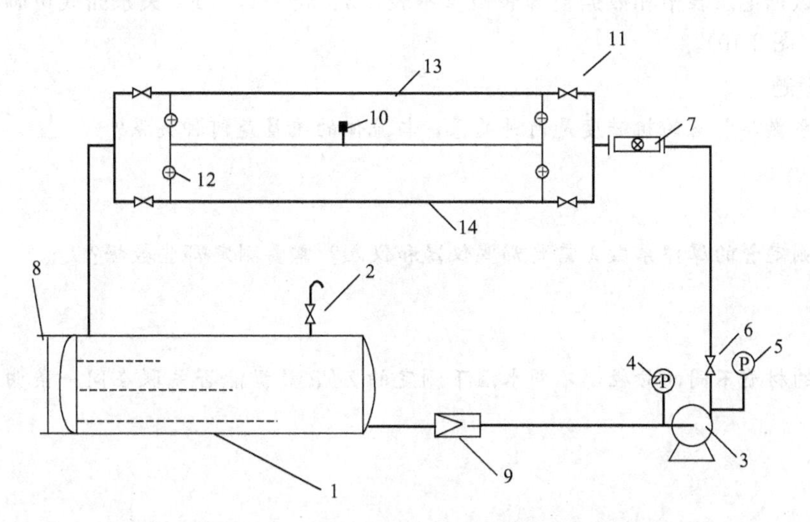

图 2-9　直管中流体阻力测定流程图

1—水罐；2—放空阀；3—离心泵；4—进口真空表；5—出口压力表；6—出口阀；7—涡轮流量计；8—玻璃管液位计；9—过滤器；10—压差传感器；11—截止阀；12—针形阀；13—光滑管；14—粗糙管

2. 主要设备

(1) YLH40-16 型清水泵，流量 110L/min，扬程 16m。

(2) 涡轮流量计 LWQ-50A，流量范围 0～180m^3/h。

(3) 压力传感器 CYB100，流量 0～10kPa，精度 0.3 级。

(4) 测量管路分光滑管和粗糙管，其尺寸均为 $d_{内}$=15.75mm，l=1.8m。

五、操作要点

(1) 熟悉实验流程及仪表，了解工作原理，明确实验中应记录的数据。

(2) 选择进行实验的管路，开关相应的阀门，使水的流向正确。

(3) 关闭出口阀，离心泵在工作前应关闭出口阀，目的是减小电机的启动功率。

(4) 盘车：用手转动电机和离心泵的联轴器，检查是否运转自如。

(5) 启动电机，使离心泵进入工作状态（因为离心泵的安装高度比水罐液面低，因此不需要灌泵）。

(6) 缓慢开启离心泵的出口阀向选择的管路送水，且将出口阀全开。

(7) 调节流量测取数据。用泵出口阀调节流量，从大到小在流量变化的整个范围内测取 8～10 组数据。注意流量数据选取间隔适当，以便作图时实验点分布均匀。为使数据准确，应待操作稳定后再记录数据。

(8) 实训结束，关闭流量调节阀（出口阀）和停机。

(9) 关闭仪表、关闭电源；阀门恢复至初始状态；清理操作现场。

六、实验报告内容和要求

1. 一份完整的实验报告，应该做到实验目的明确，原理正确，原始数据记录准确和齐全，数据处理举例思路清晰，结果正确，对实验现象和结果讨论深刻透彻等。

① 实验目的；②实验原理（必要公式）；③流程图及设备；④操作要点；⑤原始及整理数据；⑥处理过程；⑦数据分析。

2. 原始数据记录表格和数据整理表格参考表 2-3、表 2-4，λ-*Re* 关系曲线可画在所附双对数坐标纸上（图 2-10）。

七、思考题

1. 摩擦系数与管路的粗糙度是何种关系，与流体的流量是何种关系？

2. 为了测定管的摩擦系数 λ 需要哪些仪器和仪表？需要测定哪些数据？

3. 相同的材质不同的管径，不同水温下测定的 λ-*Re* 数据能否关联在同一条曲线上？如果水温相同呢？

表 2-3　光滑管直管阻力及摩擦系数的测定数据记录及处理表

流体设备号：______		运行时间____年____月____日　星期____						
序号	涡轮流量计 /(m^3/h)	变频器 /Hz	直管压差 /kPa	水温 /℃	流速 /(m/s)	$\sum h_{损}$	λ	*Re*
1								
2								
3								
4								
5								
6								
7								
8								
9								
10								
11								
12								

表 2-4　粗糙管直管阻力及摩擦系数的测定数据记录及处理表

流体设备号：______	运行时间____年____月____日　星期____							
序号	涡轮流量计 /(m^3/h)	变频器 /Hz	直管压差 /kPa	水温 /℃	流速 /(m/s)	$\sum h_{损}$	λ	Re
1								
2								
3								
4								
5								
6								
7								
8								
9								
10								
11								
12								

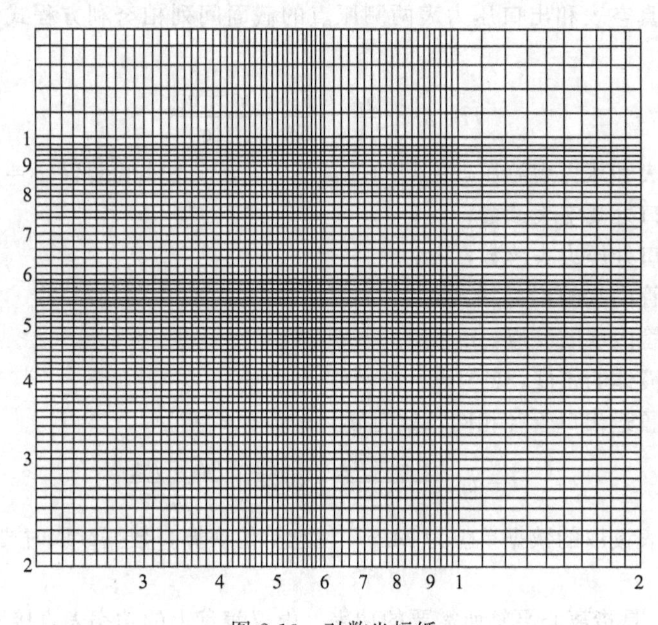

图 2-10　对数坐标纸

实验六　离心泵特性曲线的测定

一、实验目的

1. 了解离心泵的构造，掌握其操作和流量调节方法。
2. 了解涡轮流量计的构造及工作原理。
3. 了解离心泵轴功率的测定方法。
4. 测定离心泵在一定转速下的特性曲线。

二、实验预习要求

1. 预习教材中离心泵的有关内容。

2. 搞清实验装置的流程、设备、仪表和操作方法。确定需查找的各种参数、需记录的各项数据和测取手段。

3. 绘制好原始数据记录表格。可参考表 2-5。

三、基本原理

离心泵的特性曲线是指离心泵在一定转速下，它的送液能力 q_V 与扬程 H、轴功率 P_a 及效率 η 之间的关系，以函数形式表示：

$$H=f_1(q_V), P_a=f_2(q_V), \eta=f_3(q_V)$$

上述关系可通过实验测得，将实验结果标绘在同一坐标纸上，即称离心泵的工作性能曲线或特性曲线。有了这一组曲线，泵的使用单位就可以选择符合生产需要的离心泵和确定离心泵最适宜的操作条件。

1. 送液能力 q_V 的确定

在一定转速下，用出口阀调节离心泵的送液能力，其流量可用测量仪表测定。本装置用涡轮流量计测定流量。

2. 扬程 H 的测定

在离心泵进口真空表和出口压力表两测压点的截面间列柏努利方程式，并忽略阻力损失（因管路很短）得：

$$H=h_0+\frac{p_{真}}{\rho g}+\frac{p_{表}}{\rho g}+\frac{u_2^2-u_1^2}{2g} \tag{2-16}$$

式中 h_0——真空表和压力表测压点之间的垂直距离，m，本实验装置 $h_0=0.23$m；

$p_{真}$——泵进口处真空表读数，Pa；

$p_{表}$——泵出口处压力表读数，Pa；

u_1——吸入管内水的流速，m/s；

u_2——压出管内水的流速，m/s；

ρ——输送液体的密度，kg/m³。

由于本实验装置进出口管径相同，故而 $u_2=u_1$，原式变为

$$H=h_0+\frac{p_{真}+p_{表}}{\rho g}=0.23+\frac{p_{真}+p_{表}}{\rho g} \tag{2-17}$$

真空表及压力表读取的数据单位为 MPa，注意单位换算，数据读取时要估读一位。

3. 轴功率 P_a

泵的轴功率 P_a 是指离心泵轴所需要的功率。由仪表盘上的功率表直接读取。

4. 泵的效率 η

泵的效率 η 是指泵的有效功率 P_e 与泵的轴功率 P_a 之比，即

$$\eta=\frac{P_e}{P_a}\times100\%=\frac{q_V\rho gH}{P_a}\times100\% \tag{2-18}$$

四、流程和主要设备

1. 流程：如图 2-11 所示。

2. 主要设备

(1) YLH40-16 型离心泵，进、出口管径相等，均为 D_g40mm。

(2) 涡轮流量计　涡轮流量变送器、涡轮流量计显示仪表（流量指示仪）。

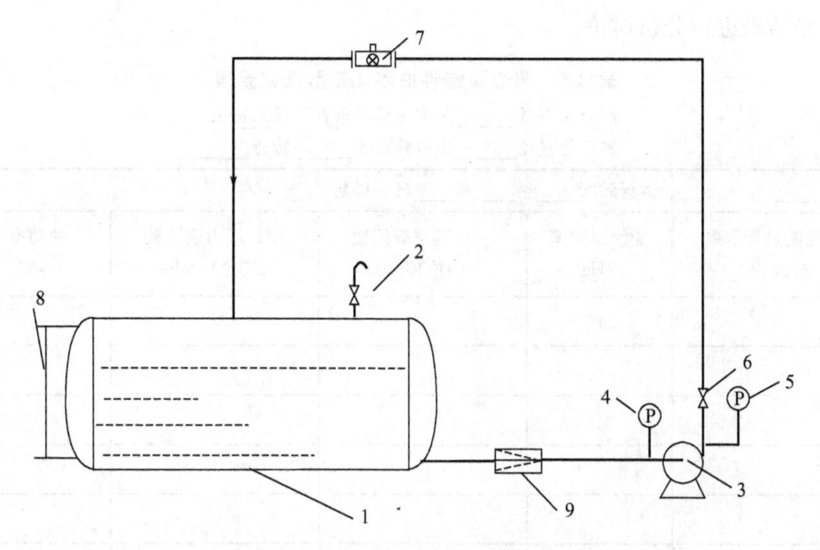

图 2-11　离心泵特性曲线测定流程

1—水罐；2—放空阀；3—离心泵；4—进口真空表；5—出口压力表；6—出口阀；7—涡轮流量计；8—玻璃管液位；9—过滤器

(3) 真空表、压力表。

(4) 功率表。

(5) 变频器。

五、操作步骤

1. 熟悉流程、设备及所用的仪表。

2. 开泵前的准备工作

(1) 检查 2＃离心泵、电机及其附件是否完好、正常。

(2) 检查水罐液位是否满足实验需要，即在 1/2～2/3。

(3) 检查各个设备及其附件（如压力变送器、玻璃管液位计等）是否齐全、完好、灵敏、准确。

(4) 灌泵：打开水泵进口阀，开出口阀及泵体顶部的丝堵，通过水罐液位高度向离心泵内自动灌水，灌满水后再关闭离心泵出口阀和泵体上的丝堵。

3. 开车

(1) 启动 2＃离心泵电机带动水泵运转。听声音是否正常，观察压力表指示应在一定的压力值下保持稳定，如有异常，立即关电机，且检查故障。

(2) 开启水泵出口阀，使流量由小到大，最后达到最高值，然后再从大到小均分 10～12 组数据，测量不同流量下的各个项目数值，并记录。注意不要忘记测取流量为零时的有关数据。

(3) 完成各个数值测定后，关闭 2＃离心泵出口阀，停泵。

(4) 关闭各仪表开关、停机，将设备恢复原状。

六、实验报告内容和要求

1. 绘制好原始数据记录表格和数据整理表格，可参考表 2-5、表 2-6。

2. 以一组数据为例，写出数据计算、处理的过程。

3. 在普通坐标纸上（图 2-12）绘制离心泵的特性曲线。

4. 对实验结果进行分析讨论。

表 2-5　离心泵特性曲线测定数据记录表

离心泵型号______两测压截面垂直距离230mm

进口管直径______出口管直径______转速______

流体设备号:______		运行时间____年____月____日　星期____				
序号	涡轮流量计示数/(m^3/h)	变频器频率/Hz	入口真空表读数(四位)/MPa	出口压力表读数(三位)/MPa	轴功率/kW	水温/℃
1						
2						
3						
4						
5						
6						
7						
8						
9						
10						
11						
12						

表 2-6　离心泵特性曲线测定数据整理表

流体设备号:______			运行时间____年____月____日　星期____				
序号	q_V/(m^3/s)	$\frac{p_{真}}{\rho g}$/m H_2O	$\frac{p_{表}}{\rho g}$/m H_2O	$\frac{u_2^2-u_1^2}{2g}$/m H_2O	H/m H_2O	P_e/kW	η
1							
2							
3							
4							
5							
6							
7							
8							
9							
10							
11							
12							

注：1mmH_2O=9.80665Pa，下同。

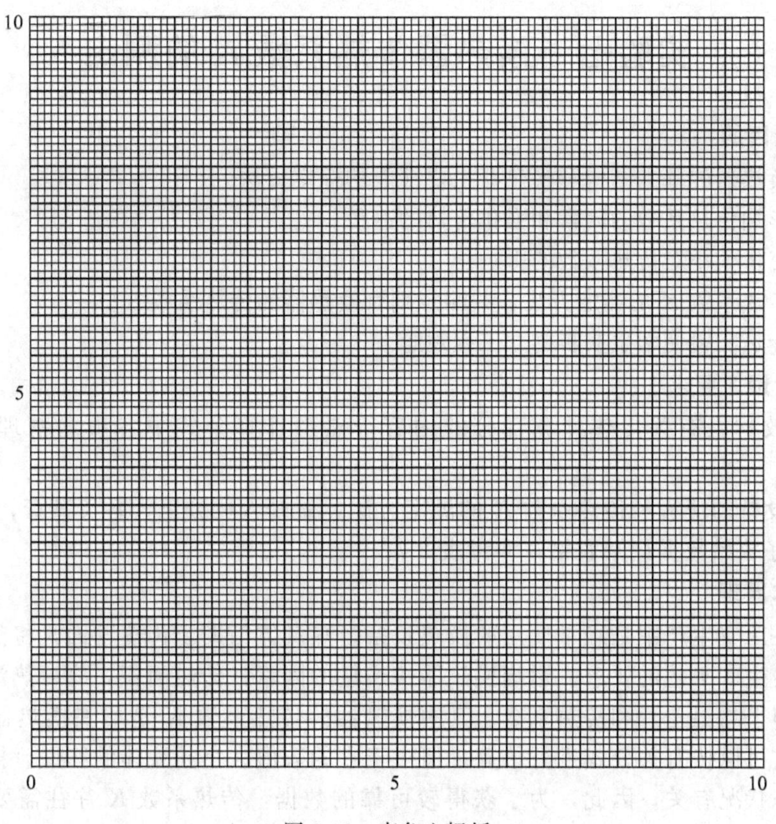

图 2-12　直角坐标纸

七、思考题

1. 离心泵在启动前为什么要灌泵？

2. 离心泵启动时为什么要关闭出口阀？泵启动后如果出口阀不开，泵内压力是否会不断上升？为什么？

3. 为什么调节离心泵的出口阀可以调节其流量？为什么不用泵的入口阀调节流量？

4. 为什么流量越大，离心泵入口处真空表读数越大？出口压力表读数越小？

5. 试分析气缚现象与气蚀现象的区别。

6. 离心泵与其他类型泵相比有什么优、缺点？

实验七　换热器传热系数 K 的测定

一、实验目的

1. 了解换热器的基本结构和换热器主要性能的标定方法。
2. 了解影响传热系数的因素和强化传热的途径。
3. 观察流量大小对传热系数的影响。
4. 掌握传热系数 K 的测定方法，并测定列管换热器的传热系数 K。
5. 通过传热实验使学生初步树立工程观念。

二、实验预习要求

1. 预习教材上有关传热计算部分的内容，熟悉计算公式中各项的物理意义及计算单位。
2. 熟悉设备的流程和传热系数 K 的测定方法，做好人员分工，各负其责，互相配合。
3. 绘制好原始数据记录表格，参考表 2-7。

三、基本原理

换热器在工业生产中是经常使用的换热设备。热流体借助于传热壁面，将热量传递给冷流体，以满足生产工艺的要求。影响换热器传热量的因素：传热面积，冷、热流体之间的传热推动力（即平均温差）和传热系数。其中换热器的传热系数 K 是反映换热器性能好坏的主要指标。它可以按有关公式进行估算，但由于它的数值大小同流体的物性、换热器的结构型式以及操作状况有关，因此，为了获得较可靠的数据，传热系数 K 往往需要利用现场实测法进行实际测定。

本实验是利用蒸汽走列管换热器的壳程空间来加热管程内的空气。

由总传热速率方程

$$Q=KA\Delta t_m \tag{2-19}$$

可知

$$K=\frac{Q}{A\Delta t_m} \tag{2-20}$$

式中　K——总传热系数，$W/(m^2 \cdot ℃)$；

Q——传热速率，W；

Δt_m——传热推动力平均温差，℃；

A——传热壁面的面积，m^2。

对列管换热器：

$$A=n\pi d_o l \tag{2-21}$$

式中　n——列管换热器的管数；

d_o——列管的外径，m；

l——列管的长度，m。

换热器在实际工作状态中，若忽略其热损失，则认为热流体的放热 Q_h 等于冷流体的吸热 Q_c，也等于换热器的传热速率 Q，即：

$$Q_h=Q_c=Q \tag{2-22}$$

其中

$$Q_h=q_{mh}c_{pmh}(T_1-T_2) \tag{2-23a}$$

或
$$Q_h = q_{mh} r_h \tag{2-23b}$$
而
$$Q_c = q_{mc} c_{pmc} (t_2 - t_1) \tag{2-24a}$$
或
$$Q_c = q_{mc} r_c \tag{2-24b}$$

式中　q_{mh}，q_{mc}——热、冷流体的质量流量，kg/s；

c_{pmh}，c_{pmc}——热、冷流体的恒压平均比热容，kJ/(kg·℃)；

r_h，r_c——热、冷流体的相变热，kJ/kg；

T_1，T_2，t_1，t_2——热流体的进、出口温度和冷流体的进、出口温度，℃。

根据本实验条件，实验测得的数据中蒸汽的质量流量 q_{mh} 未知，但 q_{mc} 可由空气的体积流量 q_V 求得，而冷流体空气一侧的流体没有相变。因此，

$$Q = Q_c = q_{mc} c_{pmc} (t_2 - t_1) \tag{2-25}$$

其中
$$q_{mc} = \rho q_V \tag{2-26}$$

式中　q_V——空气管道中空气的体积流量，m^3/s；

ρ——空气管道中体积流量测量处的空气密度，kg/m^3。

$$\rho = \frac{pM}{RT} \tag{2-27}$$

式中　p——空气管道的绝对压力，kPa；

M——空气的千摩尔质量，29kg/kmol；

T——空气管道体积流量测量处的温度（风机出口温度），K；

R——通用气体常数，8.314kJ/(kmol·K)。

式（2-25）中的恒压平均比热容 c_{pmc} 可由空气在换热器的进、出口温度的平均温度 $\bar{t} = \frac{t_1 + t_2}{2}$ 作定性温度到相关气体的比热容共线图中查取。

式（2-20）中的对数平均温差 Δt_m 的表达式为

$$\Delta t_m = \frac{\Delta t_1 - \Delta t_2}{\ln \frac{\Delta t_1}{\Delta t_2}} \tag{2-28}$$

式中　Δt_1，Δt_2——换热器两端的冷、热流体进、出口的温度差，其中差值大的为 Δt_1。其蒸汽温度 T 由操作过程中控制的蒸汽压力的绝对压力，到教材相关附录中查取。

最后，将式(2-21)、式(2-25) 和式(2-28) 代入式(2-20)，即可计算出列管换热器的总传热系数 K。

对于多管程的列管式换热器，平均温度差的计算方法通常是：先按逆流求得其平均温度差 $(\Delta t_m)_{逆}$，然后再根据实际流动情况乘以温度差校正系数 $\varphi_{\Delta t}$，即：

$$\Delta t_m = \varphi_{\Delta t} (\Delta t_m)_{逆} \tag{2-29}$$

温度差校正系数 $\varphi_{\Delta t}$ 值可从教科书上相应的 $\varphi_{\Delta t}$ 图中查出。

确定了式(2-20) 中的其他项时，便可计算出 K 值。

本实验后附有实验过程数据记录表和计算 K 值的数据处理表。

四、流程和主要设备

1. 流程：如图 2-13 所示。

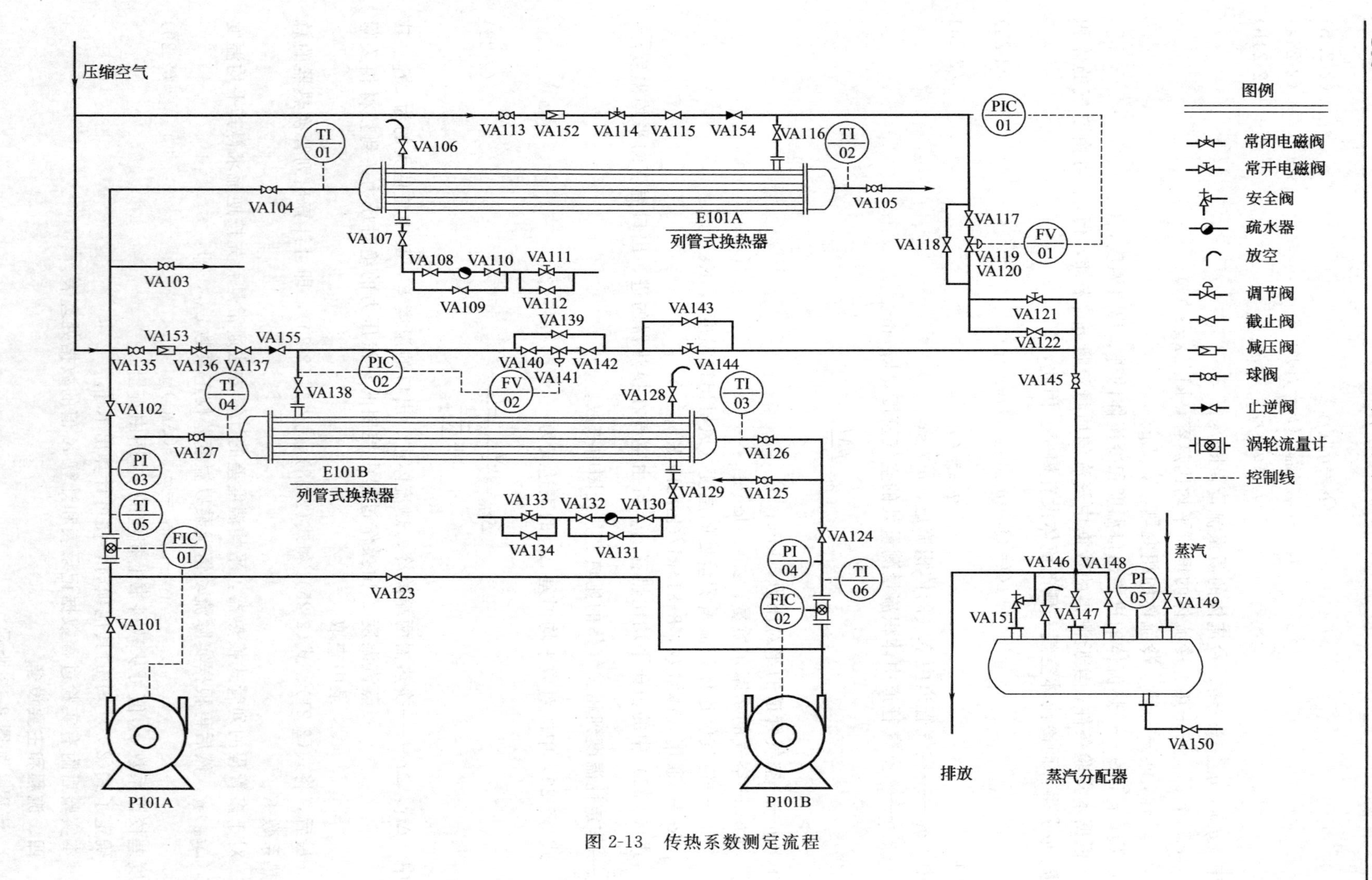

图 2-13 传热系数测定流程

2. 主要设备

(1) 列管换热器　单壳程单管程。壳体为长 1200mm 的 ϕ159mm×3mm 不锈钢管，内有圆缺形折流挡板；管束为长 1200mm 的 ϕ20mm×1mm 不锈钢管三根。

(2) 蒸汽发生器　LDZ (K) 自动电加热蒸汽锅炉，外形 650mm×450mm×850mm。额定蒸汽压力 0.4MPa，额定蒸发量 17kg/h，容积 35L，电压 380V，功率 12kW。

(3) 蒸汽分配器　外形 ϕ219mm×700mm，带安全阀等全套连接管路与阀门。

(4) XGB-7 型旋涡气泵：最大压力 28MPa，最大流量 210m^3/h。

(5) 涡轮流量计：型号 LWQ-50A，流量范围 0～180m^3/h。

(6) 压力变送器：空气管路 CYB200B，0～20kPa；蒸汽管路 CYB300B，0～300kPa。

五、操作步骤及注意事项

1. 操作前准备工作

(1) 熟悉各设备、流程与所用仪表，及列管式换热器的结构和工作原理。

(2) 检查换热器、公用设施如水、电等系统是否正常。

2. 正常操作过程

(1) 打开空气管路阀门 VA101、换热器进口阀 VA103、出口阀 VA124 和蒸汽放空阀 VA106；关闭阀门 VA105 和吹扫阀 VA102。

(2) 启动仪表柜总电源，开启仪表电源，打开风机变频器电源，启动变频器使对应的旋涡气泵运转，通过变频器的设定将空气流量控制仪表的示数分别调节至 30m^3/h、40m^3/h、50m^3/h。

(3) 打开蒸汽发生器加热电源，待蒸汽发生器上方的压力表 (PI) 示数达到设定压力 0.4MPa 时，缓慢打开蒸汽分配器上的入口阀 VA135，控制蒸汽分配器的压力达到指定压力 (0.05MPa 范围) 并保持基本恒定。

(4) 打开蒸汽分配器出口阀 VA147，打开蒸汽总管控制球阀 VA145，用电动调节阀的旁路阀 VA118 控制蒸汽压力 (20～50kPa)，换热器壳程放空阀在输送蒸汽开始时，见汽即关，待蒸汽压力达到 20kPa 后，再次开启，见汽即关，以便彻底排放蒸汽中的不凝性气体。

(5) 缓慢打开手动控制阀 VA118，蒸汽通过压力传感器 (PIC01) 进入换热器壳程，通过电动调节阀的旁路阀 VA118 控制蒸汽压力 (20～50kPa) 并保持基本恒定。蒸汽换热后的冷凝水经过冷凝水排出管路各阀门和疏水器排入下水管。

(6) 在操作过程中，空气流量分别控制 30m^3/h、40m^3/h、50m^3/h，蒸汽压力控制 (20±2) kPa，每 3min 记录一次，最终保持换热器出口温度稳定 3 组数据以上，再更换下一个流量进行试验操作。

3. 正常停车过程

(1) 关闭蒸汽系统：完成操作任务后，首先关闭手动控制阀 VA118，然后关闭蒸汽总管控制球阀 VA145，关闭蒸汽分配器入口阀门 VA149，关闭蒸汽分配器上的出口阀 VA147，待蒸汽压力降至 0 左右时，微开放空阀 VA106，最后关闭蒸汽发生器加热电源。

(2) 关闭空气系统：当换热器的空气出口温度降至 40℃以后，先使旋涡气泵的变频器停止运行，然后关闭风机电源。

(3) 各相关阀门复位。

(4) 关闭仪表电源和总电源，检查设备停车后的状态。

(5) 完善数据记录，填写设备运行记录，收拾操作现场。

六、实验报告内容和要求

1. 将测取的数据填入表 2-7。
2. 实验目的明确、原理正确、数据处理举例思路清晰准确（数据处理举例必不可少）。
3. 数据处理结果填入数据整理表格。参考表 2-8。
4. 讨论实验结果，分析换热器 u-K 的变化关系。

表 2-7　传热系数测定操作数据记录表

日期：　　　年　　　月　　　日　　　星期　　　时　　　分至　　　时　　　分

操作人员班级、岗位、姓名、学号：

实验任务描述：

设备号：第　组（A、B）

介质 时间	蒸汽	空气					
	压力/kPa	风机频率/Hz	流量/(m³/h)	换热器进口温度/℃	换热器出口温度/℃	风机出口温度/℃	管道压力/kPa

表 2-8　传热系数测定数据整理表

换热器管程数单程，壳程数单程。换热管长度1.2m，换热管规格ϕ20mm×1mm

序号	空气相关参数							蒸汽相关参数			计算结果		
	空气流量 V_s /(m³/s)	空气温度变化 t_2-t_1 /℃	风机出口温度 t_0 /℃	空气管道压力 p_0 /kPa	空气密度 ρ/(kg/m³)	空气质量流量 q_{mc}/(kg/s)	空气比热容 c_{pc}/[J/(kg·℃)]	热负荷 Q_c/W	蒸汽压力 p/kPa	蒸汽温度 T/℃	平均温差 Δt_m /℃	传热面积 A /m²	传热总系数 K /[W/(m²·℃)]

七、思考题

1. 旋涡气泵为什么必须在出口管路各个阀门全部开启的前提下才能启动？旋涡气泵出口管路的流量调节都有哪些方法？

2. 饱和蒸汽做加热介质有什么优点？为什么超过180℃不再使用蒸汽加热？

3. 影响传热系数 K 的因素有哪些？

4. 强化传热的途径有哪些？

5. 在实验过程当中，有哪些因素影响实验的稳定性？

实验八　精馏塔效率的测定

一、实验目的

1. 熟悉精馏塔的工艺流程，掌握精馏塔的操作方法。

2. 了解板式精馏塔的结构，观察塔板上汽-液接触状况。

3. 学习测定部分回流时的全塔效率。

4. 正确理解和掌握各工艺条件（进料、采出、回流、浓度、温度和压力等）的控制和它们之间的内在联系及对精馏操作的影响。

5. 掌握根据实验数据进行理论板数的计算方法。

二、实验预习要求

1. 预习教材中精馏部分有关内容及有关计算公式。

2. 熟悉工艺流程和操作步骤，做好人员分工，互相配合。

3. 绘制好原始数据记录表格，参考表 2-9。

4. 实验的重点在操作的控制。

三、基本原理

精馏塔是分离液体均相混合物的重要设备。在板式精馏塔中，由塔釜产生的蒸气沿塔板逐板上升与来自塔顶逐板下降的回流液，在塔板上实现多次接触，进行传热与传质。由于组分间的挥发度不同，气液两相每接触一次则进行一次分离，轻组分和重组分在逐板上升和下降过程中被逐渐提浓。如果在每层塔板上，上升的蒸气与下降的液体处于平衡状态，则该板称为理论板。然而在实际操作中，由于接触时间有限，气液不可能达到平衡，即实际塔板的分离效果达不到一块理论板的作用。因此，完成一定的分离任务，精馏塔所需要的实际塔板数总是比理论塔板数要多。

精馏塔所以能使液体混合物得到较完全的分离，关键在于回流的运用，它是精馏操作得以实现的基础。从塔顶回流入塔的液体量与塔顶产品量之比称为回流比，它是精馏操作的一个重要控制参数，回流比数值的大小影响着精馏操作的分离效果与能耗。回流比存在两种极限情况：最小回流比和全回流。若塔在最小回流比下操作，要完成分离任务，则需要无穷多块塔板的精馏塔。当然，这不符合工业实际，所以最小回流比只是一个操作限度。若操作处于全回流时，既无任何产品采出，也无原料加入，塔顶的冷凝液全部返回塔中，这在生产中没有意义。但是，由于此时所需理论板数最少，又易于达到稳定，故常在工业上开停车、排除故障及科学研究时采用。

实际回流比常取最小回流比的 1.1～2.0 倍。在精馏操作中，若回流系统出现故障，操作情况会急剧恶化，分离效果也将变坏。

对于双组分混合液的精馏，若已知气液平衡数据、塔顶馏出液组成 x_D、釜残液组成 x_W、料液组成 x_F 及回流比 R 和进料状态，就可由图解法求出理论塔板数 $N_{理}$。

板效率是反映塔板性能及操作好坏的重要指标，表示板效率的方法常用的有两种。

(1) 全塔效率 E_T

$$E_T=\frac{N_{理}}{N_{实}}\times 100\% \tag{2-30}$$

式中 $N_{理}$——理论板数；

$N_{实}$——实际板数。

(2) 单板效率 E_{ml} [液相默弗里（Murphree）板效率]

$$E_{ml}=\frac{实际板的液相浓度降低值}{理论板的液相浓度降低值}=\frac{x_{n-1}-x_n}{x_{n-1}-x_n^*} \tag{2-31}$$

式中 x_{n-1}，x_n——进入和离开 n 板的液相组成；

x_n^*——与第 n 块板气相浓度相平衡的液相组成。

表 2-9　精馏实验数据记录表

精馏设备号：　　测试人员：主操______副操一______副操二______

运行时间____年____月____日　星期____时____分至____时____分

参数 时间		加热电压/V	温度/℃ 塔顶温度	温度/℃ 塔釜温度	温度/℃ 进料温度	压力/kPa 塔釜压力	液位/mm 凝液罐液位	泵频率/Hz 回流泵	泵频率/Hz 采出泵	取样浓度分析（校正后，体积分数）/% 原料	取样浓度分析（校正后，体积分数）/% 塔顶	取样浓度分析（校正后，体积分数）/% 塔釜
	全回流				无				无			
	部分回流											

加料流量/(L/h)	全回流流量/(L/h)	部分回流流量/(L/h)	采出流量/(L/h)	回流比

注：实际塔板数______块。

实际加料板位置（从上往下数）第______块。

值得说明的有，塔板结构、物系性质、操作状况均对板效率有影响。

对于式(2-30)中的理论板数 $N_{理}$，这里用图解法求取，其求取方法请参照相关教材(表 2-10)。本实验后附有乙醇-水物系的气、液相平衡数据（表 2-11）及直角坐标纸（图 2-15）。注意计算过程中一定要将实验测得的料液组成的体积分数折算为摩尔分数。

表 2-10 精馏数据整理表

组成(摩尔分数)			回流比 R	理论板数 $N_{理}$	实际板数 N	全塔效率 E_T
进料	馏出液	釜残液				

表 2-11 乙醇-水溶液在 101.3kPa 下的气液平衡数据

乙醇(摩尔分数)/%		温度/℃	乙醇(摩尔分数)/%		温度/℃
液相中	气相中		液相中	气相中	
0.00	0.00	100	32.73	58.26	81.5
1.90	17.00	95.5	39.65	61.22	80.7
7.21	38.91	89.0	50.79	65.64	79.8
9.66	43.75	86.7	51.98	65.99	79.7
12.38	47.04	85.3	57.32	68.41	79.3
16.61	50.89	84.1	67.63	73.85	78.74
23.37	54.45	82.7	74.72	78.15	78.41
26.08	55.80	82.3	89.43	89.43	78.15

四、流程和主要设备

1. 流程

本装置由精馏塔主体、供料系统、产品储槽和仪表控制柜等部分组成，流程如图 2-14。

2. 主要设备

(1) 筛板精馏塔　不锈钢塔体，塔顶有吹扫，塔釜装有磁翻转液位计；塔体内径 ϕ76mm，14 块筛板，板间距 120mm，塔釜 ϕ159mm×500mm，孔径 2mm，孔间距 6mm，孔数 80，孔排列方式为正三角形；加料板分别为第六、八、十块塔板。

(2) 原料罐　不锈钢罐，ϕ300mm×400mm，有放空阀。

(3) 塔顶产品罐　不锈钢罐，ϕ219mm×400mm，有放空阀。

(4) 塔釜产品罐　不锈钢罐，ϕ273mm×400mm，有放空阀。

(5) 回流分配罐　不锈钢罐，装有磁翻转液位计；ϕ76mm×400mm，有取样口。

(6) 再沸器　电加热，ϕ159mm×300mm，加热功率 2.5kW，带有 1.2kW 干扰加热。

(7) 塔顶冷凝器（水冷）　不锈钢列管换热器，壳体 ϕ108mm×400mm，换热面积 0.31m^2。

(8) 塔釜热交换器　不锈钢列管换热器，壳体 ϕ108mm×400mm，换热面积 0.15m^2。

(9) 原料预热器　电加热，ϕ50mm×300mm，加热功率 600W。

(10) 进料泵　J-1.6 柱塞计量泵，最大流量 10L/h。

(11) 回流泵　J-1.6 柱塞计量泵，最大流量 10L/h。

(12) 塔顶产品采出泵　J-W 柱塞计量泵，最大流量 6L/h。

(13) 料液循环泵　旋涡增压泵，最大流量 10L/min。

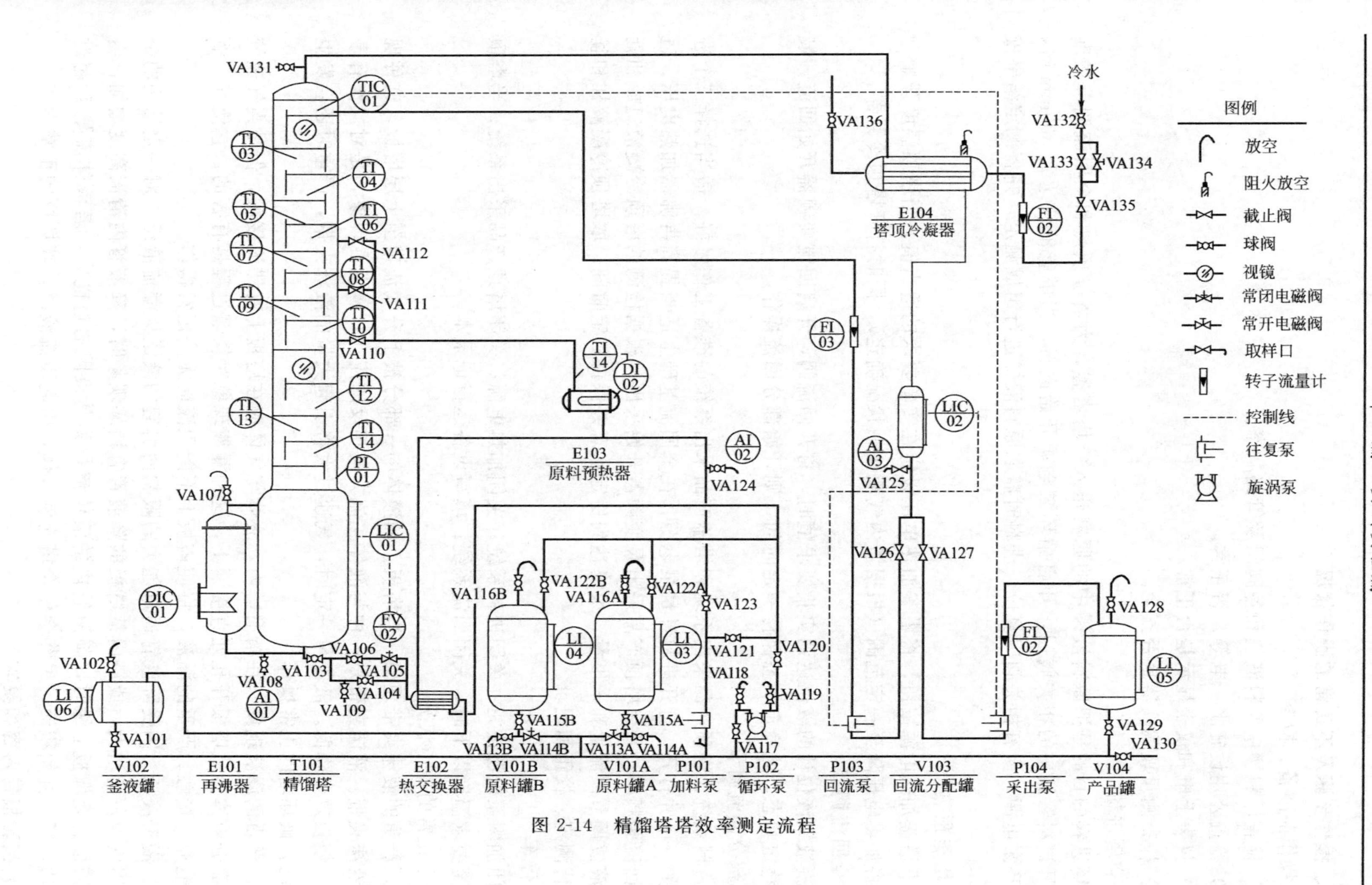

图 2-14　精馏塔塔效率测定流程

五、操作步骤及不正常的操作状况

1. 操作前准备、检查

(1) 检查原料罐中原料液位和各阀门及管路状态。

(2) 检查公用设施水、电等是否正常。

(3) 仪表上电和仪表显示是否正常。

(4) 检查测量玻璃仪器是否齐全。

2. 空塔进料

空塔进料的目的是把原料液罐中的原料送入空塔塔釜，为塔釜预热和全回流调节做准备。打开进料管路中的相关阀门，开启循环泵电源开始进料，当塔釜液位达到300mm时，关闭循环泵电源，所有相关阀门复位。进料时需取原料液样进行组成测定，并将测定结果校正、记录。

3. 塔釜预热

按下塔釜加热电源按钮，将塔釜加热电压设定在实验要求的适当值。当塔顶温度开始上升时，将加热电压降至一定范围（根据塔内气液接触状况确定），同时打开塔顶冷凝器。

4. 全回流调节

当凝液罐液位计的液位达到实验要求值时，打开回流阀，开启回流变频器开始回流，最终达到稳定状态，此稳定状态保持一定时间，则开始部分回流操作。

5. 部分回流调节

将进料系统、塔顶产品采出系统和塔釜产品采出系统的准备工作做好。适当选择三个进料阀中的一个并打开，打开进料计量泵电源，在全回流基础上适当提高再沸器加热电压，适当减小回流泵频率；开启塔顶产品采出泵变频器开始采出。根据检测的塔顶冷凝液组成和凝液罐的液位调节回流量和采出量，最终达到稳定状态并保持一定时间。取塔顶冷凝液样和釜液样进行测定、校正和记录。

6. 停车

关闭加料泵电源按钮；关闭进料系统；关闭加热电源；关闭塔顶产品采出系统；当塔顶温度降至要求温度以下时，关闭回流系统；填写设备运行记录本。

7. 不正常的操作状况

(1) 严重的液沫夹带现象　当塔板上的液体的一部分被上升气流带至上层塔板，这种现象称为液沫夹带。液沫夹带是一种与液体主流方向相反的流动，属返混现象，是对操作有害的因素，使板效率降低。液流量一定时，气速过大将引起大量的液沫夹带，严重时还会发生夹带液泛，破坏塔的正常操作。

(2) 严重的漏液现象　在精馏塔内，液体与气体应在塔板上有错流接触，但是当气速较小时，部分液体会从塔板开孔处直接漏下，这种漏液现象对精馏过程是有害的，它使气、液两相不能充分接触。严重的漏液，将使塔板上不能积液而无法正常操作。

(3) 溢流液泛　因受降液管通过能力的限制而引起的液泛称溢流液泛。对一定结构的精馏塔，当气液负荷增大，或塔内某塔板的降液管有堵塞现象时，降液管内清液高度增加，当降液管液面升至堰板上缘时，降液管内的液体流量为其极限通过能力，若液体流量 L 超过此极限值，板上开始积液，最终会使全塔充满液体，引起溢流液泛，破坏塔的正常操作。

六、实验报告内容和要求

1. 实验报告中应有：实验目的、基本原理、流程和主要设备、原始数据、计算过程举例等。

2. 在附图的普通坐标纸（图 2-15）上绘制乙醇-水的 x-y 图，用图解法求理论塔板数，并计算全塔效率。

3. 讨论实验现象，分析实验结果。

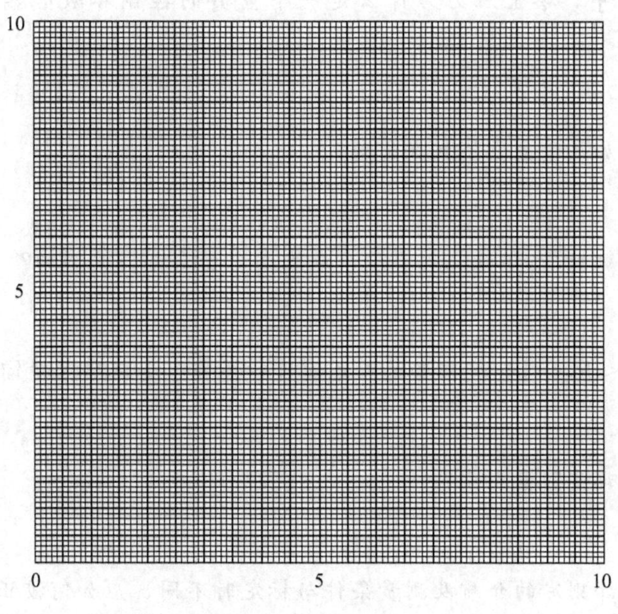

图 2-15 直角坐标纸

七、思考题

1. 精馏装置由哪几个部分组成？试述基本流程。

2. 影响精馏塔操作稳定的因素有哪些？如何确定精馏塔操作已达稳定？

3. 进料状态对精馏塔操作有何影响？确定 q 线需要测定哪几个量？

4. 改变回流比对精馏塔操作有何影响？

5. 查取原料液的汽化潜热时定性温度取何值？

6. 什么是全回流？全回流操作的标志有哪些？在生产中有什么实际意义？

7. 本实验装置能否精馏出 98%（体积分数）以上的酒精？为什么？

8. 改变进料位置对精馏塔操作有何影响？

9. 塔顶冷液回流对精馏塔的操作有何影响?

10. 精馏塔操作中，塔釜压力为什么是一个重要的控制参数? 塔釜压力与哪些因素有关?

11. 你认为塔釜加热量主要消耗在何处?

12. 什么叫"灵敏板"? 塔板上的温度（或浓度）受哪些因素影响?

13. 当回流比 $R<R_{min}$ 时，精馏塔是否还能进行操作? 如何确定精馏塔的操作回流比?

14. 塔板效率受哪些因素影响?

15. 各转子流量计测定的介质及测量条件与标定时不同，应如何校正?

实验九　填料吸收塔体积吸收总系数的测定

一、实验目的

1. 了解旋涡气泵的工作原理，练习并掌握其流量调节方法。
2. 了解吸收装置的流程、填料塔结构，练习并掌握其操作方法。
3. 在不同空塔气速下，观察填料塔中流体力学状态。
4. 掌握吸收过程气体吸收率 φ 的测定方法。
5. 掌握吸收过程体积吸收总系数的测定方法，测定在一定喷淋量下水吸收 CO_2 的体积吸收总系数 $K_{液a}$。

二、实验预习要求

1. 预习吸收原理、填料塔流体力学特性等相关内容，熟悉掌握有关的计算公式及式中各项的单位和使用条件。
2. 熟悉不同填料类型如鲍尔环、拉西环、θ 网环、不锈钢丝网规整填料等。
3. 熟悉装置、流程及相关的操作步骤，做好组内人员分工。
4. 绘制出数据记录表格及数据整理表格，可参考本实验表 2-13～表 2-15。

三、基本原理

填料塔是一种应用很广泛的气液传质设备，它具有结构简单、压降低、填料易用耐腐蚀材料制造等优点。

1. 填料塔的流体力学特性

在填料塔内液膜所流经的填料表面是许多填料堆积而成的，形状极不规则。吸收塔中填料的作用主要是增加气液两相的接触面积，这种不规则的填料表面有助于液膜的湍动。特别是当液体自一个填料通过接触点流至下一个填料时，原来在液膜内层的液体可能转而处于表面，而原来处于表面的液体可能转入内层，由此产生所谓表面更新现象。

气体在通过填料层时，由于局部阻力和摩擦阻力而产生压强降。

填料塔的流体力学特性是吸收设备的重要参数，它包括压强降和液泛规律。测定填料塔的流体力学特性是为了计算填料塔所需动力消耗和确定填料塔适宜操作范围，选择适宜的气液负荷，故填料塔的流体力学特性是确定最适宜操作气速的依据。

在气体通过干填料（$L_0=0$）时，其压强降与气速之间的函数关系在双对数坐标上为一直线，其斜率为1.8～2.0，如图2-16中AB线。当填料上有液体喷淋时，在低气速时，压强降和气速间的关联线与通过干填料时的线几乎平行，但压强大于同一气速下干填料的压降，如图2-16中CD段。随气速增加出现载点（图中D点），填料层持液量开始增大，压强降与气速关联线向上弯曲，斜率变大，如图2-16中DE段。当气速增大到E点，填料层持液量越积越多，气体的压强降几乎是垂直上升，气体以泡状通过液体，出现液泛现象，此点E称为泛点。

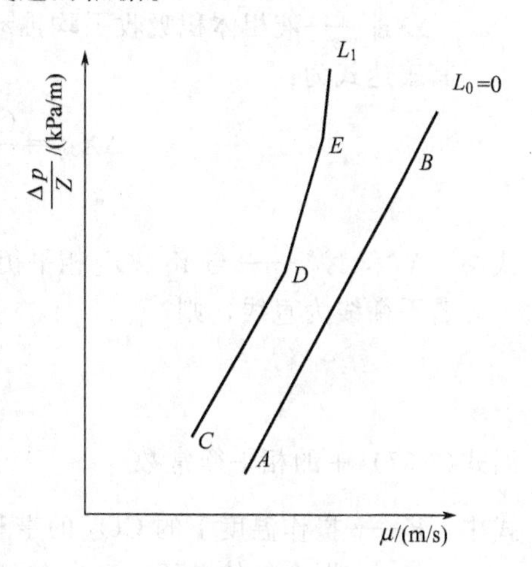

图2-16　填料层的$\frac{\Delta p}{Z}$-u关系

本实验用空气与水在一定喷淋密度下，逐渐增大气速，记录填料层压强降的变化至出现液泛，并按要求连续记录相关数据（见表2-13）。

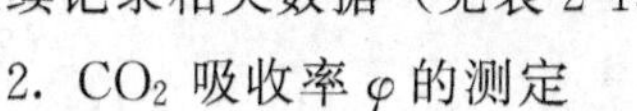

2. CO_2 吸收率 φ 的测定

$$\varphi=\frac{Y_1-Y_2}{Y_1} \tag{2-32}$$

式中　Y_1，Y_2——进、出塔气体的摩尔分数。

$$Y=\frac{y}{1-y} \tag{2-33}$$

式中　y——混合气体中吸收质的摩尔分数，由仪表读数。

3. 体积吸收总系数$K_{液a}$的测定

反映填料吸收塔性能的主要参数之一是吸收（传质）系数。影响传质系数的因素很多。因而对不同系统和不同吸收设备，传质系数各不相同，所以不可能有一个通用的计算式。工程上就往往利用现有同类型的生产设备或中间试验设备进行传质系数的实验测定，作为放大设计之用。

本实验是用水吸收空气-CO_2混合气中的CO_2，操作过程属于液膜控制。适宜的空塔气速应控制在液泛速度之下。

混合气体中CO_2的浓度≤20%，但由于CO_2在水中的溶解度较差，所以得到的溶液浓度也不高，气、液两相的平衡关系可以被认为服从亨利定律，又因是常压操作，则可认为相平衡常数m值仅是温度的函数。

由教材中学过的填料层高度计算式

$$Z=\frac{L(X_1-X_2)}{K_{液a}S\Delta X_{均}} \tag{2-34}$$

可知
$$K_{液a}=\frac{L(X_1-X_2)}{ZS\Delta X_{均}} \tag{2-35}$$

式中　$K_{液a}$——液相体积吸收总系数，kmol/(m³·h)；

L——进塔吸收剂的流量，kmol/h；

X_1，X_2——出、进塔液体中吸收质的摩尔分数；

Z——填料层高度，m；

S——吸收塔内截面积，若塔内径为 D，则 $S=0.785D^2$，m²；

$\Delta X_{均}$——液相体积吸收平均推动力，取塔底与塔顶推动力的对数平均值。

其表达式为：

$$\Delta X_{均}=\frac{(X_1^*-X_1)-(X_2^*-X_2)}{\ln\frac{X_1^*-X_1}{X_2^*-X_2}} \tag{2-36}$$

式中　X_1^*，X_2^*——与 Y_1、Y_2 相平衡的液相组成。

若平衡线为直线，则

$$X^*=\frac{Y}{m} \tag{2-37}$$

而式(2-37) 中的相平衡常数
$$m=\frac{E}{p} \tag{2-38}$$

式中　E——操作温度下的 CO_2 的亨利系数，Pa，见表 2-12；

p——混合气体总压，Pa（绝压）。

式(2-35) 和式(2-36) 中的 $X_2=0$(进塔吸收剂为纯水)，则按物料衡算式计算 X_1 有：

$$X_1=\frac{V(Y_1-Y_2)}{L} \tag{2-39}$$

式中　V——惰性气体的进塔流量，kmol/h。

仪表中读出的空气的流量为体积流量 q_V，单位为 L/min，若其密度为 ρ，则有：

$$V=\frac{60q_V}{22.4\times1000}\times\frac{T_0}{T}\times\frac{p}{p_0} \tag{2-40}$$

式中　T_0，p_0——标准状态下空气的温度和压强，273K、101.33kPa；

T——操作条件下气体的热力学温度，K。

p——操作条件下进塔惰性气体（空气）的绝压，kPa。

式(2-35) 和式(2-39) 中的进塔吸收流量 L 可由仪表读出的体积流量折算：

$$L=\frac{\rho q_{V水}}{1000M_{水}} \tag{2-41}$$

式中　$q_{V水}$——由吸收剂（水）的流量显示仪表读出，L/h；

$M_{水}$——水的千摩尔质量，kg/kmol；

ρ——水在操作温度下的密度，kg/m³。

最后，将各项计算结果带入式(2-35)，即可得到体积吸收总系数 $K_{液a}$。

表 2-12　不同温度下 CO_2 溶于水的亨利系数 E

温度/℃	0	5	10	15	20	25	30	35	40	45	50
E/MPa	73.7	88.7	105	124	144	166	188	212	236	260	287

四、流程和主要设备

1. 流程见图 2-17。

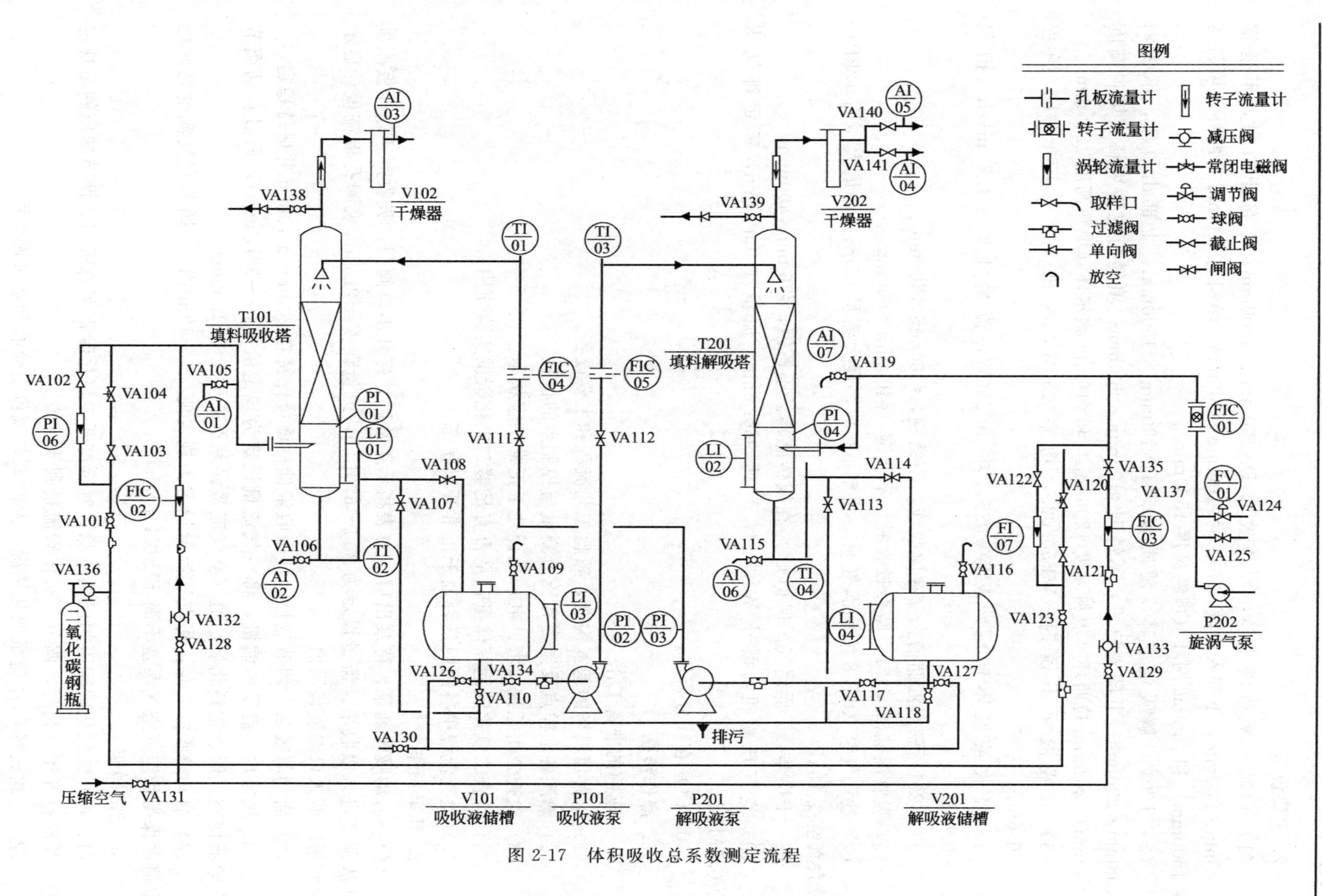

图 2-17　体积吸收总系数测定流程

2. 主要设备

（1）T101　吸收塔主体，硬质玻璃 DN100mm×1800mm；上部出口段，不锈钢 ϕ108mm×200mm；下部入口段，不锈钢 ϕ108mm×500mm；填料为 ϕ10mm 拉西环（填料高度 1500mm）和 ϕ6mmθ 网环（填料高度 1500mm）。

（2）T201　解吸塔主体，硬质玻璃 DN100mm×1500mm；上部出口段，不锈钢 ϕ108mm×200mm；下部入口段，不锈钢 ϕ108mm×500mm；填料为规整填料（填料高度 1200mm）、ϕ16mm 拉西环（填料高度 1200mm）和 ϕ16mm 鲍尔环（填料高度 1200mm）。

（3）解吸液泵不锈钢，WB50/025，功率 250W，流量 1.2～4.8m^3/h，扬程 6.5～9.6m。

（4）吸收液泵不锈钢，WB50/025，功率 250W，流量 1.2～4.8 m^3/h，扬程 6.5～9.6m。

（5）V201　解吸液储槽，储存解吸液，不锈钢，ϕ400mm×600mm。

（6）吸收液储槽 V101　储存吸收液，不锈钢，ϕ400mm×600mm。

（7）旋涡气泵 XGB-8 型旋涡气泵，功率 370W，最大流量 65m^3/h，最大压力 12kPa，最大真空度 10kPa。

（8）干燥器　干燥尾气，保护 CO_2 在线传感器。不锈钢，ϕ76mm×400mm。

（9）空气压缩机，型号 W1.0/8，转速 980r/min，流量 1.0m^3/min，额定排气压力 0.8MPa。

（10）CO_2 在线分析仪。

五、操作步骤

1. 开车前的准备工作

（1）了解填料塔的基本构造，熟悉工艺流程和主要设备。

（2）熟悉各取样点及温度和压力测量与控制点的位置。

（3）检查公用工程（水、电）是否处于正常供应状态。

（4）检查二氧化碳钢瓶储量，是否有足够二氧化碳供实验使用。

（5）检查流程中各阀门是否处于正常开车状态。

2. 开车操作

（1）启动吸收剂泵，待泵出口压力表指示正常后，打开出口阀门，吸收剂通过孔板流量计从顶部进入吸收塔。流量设定为 300～600L/h，流量误差±2L/h，观测孔板流量计显示值和解吸液入口温度显示值。

（2）启动解吸泵，调节流量，使吸收液储槽液位保持在 200mm±10mm 并保持稳定。

（3）稳定后，启动压缩机，将空气流量设定为规定值（10～30L/min），通过自动调节变频器使空气流量达到此规定值（空气流量误差不高于±0.2L/min）。

（4）启动解吸空气泵，将空气流量设定为规定值（4～12m^3/h），调节空气流量到此规定值并保持稳定（空气误差不高于±0.2m^3/h）。

3. 正常操作

（1）打开二氧化碳减压阀保温电源，然后打开二氧化碳钢瓶总阀门，调节减压阀至规定量，顺次打开相应阀门，调节二氧化碳流量到规定值。

（2）注意观察 CO_2 流量变化情况，及时调整流量至吸收和解吸操作稳定。

（3）稳定后，调节吸收剂泵流量，同时调整解吸泵流量维持液位稳定，按现场指导要求，重复上述操作。

4. 停车操作

(1) 关闭二氧化碳钢瓶总阀门及其他相关阀门，然后关闭二氧化碳减压阀保温电源。

(2) 继续喷淋一段时间后，关闭吸收剂泵，关闭解吸泵。

(3) 关闭压缩空气，关闭解吸空气泵。

(4) 阀门复位，关闭各相关仪表和总电源。

六、实验报告内容和要求

1. 一份完整的实验报告，应该做到实验目的明确，原理正确，原始数据记录准确和齐全，数据处理举例思路清晰，结果正确，对实验现象和结果讨论深刻、透彻等。

① 实验目的；②实验原理（必要公式）；③流程图及设备；④操作步骤；⑤原始及整理数据；⑥处理过程；⑦数据分析。

2. 原始数据记录表格和数据整理表格参考表 2-13～表 2-15。

3. 计算不同空塔气速下填料层阻力，并在双对数坐标纸上标绘塔内压强降 $\Delta p/Z$ 与空塔气速 u 的关系。

4. 计算一定喷淋量下 CO_2 的收率 φ。

5. 计算一定喷淋量下不同气速下体积传质系数 $K_{液a}$ 值。

6. 对实验中的现象和结果进行分析讨论。

表 2-13　填料塔流体力学操作数据记录表

设备号____　实训人员：主操____副操____记录员____

运行时间：__年__月__日　星期__时__分至__时__分

实训介质__填料类型__填料层高度__塔内径100mm

孔板流量计孔流系数0.6　孔径5mm

时间	空气			水				塔压差 /kPa	$\Delta p/Z$	塔内现象
	流量 /(m³/h)	气速 /(m/s)	温度 /℃	流量 /(L/h)	泵出口压力 /MPa	进塔温度 /℃	出塔温度 /℃			

表 2-14 填料塔体积吸收总系数测定操作数据记录表

设备号____ 实训人员：主操____ 副操____ 记录员____

运行时间：____年____月____日 星期____时____分至____时____分

实训介质 空气、水、CO_2 填料类型____ 填料层高度____ 塔内径100mm

孔板流量计孔流系数0.6 孔径 5mm

时间	吸收塔										
	CO_2	空气		吸收剂				压差/kPa	尾气 CO_2 浓度	吸收液槽液位/mm	塔内现象
	流量/(L/min)	流量/(L/min)	温度/℃	压差/kPa	泵出口压力/MPa	进口温度/℃	出口温度/℃				

表 2-15 填料塔体积吸收总系数测定数据整理表

设备号：____ 运行时间年____月____日 星期____同组人：____

序号	L		V/(kmol/h)	X_1	X_2	Y_1	Y_2	ΔX_1	ΔX_2	E/Pa	m	$\Delta X_{均}$	S/m^2	$K_{液a}$/[kmol/(m^3·h)]	φ
	m^3/h	kmol/h													

七、思考题

1. 测定传质系数 $K_{液a}$ 和 $\Delta p/Z$-u 关系曲线有何实际意义?

2. 测定 $\Delta p/Z\text{-}u$ 关系曲线和传质系数 $K_{液a}$ 需测哪些量？

3. 温度和压力对吸收和解吸操作有什么影响？

4. 从实验数据分析吸收过程是气膜控制还是液膜控制？

5. 本实验使用的是什么类型气泵？怎样调节解吸空气流量？

6. 水、空气、二氧化碳流量测定方法和计算方法是什么？

7. 填料吸收塔塔底为什么必须有液封装置？液封装置是如何设计的？

第三篇　实训安全篇

化工厂生产的特点是易燃、易爆、易中毒。因此，对化工企业来说，安全生产就显得更为突出。单元操作实训教学是综合学习过程，在学习操作技能的同时，培养学生化工职业意识，了解、掌握化工生产中的安全生产知识 。

第一节　概　　述

一、化工生产中的事故与伤害

1. 化工生产中的事故

一般把工业生产中突然发生的破坏性事件称为事故，按其危害对象分为设备事故、工艺事故和人身事故。

(1) 设备事故　其主要后果是造成设备的报损或损伤。如烧坏电机、压缩机气缸爆炸等。

(2) 工艺事故　也叫操作事故。是指由于操作不当或处理不当所发生的事故。其主要事故是因阀门开错造成跑料、冒料进而造成物料损失；因操作不当使反应条件超越工艺指标范围而出了废品，造成质量损失或产量损失；因加错反应物料使物料长时间不反应造成时间损失。

(3) 人身事故　其主要后果是使人体受伤害。如机器轧伤、触电、急性中毒、酸碱烧伤等。

2. 化工生产中操作工人易受的伤害

生产中操作工人所受的伤害指两方面内容：一是伤；一是害。伤指的是由于突然事件使工人身体受伤害。害指的是有害的工作环境对工人身体造成的危害，既有突然短期的受害又有长期缓慢的受害。受到的伤害主要如下。

(1) 发生火灾与爆炸，使工人烧伤、炸伤。

(2) 毒物侵入人体，发生急性中毒或慢性中毒。

(3) 因缺氧而窒息。

(4) 固体粉尘吸入人体使人致病。

(5) 化学品接触人体将身体灼伤。

(6) 高温设备、管线和蒸汽将人烫伤；或低温液体接触人体使人冻伤。

(7) 触电或电弧击伤；强光照射使眼受伤。

(8) 转动着的机器将人轧伤、碰伤；工作中跌倒或从高处跌落使人受伤。

(9) 工作中人体与设备、工具等猛烈相撞或高处落下重物将人砸伤。

(10) 高温高湿环境、环境噪声或严重震动使人致病。

(11) 运输车辆将人轧伤、撞伤。

二、化学工人应有的良好习惯

针对化工生产特点，为了国家的利益和自身的安全，化工操作工人都应有意识地养成一些良好的习惯，避免事故和伤害的发生。这些习惯如下。

(1) 不将火柴、打火机或其他引火物带入生产车间，在生产厂区内不能吸烟。

(2) 不穿带钉子的鞋进入易燃易爆车间。手持工具时不随便敲敲打打。不在厂房内投掷工具零件。

(3) 不在室内排放易燃及有毒的液体和气体。不将清洗易燃和有毒物料设备的清洗液在室内排放。

(4) 在易燃易爆车间内动火检修，要办动火证。进入设备、地沟、下水井时要事先分析可燃物、毒物和含氧量。养成认真检查动火证再开始工作的习惯。

(5) 注意车间内的气味，当气味异常时要查出物料泄漏处，戴好防护用品进行处理。养成戴好防护用品处理事故的习惯。

(6) 饭前洗手，班后洗澡。班前穿好工作服，下班后将工作服留在车间，工作服要常洗。养成这些习惯可以避免毒物经消化系统和皮肤进入人体，减少中毒的可能性。

(7) 工作前要保证睡眠。班前不喝酒。上班时不闲谈打盹，不看书看报，不乱窜岗位，不同时做多种可能互相影响的操作。养成这种习惯可以避免或减少操作错误，减少事故的发生。

(8) 不随便动不属于自己管理的设备，这样可以避免发生设备事故或电击伤。

(9) 遇到任何事故都应该镇静，用已有的知识迅速判断处理办法，采取适当措施处理事故。养成这种习惯可避免惊慌失措、因处理不当使事故扩大。

三、搞好安全生产的措施

1. 组织管理措施

制定劳动保护和安全生产的法规；完善安全管理制度；加强安全生产和劳动保护的研究；加强安全宣传和安全教育；加强安全分析。

2. 安全技术措施和个体防护措施

安全技术措施包括防火、灭火、防毒和防止其他伤害的技术措施。个体防护措施主要为防止个人在劳动中受到伤害所采取的防护措施。

3. 卫生保健措施

卫生保健措施主要是从医学卫生方面采取措施保护操作人员身体健康，使操作人员在工作时有充沛的精力，减少发生事故的可能性；另一方面，增强身体抗毒排毒的能力，在有毒有害工作环境中少受毒害。

第二节　火灾和爆炸

化工生产中发生破坏性最大的事故是火灾与爆炸引起着火形成火灾，或者是火灾扩大引起爆炸。火灾与爆炸的发生，不仅会破坏机器、设备和厂房，造成物料和时间的损失，往往还会使人员受伤致命，因而化工厂的防火、防爆应列为安全生产中的最重要的任务。

一、燃烧和燃烧条件

1. 燃烧

能同时放出热和光的化学反应称为燃烧。但通常所见到的燃烧，大多是物质与空气中氧气化合的过程。

2. 燃烧条件

燃烧必须有三个条件，即“燃烧三要素”。

（1）可燃物质　可以燃烧的物质称为可燃物质。可燃物质是进行燃烧的物质基础。

（2）助燃物质　可以与可燃烧物质进行化合而放出光和热的性质。一般燃烧的助燃物是空气中的氧气。纯氧、氯气、溴与硫的蒸气也能助燃。

（3）足够的温度或明火　要让可燃物质燃烧必须把它加热到一定的温度，物质不同燃烧所需要的温度也不同。例如纸加热到130℃就可燃烧，无烟煤加热到280～500℃才能燃烧，汽油的挥发物仅要遇到一个火星就可以燃烧或爆炸。

“燃烧三要素”必须同时存在才能引起燃烧，缺一不可。一切防火和灭火的方法，都是根据这个基本原理产生的。

二、爆炸和爆炸极限

1. 物理爆炸和化学爆炸

物体在极短时间内释放出大量能，引起强烈振动的现象称为爆炸。爆炸可分为物理爆炸、化学爆炸和核爆炸等。

（1）物理爆炸　设备管道或其他密闭容器从内部逐渐受到越来越大的压力，因内部受力过大而突然破裂所形成的爆炸称为物理爆炸。物理爆炸一般不伴随温度升高和燃烧。物理爆炸的主要原因是操作错误和设备缺陷。

（2）化学爆炸　物质在极短的时间内进行剧烈的化学反应而引起的爆炸称为化学爆炸。化学爆炸一般伴随温度升高和燃烧。

（3）核爆炸　由于核反应而引起的爆炸称为核爆炸。

化工生产中遇到的爆炸多为物理爆炸和化学爆炸，其中以化学爆炸为多见，所造成的危害也比物理爆炸大得多。

2. 爆炸极限

当可燃气体、蒸汽或粉尘与空气组成的混合物在一定浓度范围内遇到明火时，就会发生爆炸。可燃气体、蒸汽或粉尘在空气中形成爆炸混合物的最低浓度叫做爆炸下限；最高浓度叫做爆炸上限。能引起爆炸的浓度范围，就叫该物质的爆炸极限，又称爆炸范围。

可燃物质在空气中的含量低于爆炸下限时，遇到明火既不会燃烧也不会爆炸；高于爆炸上限时也不会爆炸，只能燃烧。但外界条件改变时，也会使可燃物质达到爆炸范围而发生爆炸。例如某可燃物质在空气中的含量在爆炸下限以下，由于外界其他物质着火使该可燃液体温度迅速上升，蒸发量迅速加大，使其在空气中的含量达到爆炸下限而发生爆炸；另一可燃物质在空气中的含量高于爆炸上限，遇到明火后发生燃烧，由于燃烧，使这一可燃物质在空气中的含量降低，当其含量降到爆炸极限范围内时，就会发生爆炸。这就是化工厂中火灾和爆炸往往相继发生的原因之一。

可燃气体、可燃液体的蒸气及可燃粉尘都有各自的爆炸极限。爆炸极限越宽与爆炸下限越低的物质，爆炸的危险性越大。

三、火灾与爆炸的预防

化工生产中预防火灾与爆炸的发生要从两个阶段做工作。一是在设计与建设阶段就要严格按照国家的有关标准、规范和规定，认真考虑防火防爆问题；二是在生产阶段严格做好防火防爆工作。本节主要说明生产阶段如何做好防火防爆工作。

1. 防火防爆的关键

化工生产中很多原料、产品属于易燃易爆物质，车间内外到处充满空气，生产、分析、检修过程中总还有明火产生。也就是说，化工生产过程中既离不开可燃物质，又离不开空气，也离不开高温和明火。这三者同时存在，就有发生燃烧和爆炸的可能性。防火防爆的关键就在于采取必要的措施，使这三个条件不能同时具备，这样就可以防止火灾和爆炸发生。

2. 化工厂的火源及其控制

化工生产中的火源为生产用火（燃烧炉、反应炉、电炉、电烘箱等）；检修时产生的火（电焊、气焊、打砂等）；电火花（电器设备的开关、继电器等在运行过程中产生的电火花）；摩擦撞击产生火星；可燃物质受热自燃而产生火花；其他火源等。

如果能够严格地控制火源，化工厂的火灾和爆炸事故就能大大地减少。其控制措施如下。

在生产用火的周围不应存放易燃物和大量可燃物质；检修时，取样分析可燃物的浓度不致引起着火爆炸后，再进行检修工作；在生产或产生易燃易爆物质的厂房内，电动机、开关等电器设备均应采用不发生电火花的防爆型设备，照明灯亦采用防爆型灯。能产生静电的设备管道上都应设置静电接地装置，防止静电聚集和尖端放电；在清理和清除易燃物料时，应用木制工具；高温设备与管线上一定要有完整的保温层，避免可燃物质与高温设备或管道直接接触；对易燃易爆的厂房，不允许蒸汽机车和汽车过于接近等。

3. 化工厂中的可燃物质

在实际生产中，可燃物质只有在空气充足的情况下被加热到燃点或遇到明火才能被点燃。可燃物质只有在均匀分布到空气中达到爆炸范围时，遇到明火才会发生爆炸。所以化工厂中火灾与爆炸的引起，往往是由于可燃气体或可燃液体进入空气中引起的。因此，控制可燃物进入车间空气中的数量是防火防爆中很重要的一个环节。可燃物质进入空气中一般途径如下。

检修放料；设备清洗与置换；尾气放空；设备排压；敞口容器中液体挥发；分析取样；跑、冒、滴、漏；发生事故，容器或管线破坏等。其中可燃气体直接进入空气，可燃液体则经汽化后以蒸气状态进入空气。当可燃物达到爆炸范围后，遇到明火就会燃烧或爆炸。

为防止燃烧与爆炸，物料倒空和设备清洗置换最好安排在夜间进行。尾气中若含有较多的可燃气体，应引至专门的火炬处排空，在排出口处将可燃气体烧掉。同样，若设备排压时，带出较大量的可燃气体，也应引至火炬处烧掉。生产中有可燃气体挥发出的设备应采用密闭设备，分析采样最好也采用密封采样装置。否则应该设局部排风罩，用风机将可燃气体抽走，不使可燃气体散发到车间空气中。设备、管道阀件的跑、冒、滴、漏是使车间空气中可燃物质增加的一个主要因素，从防火、防爆和防止人身中毒的角度，都应该尽力减少跑、冒、滴、漏。如果能严格地控制可燃物质向厂房内散发，控制车间内可燃物质的浓度在爆炸下限以下，控制需要检修动火的设备管道内外可燃物质的浓度达到一定要求，就可基本杜绝火灾与爆炸的发生。

4. 设备爆炸及其预防

设备爆炸包括物理爆炸和设备内发生的化学爆炸。在设备设计制造阶段，即应考虑设备爆炸的可能性，并采取相应的防范措施；在生产过程中，设备发生爆炸主要有以下几种原因。

（1）操作错误引起设备的爆炸。例如关错阀门造成锅炉和压缩机的爆炸；开错阀门造成储槽爆炸；压缩机气缸内进了液体造成压缩机爆炸；加多了反应物料造成反应器爆炸等。防止这类事故发生，除了采用连锁的安全装置外，应严格地按照操作规程进行操作。

（2）化学反应失去控制，造成温度急剧升高，引起压力突然升高而发生爆炸。化学反应失去控制的原因是多种多样的，有的是使用反应原料的质与量发生错误；有的是因为冷却剂突然中止；有的则因为仪表损坏，未反映真实的温度；还有的是因为冷却设备有漏处，冷却剂进入反应器。防止这类事故的发生，一是要有设备自动报警装置，二是要及时注意工艺参数的变化，及时发现及早处理。

(3) 水进入装有100℃以上的高温物料管道或设备中，会因水汽化使压力突然上升，造成设备与管线的爆炸。在101.3kPa压力下，水与热物料接触后汽化，体积可扩大1600倍，因而有少量的水漏入装有高温物料的设备即可能造成设备爆炸。这种事故多发生在冷却器或换热器管壁损坏，防止的办法是控制水一侧的压力低于热物体一侧的压力。

(4) 煤气或其他燃料气系统由于突然停电造成“回火”，引起设备爆炸。应在燃料气管上设置防止“回火”的装置。

(5) 检修时，设备管道没有处理干净，物料来源未与动火地点切断，点火后造成爆炸。防止的办法是严格按照安全检修规程进行清洗、置换及进行动火前的分析等。有易燃易爆物料的设备和管线应用惰性气体进行置换。

(6) 设备因腐蚀等原因降低了强度，或局部降低了强度。在这种情况下，受到较高的压力就会发生爆炸。这要靠定期检查设备强度来避免。

值得注意的是，设备设计和制造时，已考虑了生产中可能遇到的情况，并设置了一些防爆装置，但往往由于人为的因素使这些防爆装置未能起到作用。例如压力表损坏或安全阀生锈失灵等。因而，平日维护好设备上的防爆装置是防止设备爆炸的必要工作之一。

5. 其他防火防爆措施

可燃气体的测定与报警；在生产厂房应设置足够数量的灭火器材，以便在小火初起时及时扑灭，不致造成火灾；化工厂职工均应熟悉火灾与爆炸的预防办法和各类灭火器材的使用方法、报警方法。

四、火灾与爆炸的处置

当已经发生着火或爆炸时，应按以下原则进行处置。

(1) 当刚刚起火且火势很小时，应以最快速度就近用灭火工具将火扑灭。然后判明并切断可燃物来源。

(2) 当发现着火而火势已较大，或是由化学爆炸引起的着火，或火势凶猛时，则应立即做如下几件事。

① 切断可燃物来源。

② 向消防部门报告火警。

③ 组织人力扑灭。

④ 保护其他装储易燃物的设备不受火焰的烧烤。

(3) 厂房内着火且火势较大时，除用灭火器材灭火外，还应停止通排风机的运行，停止向车间供应助燃空气。

(4) 当消防人员来到着火现场时，车间人员应大力协助消防人员灭火。

(5) 当发生物理爆炸，有大量可燃物质进入空气时，应尽快切断物料来源与明火作业，并在波及范围内防止一切火源出现，直到空气中可燃物质浓度降到安全范围为止。

五、灭火装置及其应用

1. 消防提桶、消防水箱、沙箱和消防铁铲

这类消防设备一般放置在室外，供扑灭小火用。

2. 消防水、消防栓、消防水带和消防水喷头

易燃易爆的化工厂中的消防水应设置独立的消防水系统，消防水应始终保持0.4～0.6MPa的水压，并采用双向线铺设管路，以保证消防水的充分供应。消防水带和消防水喷

头应整齐地放置在消防栓处的消防箱内，平时生产用水、清洗设备、打扫卫生等均不得用消防栓和消防带。

水不宜用于扑灭油类着火，亦不宜用于电器设备、贵重仪器的着火。需要用水救电器着火时，一定要先切断电源。

3. 手提式和推车式灭火器

这类灭火器主要布置在车间内，供车间工人扑灭小火和中火使用，通常称为灭火机。按灭火机内的物质可分为以下几类。

(1) 泡沫灭火器　泡沫灭火器内装化学药品，使用时化学药品相互混合，可产生大量泡沫隔绝空气，起灭火作用。泡沫灭火器主要用于扑灭固体和液体着火。因水溶液导电并具有一定腐蚀性，不宜用于电器和贵重仪器的灭火，用于扑灭电器设备的着火时，必须事先切断电源，否则有触电危险。

泡沫灭火器存放时要注意保持喷嘴畅通，存放时间过长药液会失效，应定期检查并更换药液。

(2) 二氧化碳灭火器　二氧化碳灭火器是将液体二氧化碳装在耐压钢瓶内制成。可用于电器设备和贵重仪器着火时的扑救。使用二氧化碳灭火器时，不要用手接触壳体以免冻伤，还要站在火的上风头，以免自已因缺氧而窒息。

(3) 四氯化碳灭火器　四氯化碳灭火器在耐压机壳内储放一定数量的四氯化碳液体。四氯化碳的导电性很差，可以用来扑救电器设备着火，亦可用于扑救少量可燃液体的着火。

使用四氯化碳灭火器时要注意以下两点。

① 不能用于扑救钾、钠、镁、电石及二硫化碳的着火，因为四氯化碳在高温下与这些物质接触可能发生爆炸。

② 四氯化碳本身有毒，在高温下能产生剧毒的光气。使用四氯化碳灭火器时，要站在上风头，在室内使用时要打开窗子。

(4) 干粉灭火器　干粉灭火器中所装的干粉是由灭火基料和少量防潮剂及流动促进剂混合的固体粉末。灭火基料可以使燃烧中的连锁反应中断，从而使燃烧停止。它是一种高效灭火剂，使用时先拔去二氧化碳钢瓶上的保险锁，一手紧握喷嘴对准火焰，一手将提环拉起使二氧化碳气进入机桶，带着干粉经胶管由喷嘴喷出。

除了干粉的灭火作用外，二氧化碳气也能隔绝空气，起一定的灭火作用。

4. 固定式与半固定式灭火装置

固定式是指安装在大型易燃液体储槽和其他易燃设备内外及易燃厂房内的灭火装置。固定式灭火装置为以固定目标设计好的自动灭火装置，或者为由专业消防人员掌握的灭火装置，主要用于扑灭大火。

5. 其他灭火装置

(1) 蒸汽灭火装置　利用水蒸气来稀释着火区的空气。当空气中含有35%以上的水蒸气时，便可有效地将火扑灭。在易燃的厂房和易燃设备内设置专为扑火用的蒸汽管道，管道上钻上很多均匀分布的小孔，当发现着火时，开启蒸汽阀门即有蒸汽喷出，称为固定式蒸汽灭火装置。亦可利用蒸汽接头用橡胶管引出蒸汽直接喷向燃烧物把火扑灭。这称为半固定式蒸汽灭火装置。

蒸汽灭火装置的操作阀门应安装在房门附近、窗外或其他既安全又便于开阀门的地方。

(2) 氮气灭火装置　氮气是惰性气体，也可用来灭火，其灭火原理和使用方法与蒸汽相同。用于电器设备灭火时，氮气灭火比蒸汽灭火优越。对于生产和使用遇到水可能引起燃烧与爆炸的物质，例如，金属钾、钠，应该采用氮气灭火装置。

(3) 水雾灭火装置　用消防水直接扑救油类着火是不适宜的，但用水雾却可以扑灭油类燃烧的大火。这是因为水变成极细颗粒的水雾后表面积可以增加成千上万倍，这样水雾的受热面积很大，接近火时会很快汽化变成水蒸气，同时也降低了燃烧着的油的温度。水雾不会像水柱那样因重力沉到油层的下面，而是形成水蒸气隔开空气与燃烧着的油。

水雾灭火是利用消防水泵供给 0.6kPa 左右的压力水，用特制的离心喷头使消防水雾化。雾化程度与消防水的压力和喷头加工程度有关。水雾灭火装置多由消防人员掌握。

第三节　中毒与预防

一、概述

1. 毒物和中毒

凡是对人体和动植物的生长、发育和正常生理机能造成危害的均称毒物。工业生产中所使用和产生的有害物质称为工业毒物。

毒物进入体内，发生毒性作用，使组织细胞或其功能遭受损害而引起的不健康或病理现象称为中毒。

人身中毒的症状有以下几种。

(1) 急性中毒　在短时间内有大量毒物进入人体，立即显示出病变者称为急性中毒。急性中毒大多数发生在检修或出事故的场合。

(2) 慢性中毒　毒物进入人体内，有一部分毒物可被排除体外。当进入人体的毒物超过人的排毒能力时，毒物就在人体内积累。当毒物在人体内积累到一定程度就显示病变，这种中毒称为慢性中毒。

(3) 轻微中毒　毒物对人体的影响不显著、不强烈，对人体造成的危害不严重称为轻微中毒。轻微中毒大多数是严重中毒的前兆。

(4) 严重中毒　毒物使人体发生显著病变或丧失劳动能力，甚至造成死亡称为严重中毒。

2. 中毒和哪些因素有关

化工厂毒物虽多，但不一定每个接触毒物的人都会中毒。这是因为人的中毒和很多因素有关，这些因素如下。

(1) 毒物的毒性　毒物毒性的大小是指毒物剂量与所产生的效应之间的关系。毒性越大，职工中毒的可能性就越大。

(2) 毒物浓度　主要指毒物在空气中的浓度和在水中的浓度。浓度越大，越容易引起中毒。

(3) 接触时间　人和毒物接触时间越长，中毒的可能性也越大。

(4) 人体感受程度　每个人对不同类型的毒物感受程度不同。不同的人对不同毒物排毒能力不同。

(5) 身体状况　一般说来，身体健康的人抗毒排毒能力较强，疲劳、疾病和营养缺乏时，抗毒排毒的能力则弱。

总的来说是毒物进入人体越少，人的排毒能力越强，人越不易中毒。生产中采取的防毒措施都是基于这个原则。

二、急性中毒与窒息

1. 中毒的类型

化学毒物很多，各种毒物使人体中毒的机理大多数还没有研究透彻，通常把毒物按其主要中毒症状分为四种类型。

(1) 麻醉性毒物　主要使神经系统中毒从而停止或削弱肌肉与各器官的工作机能。有机磷农药、二硫化碳、丙烯腈、有机汞、硫醇、酚、低分子的烃、醚、酮，以及苯、甲苯和其他有机溶剂均属于麻醉性毒物。

(2) 窒息性毒物　能直接妨碍血液输氧和细胞得氧，从而造成人体组织细胞缺氧而丧失功能的物质称为窒息性毒物。

这类毒物的代表是一氧化碳、氰化氢和硫化氢。常见的窒息性毒物还有苯胺、硝基苯、氰化钾、氰化钠等。

(3) 刺激性毒物　主要作用于组织细胞，特别是呼吸道、消化道的黏膜，使组织细胞直接受损伤，从而妨碍器官正常生理机能的一类毒物。氨、氯气、光气、氮氧化物、硫氧化物、臭氧、烷基卤、有机氟化物以及各种酸性气体均属此类。

(4) 综合性毒物　有些毒物既具有麻醉作用，又具有刺激性；或者既具有麻醉作用，又有窒息作用，将其归为综合性毒物。例如汞急性中毒时以损害组织细胞为主，显示刺激性，但在慢性中毒时以损害神经系统为主，又显示麻醉性。有机物中的烃、醚、醛、酯类物质，在低分子时，多以显示麻醉性为主，高分子时，则以显示刺激性为多。这些毒物属于综合性毒物。

2. 单纯性窒息

人体除因有窒息性毒物作用而使机体细胞缺氧外，单纯因为吸入的空气中缺少氧气而引起组织丧失机能者称为单纯性窒息，也叫窒息。当空气中的氧含量低于16%时，即可发生呼吸困难；当氧含量低于10%时，就可发生昏迷甚至死亡。

当某一空间内充入大量无毒的氮气，可使空间内氧气的含量降低，从而引起机体缺氧，这种情况叫做单纯性窒息。除了氮气外，无毒的二氧化碳、水蒸气、氦气和毒性很微弱的甲烷、乙烷、乙烯等也都可看作单纯性窒息性气体。

3. 急性中毒和窒息的预防

(1) 急性中毒的预防　急性中毒是由于短时间内有大量毒物进入人体造成的。其预防措施如下。

拆卸物料管线、阀门等部件之前，要放掉设备与管线内的物料。拆开法兰时，要防止物料从法兰处喷到面部；对于工作过程中产生毒物的工作，应在有防护用具或通风措施的情况下进行；不允许将头伸到装有有毒物料容器的敞口、人孔处进行检查；在毒气浓度超过允许浓度的情况下进行工作、处理事故、抢救中毒人员时，均应佩戴规定的防护器材，不允许冒险进入毒气区。

(2) 窒息的预防　化工厂中窒息大都发生在设备、槽车、地沟和下水井内，是在需要进入这些地点进行检修、清洗或拿取物品时发生的。其防止窒息的措施如下。

需要进入设备和槽车进行检修清理时，连接在设备或槽车上的氮气管线必须事先断开，其他单纯窒息性气体也应这样对待；经过氮气置换的设备，需再用空气置换，并分析其中氧含量在17%以上时，方可进行工作；在分析含氧量不合格或未进行分析又必须进入工作时，必须带上隔离式防毒面具才能进入。

4. 急救

对急性中毒者和窒息者进行急救应按以下几点进行。

进行急救的人员必须戴好氧气呼吸器或化学生氧式防毒面具方可进入事故现场救人；应尽快将中毒者抬到空气新鲜、温度适宜的地方进行紧急处理。同时应通知医疗防护人员来现场抢救；对于麻醉性、窒息性毒物中毒者应立即实施人工呼吸，直到患者恢复正常呼吸，方可停止。对于刺激性毒物中毒者不应实行人工呼吸；对于氢氰酸、有机磷毒药、苯乙烯等可从皮肤进入人体或使皮肤中毒的毒物喷溅到中毒者身上时，应脱去中毒者衣服，用温肥皂水和清水反复冲洗被污染处，以减少进一步中毒。

三、防毒措施

1. 报警装置

在容易产生有毒气体的设备附近设置报警器，当有毒气体达到危险浓度后，报警装置就发出信号。

2. 防护服装

防护服装主要用于保护身体皮肤不与毒物直接接触。

3. 防止毒从口入

对于接触毒物人员应养成不在有毒的生产岗位吃饭、饮水的习惯。饭前应洗手、刷牙、漱口。对于接触剧毒物的工人，洗手一定要用肥皂或针对性的药剂，如用10%的硫代硫酸钠溶液洗手以防汞中毒。

4. 呼吸防护器

用呼吸防护器来防止粉尘和毒气从呼吸系统进入人体。按其构造和作用不同可分为下列几种。

(1) 机械过滤式呼吸防护器　主要利用物理方法阻止微细粉尘、烟、雾等粒状有害物质进入呼吸道，如各种防尘口罩。机械过滤式呼吸防护器不能阻止毒气进入人体，也没有另外的供氧装置，只能用于氧含量大于17%时的防尘防烟雾。

(2) 化学过滤式呼吸防护器　也称过滤式防毒面具，主要由面罩、导气管与滤毒罐三部分组成。滤毒罐内装有活性炭或其他化学物质，利用活性炭的吸附作用和催化剂的催化作用净化有毒气体。滤毒罐内装有不同的物质，可净化不同的毒物。所以使用化学过滤式呼吸器时要根据所防毒物不同选择不同型号的防护器。

化学过滤式防护器用于低浓度毒气中短时间内处理事故、进行操作或取样。毒气浓度超过2%时不能使用；空气中氧含量低于17%时也不能使用。

(3) 长管式呼吸防护器　亦称长管式防毒面具，主要由面罩和供气长管组成。用于到储槽、反应釜、下水井等内部进行检修、清理、喷漆等工作时用，适用于在毒气浓度较大的固定场合使用。

(4) 送风面盔　由面盔和送气管组成。面盔内由供气管供应新鲜空气。送风面盔和长管式面具的适用范围相同。

(5) 氧气呼吸器　主要由面罩、导气短管、缓冲罐和小型氧气瓶组成。氧气瓶中的氧气经减压阀减压后进入缓冲罐，再经导气短管送入面罩供使用者呼吸。氧气呼吸器适用于毒气浓度高和缺氧的情况下处理事故。

因为氧气与油类接触或氧气瓶受热有可能发生爆炸，所以氧气呼吸器不易与油类或明火接触，不能用于火灾的情况下处理事故。

(6) 化学生氧呼吸器　由面罩、导气管与化学生氧罐组成一个循环系统。导气管从化学生氧罐一端引出氧气到面罩内供使用者吸入，呼出的二氧化碳气经另一条导气管导入生气罐的另一端，与装在罐内的过氧化钠反应又生成氧气供使用者吸入，循环进行。

化学生氧呼吸器可在高浓度毒气与缺氧情况下应用。它接触油类和受热后没有爆炸危险，是适应范围最广的一种呼吸防护器。

第四节　烧伤、烫伤、冻伤和化学灼伤

化工生产中有些过程是高温或冷冻过程，这就有可能发生烧伤、烫伤与冻伤。某些化学物质接触物体后会使皮肤和黏膜受到破坏，平时也称为烧伤，为与被火烧伤相区别，称之为化学灼伤。

一、烧伤和烫伤

1. 烧伤的预防

各种燃烧炉、加热炉点火前先用蒸汽和空气进行吹出置换，使炉膛内可燃物质小于1%，方可点燃火把，再打开燃料阀门；各种炉子点火时，点火者均应站在炉门侧旁，以免回火烧伤；烧除废焦油和易燃的有机物残渣应在专门的烧除站进行。点火前运送易燃废物料的汽车和无关人员应撤离火场。点火者应在火场上风头25m以外点燃引火物，用投掷点火法进行点火；各种炉子及易燃物点火前，点火者均应戴好防护眼睛、帽子和帆布手套。禁止用易挥发的物料如汽油、酒精、苯等作引火物；烧除被有机物的残渣或聚合物堵塞、黏附的设备管线时，应在指定地点进行。烧除设备时，其连接管线、人孔、手孔均须打开，人孔、手孔向下放置。烧除管线时，应先烧管线两端再将火引向中部，防止由于膨胀将燃烧的物料喷出伤人；烧除管子和设备时烧除人员不得站在管子两端和设备开孔处；需要动火烧焊切割设备管线时，设备管线应处理干净，分析可燃物质合格后方可动火。正式动火前均应试火。切割输送可燃物料的管子时，面部应在最先切口的侧面，避免烧伤面部。

2. 烫伤的预防

接橡胶管做蒸汽管用于临时加热时，其接头处应捆绑牢固。蒸汽管出口端应用铁丝将位置固定，避免蒸汽开大时胶管甩动；通蒸汽加热清洗水清洗设备时，其加水量不宜太满，避免废水从人孔或其他部位溢出将人烫伤；蒸煮设备的热水，通过管线引至地沟处排放，严禁将热水从高处排放；高温设备和管线均应有完整的保温层。保温层脱落处应尽快修好。工人在高温设备和管线附近工作时，应穿工作服，戴手套，避免皮肤与高温物体直接接触；蒸汽管线和其他高温物料管线均严禁带压紧固螺丝。当需要消除泄漏时，应切断物料来源，待压力降到常压或接近常压时方可紧螺丝，以防蒸汽和高温物料突然冲出将人烫伤。

3. 烧伤及烫伤的紧急处理

(1) 在衣服着火后应立即脱离火区。脱离火区后应立即卧倒，在地上打滚灭火或用水灭火，或者立即将着火的衣服脱去。在火区外，不应直立、奔跑与张嘴呼喊，以免加大火势及烧伤呼吸道。同时尽量不用双手扑火，可用未着火的衣服扑打火焰。

(2) 被热水、蒸汽烫伤者应立即将浸湿的衣服鞋袜脱去。脱内衣与袜子时应小心，尽量保护烫伤处不被弄破，以减少感染机会。

(3) 非火灾和事故引起的烧伤烫伤可在现场检查受伤情况，根据受伤程度分别按以下情况处置。

① 伤处皮肤发红、发肿或出现水泡，若水泡没有弄破，可涂獾油或凡士林。

② 伤处皮肤及皮下组织烧焦或变苍白，已失去弹性，这时不应涂任何油膏，应立即送医院进行处理。

二、冻伤

冻伤是人体受到低温作用所引起的全身或局部损伤。

1. 冻伤的预防

消除低沸点液体管线与设备上的漏处等工作时须戴帆布手套，应尽量避免低沸点液体溅落在皮肤上；低沸点液体的管线设备严禁带压紧螺丝，以防液体喷出引起冻伤。

2. 冻伤的处理

低沸点液体流到或喷到皮肤上，应迅速擦去，不让其在皮肤上停留与蒸发；被低沸点液体浸湿的手套、鞋袜和衣帽应迅速脱去，避免液体蒸发从人体吸热；冻伤部位用温水清洗干净，然后用少量酒精摩擦。昏迷者应立即做人工呼吸。冻伤严重者应送到医院处置。

三、化学灼伤

1. 引起化学灼伤的物质

化工厂中最常见的化学灼伤是酸碱灼伤，各种氧化剂、磷、甲基氯化物等物质也可引起化学灼伤。

常见的酸类物质有硫酸、盐酸、硝酸、醋酸、磷酸、铬酸、氢氟酸、氢氰酸等。

常见的碱类物质主要是氢氧化钠、氢氧化钾、碳酸钠、氨水、石灰水等。

常见的强氧化剂有过氧化氢、过氧化钠、过氧化钾、氯酸钾、过硫酸盐、高锰酸盐、重铬酸盐和硝酸盐等。

磷及其他化合物主要是黄磷、赤磷、五硫化磷等。

甲基氯化物指氯甲烷、二氯甲烷、三氯甲烷和四氯化碳等。

这些物质或它们的溶液与皮肤或黏膜接触时，能刺激皮肤或黏膜，腐蚀组织或者与组织发生氧化反应，使组织损坏，严重时可使皮肤炭化，这类伤害均属化学灼伤。

2. 化学灼伤的预防

搬运或拿取上述物质时，应穿好工作服、胶鞋，戴好胶皮手套、口罩和防护眼镜，方可进行工作；打碎固体碱块及其他具有腐蚀性的物质时，应戴好手套、面罩，扎紧袖口，颈部围上毛巾，裤腿放在长筒靴外面进行工作，避免碎块溅到皮肤上；固体碱块不得直接投入有碱液的敞口溶化设备，避免碱液溅出烧伤皮肤和眼睛；硫酸与水混合时，应将硫酸缓慢加入水中，严禁在敞口容器中将水往硫酸中加。在密闭容器中往硫酸中加水时，应通过插底管缓慢加到酸的底部；所有酸、碱和强氧化剂溶液的管道法兰处均应设置保护罩，避免酸碱等从法兰漏处迸出烧伤操作人员。

3. 化学灼伤的急救

(1) 各种酸类溅到皮肤上后应用布、纸等迅速擦去，然后用大量水冲洗。也可用稀小苏打溶液冲洗，然后再用水洗。

(2) 强碱溅到皮肤或眼中应立即用大量水冲洗。也可用稀硼酸溶液冲洗后再用清水洗。

(3) 磷灼伤时，应迅速用湿布覆盖灼伤处皮肤或将灼伤处浸入水中，同时尽量清除创面上的磷颗粒，防止磷吸收中毒。

(4) 甲基氯化物蒸气或液珠进入眼睛时，可用2%小苏打溶液冲洗眼睛，防止角膜进一步灼伤。

(5) 酸、碱和氧化物溶液溅到衣服上后，应将被溅湿的衣服脱去，避免酸碱等透过衣服灼伤皮肤。

第五节　其他不安全因素

化工生产除了本身的特点外，还有一些与其他工业生产共性的不安全因素，仅做简略介绍。

一、电击伤

电击伤俗称触电，是由于电流通过人体所造成，大多数是人体直接接触电源所致，也可以被数千伏以上的高压电或闪电击伤。此外，因电流在体外产生的火花和电弧也可引起灼伤，一般称为电弧灼伤。

1. 电击伤的预防

所有电器设备均应有良好的绝缘与接地装置；非电工人员不要进行电工操作。化工操作人员对电动机温度进行检查时，要用手背触试电动机，或者用试电笔测试无电后，再检查温度；设备检修用的临时灯和临时手提灯的电压应用36V以下的安全电压，在潮湿和有粉尘的场所应用12V的电灯。临时灯的电源线应无接头，其绝缘层要完好；对能够产生静电的设备管线均设有接地线，接地线的电阻应小于5Ω；传动皮带应经常擦抹石墨甘油涂剂；刀开关合闸时人应站在开关侧面，以防产生电弧烧伤面部。

2. 电击伤的急救

发现有人触电时，应立即切断电源，或用绝缘物质（木棍、塑料管、橡皮带）使触电者与电源脱离。万勿徒手去拉救触电者；脱离电源的触电者若心跳呼吸已经停止或昏迷，应尽快进行人工呼吸和心脏按压，直至医务人员到来。

二、光灼伤

光灼伤是由于电焊时所产生的紫外线刺伤眼睛的结膜或角膜，造成结膜充血，角膜受伤，眼睛发红、畏光、流泪、剧痛，眼睛很难睁开。称为电光性眼炎。

预防光灼伤的办法是电焊时一定要带防护面罩。辅助电焊者应戴深色防护眼镜，无关人员不要在电焊作业场所停留，更不要去看电焊作业。电光性眼炎在接触电焊后6～8h才发病，不需进行急救。

三、机械创伤

机械创伤的预防要注意对压缩机、离心机等传动设备进行盘车时，人应站在盘车器的侧面，盘车后立即退出盘车器。直接用手对皮带传动设备盘车时，勿使手靠近皮带轮；禁止在设备运转时用手触摸或擦洗转动部位；检修转动设备或进入有搅拌器的设备检查、检修、清理时必须切断电源、拔掉电源保险管并经两次启动确证电源已经切断，还须在电源开关处挂“禁动牌”；工作服的袖口应为紧口，裤口不宜过宽。女职工的长发应收在工作帽内。在转动部件的附近工作时要注意保持距离。

四、撞击伤

撞击伤的预防要注意拆卸设备孔盖、管线法兰、阀门时应放掉设备管线内压力后再进行。应先将螺丝松动，撬开连接处确认内部无压力后，方可取掉螺丝；同时在两个工作平面工作时，上面的人应注意不使工具和零部件掉下，并采取措施不使拆卸的部件下落下滑。下面的人要戴安全帽；高空作业者要佩戴工具袋，防止工具和零件跌落伤人；禁止从楼上或高处扔工具、零部件、管段和垃圾。

五、摔伤与扭伤

摔伤与扭伤的预防要注意在化工生产现场行走时箅子板，悬空走道，用钢条、钢筋焊制的楼梯等应保持完好；登高作业时工作鞋底不能粘有油污，脚下的立足点必须稳妥牢固。使用梯子时其坡度在30°～60°范围内，梯子顶部和底部必须固定；在3m以上地点（有毒区是2m以上）作业时，应捆好安全带。安全带的绳子要捆在超出头顶的管架或坚固的管道上；使用工具拆卸螺丝或做其他费力气的工作时，应注意保持身体平衡，最好一手用力另一手抓扶着牢固物体以避免摔倒。

六、噪声

噪声是由物体振动引起的，噪声源可以分为两类：一类为由于机件摩擦、撞击及运转中因动力、磁力不平衡等原因，产生的机械振动所辐射出来的噪声，称为机械振动的噪声；另一类是由于物体的高速运动和气流高速喷射引起空气振动而产生的噪声，称为气体动力噪声。化工生产中产生的噪声既有气体动力噪声，也有机械振动噪声，是复合型噪声。

统计表明，长期在85～90dB的强噪声环境下每天工作8h就会对健康有损。对于在噪声环境中长期进行工作的人采用个人的防护设备来防止噪声伤害也是必要措施之一。主要有耳塞、耳罩、防噪声头盔等。

七、思考题

1. 化工生产的特点是什么？

2. 化学工人应有的良好习惯是什么？

3. 发生火灾、爆炸事故，引发燃烧的条件是什么？

4. 防火防爆的关键是什么？

5. 人身中毒的症状有几种？中毒和哪些因素有关？

6. 烧伤的预防，防范工作有哪些？

7. 烫伤的预防，防范工作有哪些？

8. 冻伤的预防，防范工作有哪些？

9. 化学灼伤的预防，防范工作有哪些？

10. 电击伤的预防，防范工作有哪些？

11. 光灼伤的预防，防范工作有哪些？

12. 机械创伤的预防，防范工作有哪些？

13. 撞击伤的预防，防范工作有哪些？

14. 摔伤和扭伤的预防，防范工作有哪些？

15. 噪声的预防，防范工作有哪些？

参 考 文 献

[1] 陈同芸等．化工原理实验．上海：华东理工大学出版社，2001.
[2] 雷良恒等．化工原理实验．北京：清华大学出版社，1994.
[3] 天津大学化工原理教研室编．化工原理：上、下册．天津：天津科学技术出版社，1989.
[4] 杨祖荣主编．化工原理实验．北京：化学工业出版社，2004.
[5] 尤小祥等．化工原理实验．天津：天津科学技术出版社，1998.
[6] 姜信真等．化工生产基础知识．北京：化学工业出版社，1983.
[7] 祁存谦等．简明化工原理实验．武汉：华中师范大学出版社，1991.
[8] 郭庆丰等．化工基础实验．北京：清华大学出版社，2004.
[9] 王书礼等．化工原理实验．开封：河南大学出版社，1993.
[10] 化学工业部人事教育司、化学工业部教育培训中心．化验室基本知识．北京：化学工业出版社，1997.
[11] 韩文光．化工装置实用操作技术指南．北京：化学工业出版社，2001.